普通高等教育"十二五"规划教材

物理实验教程

（第二版）

主　编　孙维民　权善玉

副主编　李志杰　姜　源

科学出版社

北　京

内 容 简 介

　　本书是在第一版的基础上修订而成的,在修订过程中保持了原书体系结构,删除了部分实验题目,同时根据实验教学需要又增加了部分实验题目.

　　本书内容包括误差理论、数据处理与基本量的测量等基本知识,筛选了24个基础性实验、20个综合性实验、9个设计性实验和17个研究与创新性实验.

　　本书可作为高等院校理工科类各专业的物理实验课教材或参考书,也可供相关专业技术人员参考.

图书在版编目(CIP)数据

物理实验教程/孙维民,权善玉主编.—2 版.—北京:科学出版社,2013
普通高等教育"十二五"规划教材
ISBN 978-7-03-039162-9

Ⅰ.①物…　Ⅱ.①孙…②权…　Ⅲ.①物理学-实验-高等学校-教材
Ⅳ.①O4-33

中国版本图书馆 CIP 数据核字(2013)第 274779 号

责任编辑:昌　盛　王胡权 / 责任校对:郭瑞芝
责任印制:阎　磊 / 封面设计:迷底书装

科 学 出 版 社 出版
北京东黄城根北街 16 号
邮政编码:100717
http://www.sciencep.com

安泰印刷厂 印刷
科学出版社发行　各地新华书店经销
*
2011 年 1 月第　一　版　开本:787×1092 1/16
2013 年 11 月第　二　版　印张:20
2015 年 12 月第六次印刷　字数:474 000
定价:37.00 元
(如有印装质量问题,我社负责调换)

前　言

　　本书是根据教育部 2008 年制定的《理工科类大学物理实验课程教学基本要求》,结合沈阳工业大学多年来物理实验教学的实践经验,在往届所使用的大学物理实验教材的基础上,吸收了部分兄弟院校教学改革的经验编写而成的.

　　传统的物理实验教程是把物理实验分为力学、热学、电学、光学实验和近代物理实验,本书打破了这种传统的物理实验划分方法,构建了分层次、模块化的物理实验教学体系.全书按实验的难易程度和综合知识量将物理实验划分成基础性实验、综合性实验、设计性实验和研究与创新性实验四个模块.本书的特色在于既突出物理实验原理、实验技能的教学,又重视应用型人才的培养.我们本着培养具有创新精神和创新能力以及重实践、强能力、适应早、上手快的应用型人才的原则来选择教学内容和划分教学模块.物理实验的四个模块采用不同的开放式教学模式.

　　1. 对基础性实验、综合性实验、设计性实验三个模块,采用定制式开放教学.首先,实行网上预约选课.学生可根据自己的学科、专业特点,在正常的教学时间内,按规定每个模块必须完成的学时数,自主地选择实验题目、实验时间和指导老师.其次,改变填鸭式教学方法,由过去的"讲实验",改成通过提出问题、启发、引导、讨论等教学方式,由学生自行操作、自行解决问题、独立完成实验.课后按要求认真完成实验报告.

　　2. 对研究与创新性实验,采取研究式开放教学.首先,实验题目及内容对学生开放.学生针对创新性实验室列出的研究题目或学生针对自己的专业特点和个人爱好,参考实验室可以提供的仪器设备自拟研究题目.其次,导师制方式教学.学生通过查找资料、提出自己的研究方案和研究路线,提出自己的实验计划;指导教师则定期听取学生的工作汇报,审视、引导学生的下一步工作.最终由学生独立完成实验并写出研究报告.再次,创新性实验室实现了全方位的开放,不但实验题目可自选自拟,而且在实验时间上也做到完全开放,学生可随时到实验室做实验.完成实验的周期限定在本学年内.

　　实验教学与改革是一项靠集体的力量完成的事业.本书的编写也凝聚了沈阳工业大学几代物理人的智慧.

　　本书由孙维民、权善玉任主编,李志杰、姜源任副主编.本书第 1 章和实验 3.1、3.8、3.10、3.15、3.16、3.18、4.11 由姜源编写;第 2 章和实验 3.23、4.4、4.7、4.10、4.12、4.16、6.12 由李志杰编写;实验 3.2、3.6、3.11、3.12、3.13、3.20、3.21、4.3、4.15、6.5、6.6、6.7、6.8、6.9 由权善玉编写;实验 4.9、4.17、4.18、4.19、4.20、5.1、5.2、5.8、6.2、6.10、6.11、

6.13、6.14、6.15、6.16 由孙维民编写. 参加本书编写工作的还有, 国安邦(实验 3.3、4.6、4.8 和 6.4)、赵骞(实验 3.4、3.9、4.14 和 5.3)、赵丽军(实验 3.7、3.22、5.6 和 5.7)、廉舒(实验 3.14、3.19、4.13、5.4 和 6.3)、徐菁华(实验 3.5、4.1、4.5、5.5 和 6.1)、史桂梅(实验 6.17)、田鸣(实验 4.2 和 5.9)、李军(实验 3.17 和 3.24). 孙维民教授负责该书整体编写、策划、整理和统稿工作.

　　本书可作为高等院校理工科类各专业的物理实验课教材或参考书, 也可供相关专业技术人员参考. 由于作者水平有限, 时间仓促, 书中难免有不足之处, 望各位读者在使用过程中多提宝贵意见, 恳请批评指正.

孙维民

2013 年 8 月

目　　录

第3篇　设计性实验、研究与创新性实验

绪　　论

一、物理实验在教学中的地位、作用、目的和任务

物理学是一门实验科学,由物理学所创导的实验观测、定量研究、总结规律的科学方法,是一切现代科学工程技术的基础方法.物理实验的实验思想、实验方法和实验手段是各门学科实验研究的基础,因此,物理实验是理、工科类各专业学生进行科学实验基本训练的一门必修基础课程.物理实验的知识、方法和技能是学生进行后续实践训练的基础,也是毕业后从事各项科学研究和工程应用的基础.

物理实验是高等院校独立设置的一门基础实验课程,它覆盖了力学、热学、电磁学、光学、近代物理和物理在现代工程技术中的应用等各个领域,其各个层次的实验题目和内容都经过了精心的设计和安排,具有丰富的实验思想、方法和手段,它不仅可以使学生在理论和实验两个方面融会贯通,更重要的是在培养学生的基本实验技能、综合应用能力和活跃的创新意识等方面具有不可替代的作用.

物理实验的目的是通过多层次实验现象的观察、分析、研究和对物理量的测量,使学生掌握实验的基本知识、基本方法和基本技能,培养和提高学生从事科学实验的能力,包括进行综合实验、设计实验以及自主学习和科学研究的能力,提高自主创新意识和素质.

物理实验的任务是使学生掌握基本实验方法、各种基本测量仪器的使用方法、实验结果的科学处理方法,归纳总结实验结果,独立完成基础性实验、综合性实验、设计性实验和研究与创新性实验,并撰写出合格的实验报告或研究报告,培养、提高独立解决实际问题的能力,为后续课程学习、科学研究打下坚实的基础,从而提高学生的综合素质.

二、物理实验教学体系

根据多层次、模块化的原则,通过调整实验仪器与实验内容,按实验的难易程度和综合知识量将物理实验划分成基础性实验、综合性实验、设计性实验和研究与创新性实验四个模块.新的课程体系使得物理实验由浅入深、由简单到复杂、由被动模仿到主动设计以及综合运用,逐渐加深学习内容的深度、广度和综合程度,符合认识规律和教学规律.

三、物理实验的基本环节

物理实验的基本环节包括:实验前的预习、实验操作、实验报告.

1. 实验前的预习(占总成绩的 10%)

实验预习是物理实验的首要步骤,不预习不得进行实验.学生在进行每个实验之前,必须做好认真、充分地预习,实验预习的目的是全面认识和了解所要做的实验项目.预习时要认真领会实验目的,理解实验原理,了解实验仪器的使用方法,明确实验的具体内容,

要弄清该实验的关键性步骤,写出预习报告.预习的过程,是实验的设计过程,只有在充分预习的基础上,才能保证在实验课上完成该实验的具体操作过程.预习时要清楚地了解每一过程应当观察到的现象、测量的结果以及应当记录的内容.另外,在预习的过程中,应特别注意该实验的注意事项、安全措施.

与理论课课程不同,实验课程的特点是学生在教师的指导下自己独立完成实验.所以实验预习尤为重要.撰写一份预习报告,不是盲目地抄实验教材,而是提炼实验内容和要点的一种训练.

实验预习的要点如下.

(1) 明确实验任务:要明确实验中需要测量哪些物理量,每个待测量又分别需要什么实验仪器和采用什么实验方法测量.

(2) 清楚实验原理:要理解实验原理.

(3) 了解实验仪器:初步了解实验仪器,知道需要使用哪些仪器,并对仪器的相关知识进行初步学习,特别是仪器的结构、功能、操作要领、注意事项等.

(4) 了解不确定度的来源:要了解引起实验不确定度的主要因素有哪些,思考在做实验时应当怎样减小不确定度.

(5) 撰写预习报告:撰写预习报告时要按预习报告的具体要求逐项填写,电学实验要有电路图,光学实验要有光路图.提炼出实验步骤,设计出实验记录表格.

设计性实验预习的要点如下.

(1) 明确实验任务:要明确设计任务,根据实验原理和实验方法提示,认真查阅相关资料,详细给出设计方案.

(2) 确定测量仪器、测量方法和测量条件.根据设计方案的要求,确定实验使用的仪器、采用的测量方法和测量条件.

(3) 确定实验过程,拟定实验步骤:确定出实验的整个过程,拟定出详细的实验步骤.并详细了解使用的仪器设备的相关知识,特别是仪器的结构、功能、操作要领、注意事项等.

预习报告中还应完成的主要内容有:实验名称、实验目的、实验原理、有特色的实验设备、主要的实验步骤和实验数据的记录表格等.

2. 实验操作(占总成绩的 40%)

实验操作是物理实验最重要的过程.在实验课上,必须知道自己要做什么,为什么要这样做.实验课最忌讳"盲目伸手",它不但容易损坏仪器设备,而且可能会危及学生自身的安全.所以动手时一定要做到有目的、有计划地进行.

多数同学都有这样的感受,坐在教室里预习实验时,实验内容看不懂,这就是实验课与理论课的区别之一.实验的内容、特别是实验仪器的使用,只有当仪器放在面前,对照着仪器再看书上的仪器介绍,才能够学会使用方法.

实验操作是物理实验的最重要环节.这一环节包括阅读资料、调整仪器、观察现象、获取数据、仪器还原等.

(1) 学生应带着预习报告和其他有关资料准时进入实验室.进入实验室后,首先应签字登记,然后按编号就座.

(2) 开始上课后,要积极参加指导教师组织的讨论,从中进一步理解、掌握实验原理、实验内容、实验操作要点(重点是仪器调整、线路连接和注意事项).

（3）测量并记录数据.原则是,先定性后定量,先试测,再进行正式测量,即先观察实验所要记录的实验现象,确认无异常后,开始记录数据.记录原始数据要注意有效数字,并与数据表格中的单位相对应.原始数据不得擅自改动,如确系记错,可在数据上划一横线,并在其上边或下边更改数据.

物理实验的过程,是客观地观察、实际地测量的过程,实验者应准确地、客观地、真实地记录所观察到的、测量到的结果.即使实验中由于某种原因得到的结果不理想,若能正确地分析也能达到实验的目的.反之,若抄袭别人的记录,拼凑理想的数据和主观修改实测数据,都是不正当的行为,指导教师将根据情节做出重做实验、取消实验成绩等处分.

（4）实验完毕后,记录的实验数据应主动送交实验指导教师检查,当实验指导教师认为合格并签字后,学生方可清理实验设备.清理实验仪器及设备时,要按仪器、设备原来摆放的位置或要求整理、摆放好,将实验台打扫干净.经指导教师同意后,学生方可离开实验室.

实验操作中要求学生重视实验能力、科学作风的培养.学生应当珍惜独立操作的机会,独立完成教学基本要求.鼓励学生做提高性实验内容,提倡研究问题.

3. 实验报告(占总成绩的 50%)

科学正确地处理实验数据并撰写出完整的实验报告,是物理实验基本训练的重要内容之一,实验报告不同于预习报告,一个完整的实验报告包括:

（1）课程名称、实验题目、实验组号.

（2）实验目的.

（3）主要实验仪器的名称.

（4）简明扼要的实验原理,应包括必要的原理图、电路图、光路图和计算公式等.

（5）明确给出实验内容和主要的实验步骤.

（6）实验数据记录.把所记录的原始数据转记下来,原始数据一般要按列表法重新整理,整齐地抄录在正式实验报告的表格中.

（7）数据处理.根据误差不确定度理论和不确定度的表示方法,认真地进行数据处理,得出正确表示的测量结果.有作图要求的,一律要用坐标纸,按作图法正确作图,处理实验数据.

（8）总结.包括实验结论、回答思考题等.通过分析、讨论发现在测量与数据处理中出现的问题,对实验中发现的现象进行解释,对实验装置和方法提出改进意见等,这对于培养与提高学生科学实验的能力是十分重要的.

四、实验规则

（1）安全第一:从进入实验室开始,就要牢记"安全第一"的原则,在实验过程中,坚持安全第一,严格遵守操作规程和注意事项,凡是使用电源的实验,须经教师同意后方可接通电源进行实验,严格避免发生人身或设备事故.

（2）预习:课前必须充分作好预习,写好预习报告,真正了解本次实验"做什么,怎么做,为何这样做",同时携带必要的文具、预习报告和学生卡进入实验室.

(3) 对号"入座":进入实验室后,首先应签字登记,然后按实验组号就座,不得擅自调换.

(4) 损坏赔偿制度:实验仪器如有损坏丢失,应立即报告老师.由于违反操作规程而损坏仪器设备者,应按规定赔偿,并提交仪器设备损坏记录.

(5) 实验数据确认签字制度:实验数据测量完毕后,必须送交实验指导教师审阅,教师签字后的实验数据方为有效数据.

(6) 值日制度:实验结束后,清理实验仪器及设备时,要按仪器、设备原来摆放的位置或要求整理、摆放好,将实验台打扫干净.经指导教师同意后,学生方可离开实验室.每次实验课后,安排两名学生值日,确保环境卫生良好.

(7) 及时提交实验报告制度:要按时完成实验报告,在实验完成后的一周内,将连同原始实验数据在内的实验报告交给任课教师.

第 1 篇　误差理论、数据处理与基本量的测量

第1章 误差理论与数据处理

1.1 误差分析的重要性

一切科学实验都要进行测量,总会记录大量的数据. 所有的测量均存在误差,物理实验当然也不例外. 误差分析与工程技术、计量科学、精密测量和科学实验的关系是非常密切的. 人们在进行实验与测量过程中,常常会由于误差的存在而影响对客观现象的正确评价,因此,掌握误差理论和误差分析方法,就能够排除误差的干扰,提炼出真实的、客观过程的规律. 而在计量科学中,如何保证量值的统一和传递,提供物理量单位的计量基准、标准的研究成果,也需要正确的误差分析. 另外,误差分析还可以帮助我们正确的组织实验和测量,以最经济的方式获得试验结果并对结果进行有效处理.

1.2 测量与误差

1.2.1 测量

对物理量的测量,是物理实验的重要组成部分. 测量的目的,是在给定的单位制中,获得该物理量的数值大小. 一般来讲,任何物理量都具有数值和单位这两个属性. 因此,物理实验的过程就是在一定的宏观条件下,在确定的单位制中,通过实验测出描述该物理量的数值大小.

对于测量的分类,可以从测量手段和测量条件两方面来划分.

1. 按测量结果获得的手段划分,可分成直接测量和间接测量

1) 直接测量

直接测量是指相应的物理量可以用测量仪器直接进行测量. 相应的物理量称为直接测量量. 例如,用直尺测量物体的长度 l,用天平测量物体的质量 m 等,都是直接测量. l 和 m 则称为直接测量量.

2) 间接测量

间接测量是指相应物理量只能由一些直接测量量经过一定的函数运算才能够获得. 相应的物理量则称为间接测量量. 例如,测量物体的密度 ρ,须测出物体的体积 V 和质量 m,由 $\rho = \dfrac{m}{V}$ 经运算才能获得. ρ 在这样的测量中是间接测量量.

直接测量量和间接测量量的划分是相对的. 随着选用的测量方法和测量手段不同,它们是可以相互转化的. 例如,测量电阻 R,若用电流表和电压表来测量,则可以通过测出电阻两端的电压和通过电阻的电流,经过欧姆定律求出 R,此时 R 是间接测量量. 也可以用

欧姆表或单臂电桥直接测量电阻R,此时R就是直接测量量.随着科技水平的提高,测量手段、方法和仪器越来越先进,能直接测量的物理量越来越多.

2. 按测量的条件来划分,可分成等精度测量和不等精度测量

1) 等精度测量

对同一个物理量,在完全相同的条件下进行多次重复测量,每一次测量的精度是相同的,这样的测量称为等精度测量.

2) 不等精度测量

对同一物理量的重复测量过程中,只要实验中任何一个条件发生了变化,则这种测量就是不等精度测量.

等精度测量和不等精度测量也是相对的概念.严格地讲,在完全相同的条件下进行多次重复的测量是比较困难的.比如,用电流表和电压表测量电阻,由于有电流通过电阻、仪表,必然产生热效应和其他效应,因此,严格地讲,每次测量的条件是不一样的.应当是不等精度测量.但实际上,在每次测量过程中,这种条件的变化是较小的,对测量的结果几乎没有影响,是完全可以忽略的,此时这种测量仍可认为是等精度测量.

在大学物理实验中,除极特殊情况外,对于一个物理量的多次重复测量都可以认为是等精度测量.在以后的叙述中,多次测量都是指等精度测量.

1.2.2 误差

任何一个物理量,在一定宏观条件下和确定的单位制中,都有一个客观存在的数值,这个值称做该物理量的真值,用X_0表示.这个值是客观存在的,与测量仪器、测量方法等无关.测量的目的就是要获得物理量的真值X_0.

在实际的测量中,准确地给出真值是不可能的.因为在测量的过程中,总是要受到测量仪器的精确度、测量的方法、测量的环境以及测量者的能力等因素的影响.换句话说,测量值X和真值X_0之间总是有偏差的.这种偏差称为绝对误差.用Δ表示

$$\Delta = X - X_0 \tag{1.2.1}$$

Δ表示了测量值X和真值X_0的数值差别大小,不能反映出测量的精确程度.比如,测量两个物体的长度,其绝对误差都是0.2mm.其真值分别是1.0mm和1000.0mm.显然,其精确程度是不相同的.对测量真值是1.0mm的物理量来说,在1.0mm范围内,有0.2mm的误差;而对真值是1000.0mm的物理量来说,在1000.0mm范围内,有0.2mm的误差.显然,后一种测量精确程度较高.这说明,测量的精确程度与物理量真值的数值大小有关.为了表示测量的精度,通常引入相对误差E_r,并用百分比表示,因此有时也称百分比误差,E_r数值越大,测量精度越低;数值越小,测量精度越高.由于E_r与测量的精度有关,因此有时也称其为精度.

$$E_r(X) = \frac{\Delta}{X_0} \times 100\% \tag{1.2.2}$$

被测物理量的真值是客观存在的.一般来说,该值是未知的,测量的目的是给出该物理量的准确值.因此,式(1.2.1)的定义是矛盾的,按这种定义是求不出Δ和E_r的.在实

际测量中,往往采用被测量的实测值或修正过的算术平均值来代替被测物理量的真值,这个值有时也称做约定真值($\overline{X}$).被测物理量的真值可用约定真值来近似表示.或者说,被测物理量应在约定真值附近的一个较小的范围内.这个较小的范围称做不确定度 ΔX.被测物理量的真值应在 $\overline{X}-\Delta X$ 至 $\overline{X}+\Delta X$ 的范围内.因此测量值和测量精度可表示为

$$X = \overline{X} \pm \Delta X \tag{1.2.3}$$

$$E_r(X) = \frac{\Delta X}{\overline{X}} \times 100\% \tag{1.2.4}$$

式(1.2.3)、式(1.2.4)是实验结论中被测物理量最终表示的形式.

不确定度和精度从两个方面反映了实验结果的准确程度.精度表明了测量的精确程度,不确定度表明了测量结果的可信程度.例如,用一把最小刻度单位是 1mm 直尺,测量一根铁棒的长度 L,大约是 600mm,若将不确定度认定为 50mm,则这个实验结果认定铁棒的真值在 550~650mm.若将不确定度认定为 5mm,则实验的结果认定铁棒的真值在 595~605mm.显然,铁棒的真值在 550~650mm 的可信度要高,或者说,有百分之百的把握认定铁棒的真值在这个区间,测量的精度为 $E_r(L)=8.3\%$.而将铁棒的真值认定在 595~605mm,其精度 $E_r(L)=0.83\%$,精度较高,可信程度是比较低的.也就是说,被测铁棒的真值很有可能不在这个范围内.因此,不确定度表明了测量结果的置信程度.在实验中,合理地选取测量方法,科学地给出不确定度 ΔX,可使测量的结果更可靠,同时精度更高.

在大学物理实验中,约定真值除了采用算术平均值来代替之外,有时用公认物理量的值、理论计算值、实验室给出的值或用具有较高精度的仪器测出的物理量的值作为约定真值.在具体的实验过程中,实验室会具体给出这种情况下的约定真值,指导教师也会做出特殊说明与要求.在实验的过程中,需要注意这一点.

1.3　测量结果与误差分类

测量的结果通常用式(1.2.3)、式(1.2.4)表示.真值将以某一个确定的概率落在约定真值附近的某一个区间内,这个区间就是不确定度.

1.3.1　约定真值的求法

约定真值的求法往往与测量的方法有关.按被测物理量获得方法的不同,可将物理量分成直接测量量和间接测量量.对这两种量约定真值的求法分别叙述如下.

1. 直接测量量

对直接测量物理量,如果只测一次,即单次测量,则测量值就是约定真值.

对多次测量,约定真值为多次测量值的算术平均值 $\overline{X}$.若进行了 n 次测量,每次测量值为 $X_i(i=1,2,\cdots,n)$,则

$$\overline{X} = \frac{1}{n}\sum_{i=1}^{n}X_i$$

若在每次测量的过程中,都存在零点偏差 δ,如螺旋测微器的零点修正,指针类仪表的示零位置偏差等. 这时,约定真值为

$$\overline{X} = \frac{1}{n}\sum_{i=1}^{n} X_i - \delta \tag{1.3.1}$$

2. 间接测量量

间接测量量 $W = f(x,y,z,\cdots)$ 是通过直接测量量 $x,y,z,\cdots$ 经过函数运算而获得的. 对单次测量,物理量 W 的约定真值由 $x,y,z,\cdots$ 的单次测量值经过计算获得,即 $W = f(x,y,z,\cdots)$. 对多次测量,又可根据直接测量量 $x,y,z,\cdots$ 的相关性分成独立测量和非独立测量. 所谓独立测量是指测量物理量 $x,y,z,\cdots$ 时可独立地进行测量. 如测量立方体的体积 $V = abc$,测量长 a、宽 b、高 c 时可独立地进行多次测量. 另一类是非独立性测量. 即测量物理量 $x,y,z,\cdots$ 时是相互有关联的. 如用电流表和电压表测量电阻 R,此时,测量电流 I 的同时应测量相应的电压 U,然后计算 R. 在电压 U 和电流 I 的测量过程中,由于电源、导线等多方面原因,使得测量值之间相互关联、相互制约. 因此,虽然测量 U 和 I 是用不同的仪器检测的,但测量值之间是有关联的,是非独立性测量. 在非独立性测量情况下,可引入相关系数来描述物理量之间的相互关联的程度.

对独立性测量,间接量 W 的约定真值是

$$\overline{W} = f(\bar{x}, \bar{y}, \bar{z}, \cdots) \tag{1.3.2}$$

式中,$\bar{x}, \bar{y}, \bar{z}, \cdots$ 为直接测量量 $x,y,z,\cdots$ 的约定真值,用式(1.3.1)计算.

对非独立性测量,若进行 n 次测量,可得到 n 组数据 $(x_i, y_i, z_i, \cdots)(i = 1, 2, \cdots, n)$ 间接测量量的约定真值为

$$\overline{W} = \frac{1}{n}\sum_{i=1}^{n} f(x_i, y_i, z_i, \cdots) = \frac{1}{n}\sum_{i=1}^{n} W_i \tag{1.3.3}$$

1.3.2 误差的分类

误差是由测量的不准确性引起的. 其产生的原因是多方面的,分类方法较多. 若按产生的原因来划分,通常有系统误差、过失误差、随机误差等. 测量存在误差,就使得测量结果的可靠性降低,最终只能以一个设定的概率来确定一个不确定的区间 ΔX,用 $\overline{X} \pm \Delta X$ 来近似表示被测物理量真值范围. 更进一步讲,我们只能以某一种可信程度来说明被测物理量的真值将落在 $(\overline{X} - \Delta X, \overline{X} + \Delta X)$ 区间内.

显然,不确定度 ΔX 的大小,是测量过程中各种各样的误差的综合结果,是对测量过程中各种误差的综合评价. 一般来说,不确定度包含多个分量. 若按统计性质来划分,可分成 A 类不确定度分量和 B 类不确定度分量. A 类不确定度分量(Δ_A)是指符合统计规律的不确定度分量,符合统计规律,可通过数理统计的方法来分析、评定. B 类不确定度分量(Δ_B)是用非统计方法来评定的不确定度,不符合统计规律. 总的不确定度 ΔX 为

$$\Delta X = \sqrt{\Delta_A^2 + \Delta_B^2} \tag{1.3.4}$$

ΔX 也称为合成不确定度.

1. A类不确定度分量 Δ_A

A类不确定度分量通常是由测量的偶然因素引起的误差.如测量仪器示数的不稳定性、观察者感官分辨力的限制、测量环境微小变化等因素引起的误差.其主要特点是,每一次测量前对测量结果的变化是不可预知的,但多次测量的结果,表现出测量值符合一定的统计分布规律.因此,A类不确定度分量可由统计规律确定其大小.具体分析见1.4节.

2. B类不确定度分量 Δ_B

B类不确定度分量通常是由非偶然因素引起的,产生的原因较多,需具体问题具体分析.产生B类不确定度分量常见的原因有:

1) 系统误差

系统误差的主要特点是在测量的结果中出现偏差的绝对值和符号恒定或以某一种可预知的方式变化.环境因素不变,系统误差也不变.产生该类误差常见的原因有:仪表的某些缺陷、偏差、温度漂移、测量环境的某些变化(如温度、湿度、气压、电源等)等.

2) 过失误差

过失误差是实验者使用仪器的方法不正确、不合理、观察方法错误、数据记录错误等原因引起的,是实验者人为的因素造成的测量偏差.

B类不确定度分量在测量的范围内无法做出统一的评定,应具体问题具体分析.一般情况下,可根据经验,对多次实验结果的规律性和其他的信息进行综合分析,给出合理值.可以通过改进测量方法、测量环境等手段来减小B类不确定度分量的大小.在大学物理实验中,一般只考虑由仪器误差及环境条件不符合要求而引起的误差,通常情况下取 $\Delta_B = \Delta_{仪}$.其中 $\Delta_{仪}$ 是在正确使用仪器的条件下,测量结果的最小误差.其大小与仪器的制造水平、仪器的性能、使用环境等因素有关.

仪器的生产厂家一般都在仪表上注明示值误差或者精度等级.举例说明如下:

(1) 游标卡尺一般不分精度等级而直接给出示值误差,该误差就可以作为 $\Delta_{仪}$.例如,0~300mm游标卡尺上注明0.02mm,则 $\Delta_{仪} = 0.02mm$.

(2) 电表等仪表常常给出精度等级.按国家标准,精度等级通常分为0.1,0.2,0.5,1.0,1.5,2.5,5.0等7个精度等级,根据精度等级和测量时所选用的量程可按式(1.3.5)计算出 $\Delta_{仪}$.

$$\Delta_{仪} = 量程 \times 精度等级\ \% \tag{1.3.5}$$

例如,若使用0.5级的电流表,选用的量程是200mA,则 $\Delta_{仪} = 200 \times 0.5\% = 1(mA)$.

(3) 物理天平常常给出感量及误差表.通常由感量算出 $\Delta_{仪}$.例如,某一天平称量是5000g,感量20mg,通常可选 $\Delta_{仪} = 20mg$.

不同的仪表其标志有所不同.实验者可根据仪表的说明书,找出或计算出相应的 $\Delta_{仪}$.在大学物理实验中,$\Delta_{仪}$ 由实验室统一给出,标定在仪表或黑板上.

1.4　A类不确定度的理论分析

如前所述,若不考虑B类不确定度分量,A类不确定度是符合统计规律的,可由数理

图 1.4.1 正态分布曲线 1

统计的方法给出其大小.

在不考虑测量仪器的测量精度情况下,将物理量 X 所有的、可能的观测结果的全体称为总体. 由统计理论可知,所有可能的观察结果,即总体,符合正态分布

$$\varphi(X) = \frac{1}{\sqrt{2\pi}\sigma}\exp\left[-\frac{(X-X_0)^2}{2\sigma^2}\right]$$

(1.4.1)

$\varphi(X)$ 函数的曲线如图 1.4.1 所示.

该函数曲线对称于直线 $X=X_0$,并在 $X=X_0$ 处达最大值 $\frac{1}{\sqrt{2\pi}\sigma}$. 函数在 $X=X_0+\sigma$ 处和 $X=X_0-\sigma$ 处有拐点;当 $X\to\pm\infty$ 时,曲线以 X 轴为其渐近线. 该曲线与 X 轴围成的面积为 1,即

$$\int_{-\infty}^{+\infty}\varphi(x)\mathrm{d}x = 1$$

其数字特征有:

1) 数学期望

$$X_0 = MX = \int_{-\infty}^{+\infty}x\varphi(x)\mathrm{d}x$$

(1.4.2)

式(1.4.2)说明,数学期望 X_0 是物理量 X 测量值的平均值,在没有非统计性误差的情况下,X_0 是物理量 X 的真值.

2) 方差

$$\sigma^2 = DX = \int_{-\infty}^{+\infty}(x-X_0)^2\varphi(x)\mathrm{d}x$$

(1.4.3)

式中,σ^2 称为方差;σ 称为均方差($\sigma>0$).

正态分布曲线的形状与 σ 的大小有关,如图 1.4.2 所示.

当 σ 较小时,曲线的形状像一个尖塔,较陡峭,曲线与 X 轴围成的面积几乎全部集中在以 X_0 为中心的一个不大的区域内. 这种情况说明,物理量 X 的测量值偏差比较小、比较集中. 当 σ 较大时,曲线较为平坦. 说明物理量 X 的测量值偏差程度较大、比较分散. 因此,σ 的大小反映了物理量 X 的测量值在数值上的分散程度.

图 1.4.2 正态分布曲线 2

由数理统计理论可知

$$P(|X-X_0|<\sigma) = \int_{x_0-\sigma}^{x_0+\sigma}\varphi(x)\mathrm{d}x = 68.26\%$$

(1.4.4)

$$P(|X-X_0|<2\sigma) = \int_{x_0-2\sigma}^{x_0+2\sigma}\varphi(x)\mathrm{d}x = 95.44\%$$

(1.4.5)

$$P(\mid X - X_0 \mid < 3\sigma) = \int_{x_0-3\sigma}^{x_0+3\sigma} \varphi(x) \mathrm{d}x = 99.73\% \tag{1.4.6}$$

式 (1.4.4) 说明物理量 X 的测量值 x 落在区间 $X_0 - \sigma < x < X_0 + \sigma$ 概率是 68.26%；

式 (1.4.5) 说明物理量 X 的测量值 x 落在区间 $X_0 - 2\sigma < x < X_0 + 2\sigma$ 的概率是 95.44%；

式 (1.4.6) 说明物理量 X 的测量值 x 落在区间 $X_0 - 3\sigma < x < X_0 + 3\sigma$ 的概率是 99.73%，或者说，测量物理量 X 时，出现测量值大于 $X_0 + 3\sigma$ 或小于 $X_0 - 3\sigma$ 只有 $(1 - 99.73)\% = 0.27\%$ 的可能性.

在实际测量过程中，不可能进行无限多次的测量，找出物理量 X 所有的、可能的测量值 (即总体). 这是不现实的，也是没有必要的. 对物理量 X，一般只进行 n 次独立的等精度测量，从而获得 n 个实际测量值，即 $x_1, x_2, \cdots, x_n$. 在实验中，常称为一个测量列. 这样的一个测量过程，相当于从物理量 X 的所有可能测量值 (总体) 中独立地、随机地抽取一组可能的测量值. 在数理统计中，这组测量值 $x_1, x_2, \cdots, x_n$ 称为一个样本 (测量列和样本只是从不同的角度来称呼这一组测量值). 样本中每一个单独的测量值 x_i，称做个体. 样本中个体的数量称为样本容量. 我们现在选取的这个样本，其容量为 n.

显然，每个个体都服从总体的分布函数，即正态分布函数. 对这样选取的一个样本，相当于进行了 n 次独立的实验. 我们可以计算出

$$\overline{X} = \frac{1}{n} \sum_{i=1}^{n} x_i \tag{1.4.7}$$

式中，$\overline{X}$ 称做样本的平均值，每一次的测量值 x_i 与样本平均值 $\overline{X}$ 之差 $\Delta x_i = x_i - \overline{X}(i = 1, 2, \cdots, n)$ 称为残差，或称为偏差

$$\sigma_{\mathrm{s}}^2 = \frac{1}{n} \sum_{i=1}^{n} \Delta x_i^2 = \frac{1}{n} \sum_{i=1}^{n} (x_i - \overline{X})^2$$

σ_{s}^2 称为样本方差.

由式 (1.4.7) 计算出的 $\overline{X}$ 也是具有随机性的，不同的样本有不同的 $\overline{X}$. 由数理统计可知，当总体符合数学期望为 X_0 (平均值)、方差为 σ^2 的正态分布时，样本平均值 $\overline{X}$ 符合数学期望为 X_0、方差为 $\frac{\sigma^2}{n}$ 的正态分布. 表征样本平均值 $\overline{X}$ 分散程度的均方差是 $\frac{\sigma}{\sqrt{n}}$. 这说明，$\overline{X}$ 的分散程度随着样本容量 n 的增加而减小.

当以容量为 n 的一个样本来进行统计时，可以计算出 $\overline{X}$、σ_{s}^2. 显然 $\overline{X}$、σ_{s}^2 不是总体的 X_0 和方差 σ^2，当用它们来估计总体 X_0 和方差 σ^2 时，就需要考虑其偏差性，或者说是否有偏差.

例如，我们从总体中随机抽取 m 组样本. 这相当于对物理量 X 进行了 m 组次的实验，每组实验都对物理量 X 进行了 n 次测量. 每组实验都可以算出一个样本平均值 $\overline{X}_j (j = 1, 2, \cdots, m)$，即

$$\overline{X}_j = \frac{1}{n} \sum_{i=1}^{n} x_{ji}, \quad j = 1, 2, \cdots, m$$

显然，每组实验算出的 $\overline{X}_j (j = 1, 2, \cdots, m)$ 是不可能完全一样的，也就是说，$\overline{X}_j$ 具有随机

性. 当实验组数无限多时, 将有

$$\lim_{m \to \infty} \frac{1}{m} \sum_j \overline{X}_j = M\overline{X} = X_0$$

这种性质叫做无偏性. 这说明, 用任意一组样本来计算的 $\overline{X}_j$ 是总体数学期望 X_0 的无偏估计值. 但是, 样本方差 σ_s^2 不是总体方差 σ^2 的无偏估计值. 事实上, 样本方差

$$\sigma_s^2 = \frac{1}{n} \sum_{i=1}^n \Delta x_i^2 = \frac{1}{n} \sum_{i=1}^n \left[(x_i - X_0) - (\overline{X} - X_0) \right]^2$$

$$= \frac{1}{n} \sum_{i=1}^n (x_i - X_0)^2 - (\overline{X} - X_0)^2$$

$$M\sigma_s^2 = \frac{1}{n} \sum M(x_i - X_0)^2 - M(\overline{X} - X_0)^2 = \frac{n-1}{n} \sigma^2$$

由此可见, 样本方差 σ_s^2 不是总体方差 σ^2 的无偏估计值. 但是, 由上面的表达式可以看出, 若取

$$s^2 = \frac{n}{n-1} \sigma_s^2 = \frac{n}{n-1} \left(\frac{1}{n} \sum_{i=1}^n (x_i - \overline{X})^2 \right) = \frac{1}{n-1} \sum_{i=1}^n (x_i - \overline{X})^2 \qquad (1.4.8)$$

则

$$Ms^2 = M\left(\frac{n}{n-1} \sigma_s^2 \right) = \frac{n}{n-1} \times \frac{n-1}{n} \sigma^2 = \sigma^2$$

即, s^2 是 σ^2 的无偏估计值. 通常情况下, 把 s^2 称做标准方差, s 称做标准差 ($s>0$).

由以上讨论可知, $\overline{X}$ 和 s^2 分别是真值 X_0 和总体方差 σ^2 的无偏估计值. 描述 $\overline{X}$ 的分散程度是 $\dfrac{s}{\sqrt{n}} = \sqrt{\dfrac{1}{n(n-1)} \sum_{i=1}^n (x_i - \overline{X})^2}$. 由于实验是有限次数的, 因此, 用一个样本的 $\overline{X}$ 和 s^2 来估计总体的 X_0 和 σ^2 只是一个近似的结果. 但可以肯定地说, 被测物理量 X 的真值应在 $\overline{X}$ 附近的某一个区间内. 由统计理论知, x 符合正态分布, 而 $\overline{X}$ 也符合正态分布, 因此, 由式 (1.4.4) 可知

$$P\left(|\overline{X} - X_0| < \frac{s}{\sqrt{n}} \right) = 68.26\%$$

若将测量结果写成

$$X = \overline{X} \pm \frac{s}{\sqrt{n}}$$

置信概率是 68.26%.

在科学实验中, 往往需要给出不同的置信概率下不确定度的大小, 当给定置信概率时用正态分布求置信区间较麻烦. 由统计理论可知, $\dfrac{(\overline{X} - X_0)\sqrt{n}}{s}$ 符合 $t(n-1)$ 分布. 其中实验次数 n 在 t 分布中称自由度, 因此, 可以由 t 分布求出 X_0 的置信区间.

$$P\left(|\overline{X} - X_0| < \frac{s}{\sqrt{n}} t_{\frac{\alpha}{2}} \right) = 1 - \alpha \qquad (1.4.9)$$

式 (1.4.9) 说明当总体为正态分布, 在总体方差 σ^2 未知的情况下, 真值落在

$\left(\overline{X}-\dfrac{s}{\sqrt{n}}t_{\frac{\alpha}{2}},\overline{X}+\dfrac{s}{\sqrt{n}}t_{\frac{\alpha}{2}}\right)$ 区间内的置信度为 $100(1-\alpha)\%$,即有 $100(1-\alpha)\%$ 的把握性可

以确定真值在该置信区间内. 因此 A 类不确定度可以表示成 $\dfrac{s}{\sqrt{n}}t_{\frac{\alpha}{2}}$,其大小与实验次数 n

(在 t 分布中称自由度)、置信概率 $1-\alpha$ 及 $t_{\frac{\alpha}{2}}$ 有关. $t_{\frac{\alpha}{2}}$ 随自由度 n 的增大而单调地减小,具

体数值可由 t 分布表查出来. t 分布函数也是关于 $x=X_0$ 对称的函数,当实验次数 n 大于

30 时,t 分布函数几乎和正态分布函数没有什么区别了.

由以上讨论可知,对正态分布,不确定度 $\Delta_\mathrm{A}=\dfrac{s}{\sqrt{n}}$,置信概率是 68.26%;对于 t 分布

$\Delta_\mathrm{A}=\dfrac{s}{\sqrt{n}}t_{\frac{\alpha}{2}}(n-1)$,置信概率是 $100(1-\alpha)\%$. 不论是正态分布还是 t 分布,不确定度 Δ_A

随实验次数的增大将趋近于零,即 $\lim\limits_{n\to\infty}\Delta_\mathrm{A}=0$. 这说明在只有 A 类不确定度的情况下,当实
验次数较大时,用样本的平均值来代替物理量的真值是没有偏差的. 重复实验次数较少
时,随机分布规律不明显,偏差较大. 当重复实验次数较多时,随机现象呈现出较明显的分
布规律,偏差较小. 但在每一次具体的实验中,测量值都是有偏差的,测量的结果都具有随
机性. 在具体的实验过程中,实验次数的确定是由实验的精度决定的. 在数据处理时,在给
出 A 类不确定度的同时,应给出置信概率和实验次数. 例如,对某一个物理量测量数据进
行数据处理,在给出 A 类不确定度时,应写出

$$\Delta_\mathrm{A}=0.05\mathrm{mm}, \quad P=68.3\%, \quad n=10$$

这样书写,就能清楚表示出 A 类不确定度的大小取为 0.05mm 时,置信概率是 68.3%,共
进行了 10 次有效的实验.

接下来,从可操作性的角度,对大学物理实验中如何来确定 A 类不确定度进行进一步
的分析. 对 t 分布而言,若取 $\alpha=0.05$ 时,则置信度 $100(1-\alpha)\%=95\%$. 此时 $t_{\frac{\alpha}{2}}(n-1)=$
$t_{0.025}(n-1)$ 只与样本容量 n(测量次数)有关. 并且 $t_{0.025}(n-1)$ 随着 n 的增大而单调地逐
渐减小. 表 1.4.1 给出了在给定置信概率为 95% 的情况下,t 分布与测量次数 n 的数值
关系.

表 1.4.1　不确定度与测量次数(95%的置信概率)

n	6	7	8	9	10	11	12	13	14	15	16	18	20	30
$t_{0.025}(n-1)$	2.57	2.45	2.36	2.31	2.26	2.23	2.20	2.18	2.16	2.14	2.13	2.11	2.09	2.04
$\dfrac{t_{0.025}}{\sqrt{n}}$	1.05	0.93	0.83	0.77	0.71	0.67	0.64	0.60	0.58	0.55	0.53	0.50	0.47	0.37

由表 1.4.1 可以看出,不确定度的大小是与实验次数有关系的. 在置信度为 95% 的
情况下,若进行 6 次实验,不确定度为 $1.05s$;若进行 10 次实验,不确定度为 $0.71s$;若进
行 18 次实验,不确定度为 $0.50s$. 因此,在给定置信概率的情况下,我们可以根据实验次
数及标准差 s 来确定 A 类不确定度. 由表 1.4.1 还可以看出,随 n 的增大,不确定度的变
化是比较缓慢的. 但是,随着实验次数的增加,其他原因引起的误差可能变得比较突出. 因
此,在大学物理实验中,通常采取简化处理方法来确定不确定度的大小. 若进行 6～10 次

的测量,直接取样本的标准差 s 作为 A 类不确定度. 此时,将有 95% 把握或概率确认被测物理量真值在 $(\overline{X}-s, \overline{X}+s)$ 内. 因此,在大学物理实验中,可选取 A 类不确定分量 $\Delta_A = s$,置信概率 95%. <u>应当引起注意的是,这样做只是为了简化数据处理,并不是说 s 代表 A 类不确定度.</u> 实际上,s 代表的是样本数据的分散程度,或者说 s 代表的是实测数据(样本数据)的离散程度. <u>将 s 理解成 A 类不确定度是概念上的错误.</u>

以上是在理论上对 A 类不确定分量的定量分析. 下面,再将以上的理论分析过程定性地讲述一下,并给出定量的结论.

A 类不确定分量 Δ_A 是符合统计规律的. 在只有 A 类不确定分量的情况下,物理量的所有可能的测量结果(总体)符合正态分布. 通常用两个数字量来描述这个分布状态,一个是 X_0,对应于物理量 X 的真值,另一个是方差 σ^2,它的大小表明了测量结果的分散程度. 在实际物理实验中,不可能通过无限次的测量而得到 X_0. 只能进行有限次(n 次)测量,获得 n 个测量值(称为样本)$x_i (i=1,2,\cdots,n)$. 样本的平均值、标准差为

$$\overline{X} = \frac{1}{n}\sum_{i=1}^{n} x_i \tag{1.4.10}$$

$$s^2 = \frac{1}{n-1}\sum_{i=1}^{n}(x_i - \overline{X})^2 \tag{1.4.11}$$

式中,s^2 为总体真值 X_0 和方差 σ^2 的无偏估计值.

当只用一个样本的 $\overline{X}$ 来近似表示真值 X_0 时,是有一定偏差的. 或者说,真值 X_0 应落在 $\overline{X}$ 的某一个区域内. 在大学物理实验中,如果进行 6 次以上的实验,有 95% 以上的把握性确定被测物理量的真值是在 $(\overline{X}-s, \overline{X}+s)$ 内,或 $\overline{X}-s < X_0 < \overline{X}+s$,因此,将 A 类不确定度分量取值为 s,即

$$\Delta_A = s \tag{1.4.12}$$

置信概率 95%,n 次实验.

若在测量物理量 X 的过程中,还有 B 类不确定分量 Δ_B,这时,合成不确定度为

$$\Delta X = \sqrt{\Delta_A^2 + \Delta_B^2} \tag{1.4.13}$$

最终,可将被测物理量 X 的测量结果写成

$$X = \overline{X} \pm \Delta X$$

$$E_r(X) = \frac{\Delta X}{\overline{X}} \times 100\% \tag{1.4.14}$$

1.5 实验结果的数值表示

1.5.1 有效数字

把一个数值从左边第一个非"0"数字开始,到该数字的最后一位为止的所有数字称做有效数字. 例如,365.8mm,123.0mm 和 0.02350mm 都有 4 位有效数字.

任何一个物理量的测量值,都有一个具体的数值和相应的不确定度. 测量量的数值是与不确定度有关联的. 例如,测量某一个物理量的最后结果是 $\overline{X}=10.123456$mm,而不确定度 $\Delta X=0.01234$mm,或者将结果写成 (10.123456 ± 0.01234)mm. 从纯数学计算上看,

可能是没有问题的,但若作为实验结果,是不正确的.

首先,看不确定度 $\Delta X = 0.01234$mm,它在物理意义上代表真值的一个不确定范围. 从 ΔX 的数值上看,被测物理量 X 在 10^{-2} 位(0.01)就不准确了,而在 10^{-3} 位(0.002)就更不准确了(差 10 倍). 因此,保留 10^{-4} 位和 10^{-5} 位就没有意义了(差 100~1000 倍). 所以,在大学物理实验中,不确定度保留 1 至 2 位有效数字. 仅当首位数字是 1 或 2 时,不确定度才取两位有效数字,其余各数字可按进位法进行修约. 所以,ΔX 的不确定度为 0.02mm(保留一位有效数字)或者取 0.013mm(保留两位有效数字).

当确定了不确定度 ΔX 的位数后,约定真值 $\overline{X}$ 的位数,按照与 ΔX 位对齐的方式进行修约. 所谓位对齐的方式进行修约,就是以 ΔX 的最后一位为准,将 $\overline{X}$ 的该位数字以后的数字按修约规则舍去. 即

当 $\Delta X = 0.02$mm 时,$\overline{X} = 10.12$mm

当 $\Delta X = 0.013$mm 时,$\overline{X} = 10.123$mm

数字的修约规则是:4 舍 6 入 5 成双. 即对要进行修约的数字位而言,当这位的数字是 4 时,将被舍去;若这位是数字 6 时,将向前进位;当这位数字是 5 时,是否进位要看该位左边数字的奇、偶性,若是奇数时,就进位;若是偶数时,则舍去. 或者说,当修约位是 5 时,要保证修约后的数字是偶数.

例如,$\Delta X = 0.09$mm,则 $\overline{X}$ 修约后应保留两位小数.

若 $\overline{X} = 10.1246$mm 则修约成 $\overline{X} = 10.12$mm,$X = (10.12 \pm 0.09)$mm;(4 舍)

若 $\overline{X} = 10.1261$mm 则修约成 $\overline{X} = 10.13$mm,$X = (10.13 \pm 0.09)$mm;(6 入)

若 $\overline{X} = 10.1251$mm 则修约成 $\overline{X} = 10.12$mm,$X = (10.12 \pm 0.09)$mm;(5 成双)

若 $\overline{X} = 10.1351$mm 则修约成 $\overline{X} = 10.14$mm,$X = (10.14 \pm 0.09)$mm;(5 成双)

由前面的分析可知,物理量的数值与一般数字相比有不同的意义. 物理量的数值反映出测量值的精确度. 通常,物理量的数值可以看成是由两部分组成,一部分称做可靠数字,另一部分称存疑数字. 比如,$\overline{X} = 10.12$mm,$\Delta X = 0.01$mm,则 10.1 是可靠数字,0.02 是存疑数字. 原因是在这一位上,测量已经不准确了. 因此,有效数字的位数,反映了测量的精确程度,同样的道理,有效数字位数,在物理单位变换中不应当改变. 例如,$\overline{X} = 1.23$m $= 123 \times 10^3$mm,而写成 $\overline{X} = 1.23$m $= 1230$mm 是错误的. 这相当于将测量精度扩大了 10 倍. 同理,数字(尤其是小数)后面的"0"是不能随意舍掉的. 例如,$\overline{X} = 36.80$kg 和 $\overline{X} = 36.8$kg 是具有不同的物理意义的. 36.8kg 说明测量在小数点后的第一位(0.8kg)就有误差了,或者说该位(0.8kg)是存疑数字,是不准确的. 而 36.80kg 则说明小数点后第二位(0.00kg)是存疑数字,而 36.8kg 是可靠数字,是准确的.

由于有效数字反映了物理量的测量精度,因此,在书写时一定要多加注意. 在做物理实验时,这方面也是易出问题的地方. 主要问题有:一种情况是将 $\overline{X}$、ΔX 的有效位数写得太多,常常把计算器上计算的结果全部写出来,没有进行修约;另一种情况是,在数据记录中或在结果表达式中,将小数点后面的"0"舍去了,或者是没有写出来. 希望在以后的实验中,注意这方面的问题.

1.5.2　直接测量量的结果表示

直接测量量是通过仪器直接测量而获得的实验数据. 在记录实验数据时,要注意有效

图 1.5.1 测量物体的长度

数字. 对模拟仪表或指针类仪表,在直接读数时,应估读到最小刻度以下的一位,该位作为直读数据的存疑数字. 图 1.5.1 是测量物体的长度示意图. 直尺的最小刻度是 1mm. 由图可以看出,物体的长度在 32~33mm,可将测量结果估读值为 32.6mm.

对数字仪表或数码显示的仪表,直接读取全部数字. 不论是哪一种情况,最终有效数字位数的多少,将以仪表的精度或不确定度来裁定.

直接测量量一般进行 6~10 次实际测量,在实验报告上记录测得的数据. 在实验过程中,对记录错的数据不要涂成一片黑(很多学生往往这样做),这种做法是错误的. 正确的做法是,在有错误的数据上划两条横线. 如 ~~10.88~~. 如果需要的话,在该数据的旁边写上正确的数值.

在做实验结果分析时,若发现其中某一个数值与其他的数值差别太大,可采用 3σ 准则或格拉布斯(Glubbs)准则进行剔除. 格拉布斯准则较严格,也比较麻烦. 在大学物理实验中,可采用 3σ 准则来剔除数据. 在用 3σ 准则时,实验数据的数量 n 应至少为 14 个. 当 n 小于 11 时 3σ 准则是无效的. 具体做法是:

设有 n 个测量数据 $x_i(i=1,2,\cdots,n)$,按式(1.4.10)、式(1.4.11)计算 $\overline{X}$、s,并计算 $\Delta X_i = x_i - \overline{X}$, $i=1,2,\cdots,n$,若某一个数据的残差 $|\Delta x_i| > 3s$,则可将该项数据剔除,然后,计算剩余数据的 $\overline{X}$、s,并将其作为测量的结果.

其理论根据是,测量值 x_i 的 $|\Delta x_i|$ 超过 3σ 概率只有 $(1-99.73\%) = 0.07\%$,是小概率事件,可忽略. 因此可将该数据剔除.

由式(1.4.12)、式(1.4.13),计算不确定度 ΔX,保留一两位有效数字,并按 ΔX 修约 $\overline{X}$,最终按式(1.4.14)的方式,给出测量结果.

1.5.3 间接测量量的结果表示

由于直接测量量存在一个不确定范围,必然导致间接测量量产生相应的不确定性. 通常称做误差的传递.

设 $W = f(x,y,z,\cdots)$,由微分学可知

$$\Delta W = \frac{\partial f}{\partial x}\Delta x + \frac{\partial f}{\partial y}\Delta y + \frac{\partial f}{\partial z}\Delta z + \cdots$$

如果 $x,y,z,\cdots$ 是非独立的,则每次测量可得到一组 $(x_i,y_i,z_i,\cdots)$. n 次测量,经计算可得到 n 个 W_i, $i=1,2,\cdots,n$,这时,可按式(1.3.2)、式(1.3.3)计算 $\overline{W}$;然后计算单次测量的 $\Delta x_i, \Delta y_i, \Delta z_i, \cdots$ 以及在某一中心值或约定值附近的 ΔW_i 为

$$\Delta W_i = \frac{\partial f}{\partial x}\Delta x_i + \frac{\partial f}{\partial y}\Delta y_i + \frac{\partial f}{\partial z}\Delta z_i + \cdots, \quad i = 1,2,3,\cdots,n$$

将上式两边平方可得

$$(\Delta W_i)^2 = \left(\frac{\partial f}{\partial x}\Delta x_i + \frac{\partial f}{\partial y}\Delta y_i + \frac{\partial f}{\partial z}\Delta z_i + \cdots\right)^2, \quad i = 1,2,3,\cdots,n \quad (1.5.1)$$

再将式(1.5.1)的 n 个等式右边的平方项展开、相加并除以 n,得

$$\frac{1}{n}\sum_{i=1}^{n}\Delta W_i^2 = \left(\frac{\partial f}{\partial x}\right)^2\frac{1}{n}\sum_{i=1}^{n}(\Delta x_i)^2 + \left(\frac{\partial f}{\partial y}\right)^2\frac{1}{n}\sum_{i=1}^{n}(\Delta y_i)^2 + \left(\frac{\partial f}{\partial z}\right)^2\frac{1}{n}\sum_{i=1}^{n}(\Delta z_i)^2 + \cdots$$

$$+ \frac{2}{n}\sum_{i=1}^{n}\left(\frac{\partial f}{\partial x}\frac{\partial f}{\partial y}\Delta x_i\Delta y_i + \frac{\partial f}{\partial x}\frac{\partial f}{\partial z}\Delta x_i\Delta z_i + \frac{\partial f}{\partial y}\frac{\partial f}{\partial z}\Delta y_i\Delta z_i + \cdots\right) \quad (1.5.2)$$

通过引入协方差 R

$$R_{xy} = \frac{1}{n}\sum_{i}^{n}\Delta x_i\Delta y_i$$

及相关系数 r

$$r_{xy} = \frac{R_{xy}}{\Delta x\Delta y}$$

可将式(1.5.2)进一步简化为

$$\Delta W = \left[\left(\frac{\partial f}{\partial x}\Delta x\right)^2 + \left(\frac{\partial f}{\partial x}\Delta y\right)^2 + \left(\frac{\partial f}{\partial x}\Delta z\right)^2 + \cdots\right.$$

$$\left. + 2\frac{\partial f}{\partial x}\frac{\partial f}{\partial y}r_{xy}\Delta x\Delta y + 2\frac{\partial f}{\partial x}\frac{\partial f}{\partial z}r_{xz}\Delta x\Delta z + \cdots\right]^{\frac{1}{2}} \quad (1.5.3)$$

由式(1.5.3)可以看出,计算 ΔW 是比较麻烦的. 有时可采取按绝对值合成法来简化处理,即

$$\Delta W = \left|\frac{\partial f}{\partial x}\Delta x\right| + \left|\frac{\partial f}{\partial y}\Delta y\right| + \left|\frac{\partial f}{\partial z}\Delta z\right| + \cdots \quad (1.5.4)$$

用绝对值合成法计算 ΔW 时,获得的不确定值 ΔW 往往是偏大的,虽然可靠性高,但是精度较低.

当相关系数 r 较小时,可认为 $x,y,z,\cdots$ 是独立的. 在大学物理实验中,通常认为 $x,y,z,\cdots$ 是独立的. 这时,分别计算直接测量量的约定真值 $\bar{x},\bar{y},\bar{z},\cdots$ 及相应的不确定度 $\Delta x,\Delta y,\Delta z,\cdots$ 计算 $\overline{W} = f(\bar{x},\bar{y},\bar{z},\cdots)$ 和

$$\Delta W = \left[\left(\frac{\partial f}{\partial x}\Delta x\right)^2 + \left(\frac{\partial f}{\partial y}\Delta y\right)^2 + \left(\frac{\partial f}{\partial z}\Delta z\right)^2 + \cdots\right]^{\frac{1}{2}} \quad (1.5.5)$$

由式(1.5.4)或式(1.5.5)计算 ΔW,应保留一两位有效数字. 在大学物理实验中统一采用式(1.5.5)来计算 ΔW. 然后以 ΔW 为标准修约 $\overline{W}$. 最终将结果按式(1.4.14)的形式表示出.

1.5.4　实验数据

实验数据的处理、分析都是基于实验过程中的记录. 因此,在物理实验中要注意保存原始记录,这一点非常重要,应养成这种习惯. 实验数据的处理往往都是在实验之后,因

此,一份完整的记录能帮助回忆实验的整个过程,同时,原始记录也是实验过程的真实记录,是重要的原始资料.

实验中,常常发现一些同学为了使实验报告整洁,将实验数据记录在书角、报纸或草纸上,东一处、西一处.这是非常不好的习惯.正确的做法是在实验前,根据实验过程要检测的物理量,列出表格,按实验的先后次序记录观测的结果、实际测量的数据.对记录错的数据,画两条删除线,在其旁边写上正确的数值.在记录数据时,一定要同时记录物理量的单位,数据和单位是物理量不可分割的属性.当然,在进行同一个物理量的测量时,可在记录表格的表头中统一记录一个单位.

实验数据的处理在课后完成.目前,袖珍计算器都有很强的统计功能,可直接通过计算器计算出平均值($\overline{X}$)、代数和($\sum x_i$)、平方和($\sum x_i^2$)、均方差(σ)、标准差(s)等.在实验数据分析中,可充分利用它进行实验结果分析.应当注意的是,一些计算器上的σ,s或其他的符号与本书采用的符号有所不同,可以通过数值来分析哪个是均方差、哪一个是标准差.

1.6 数据处理的常用方法

科学实验的目的是为了找出事物的内在规律性,或者验证某种理论的正确性,或者作为以后实践的依据.物理实验的过程就是通过观察、测量来获得大量的实验数据,通过对这些数据的具体处理、加工找出其内在的规律性.因此,从这个角度讲,物理实验的过程,应包括数据记录、整理、计算、作图、分析、结论等几个方面.在大学物理实验中,常见的数据处理方法有列表法、图示法、解析法、逐差法等.

1.6.1 列表法

列表法是数据记录、函数关系表达等常用的一种方法.它也是其他数据描述方法的基础.这种方法就是将数据按照各物理量的对应关系列出表格.

在列表处理时应注意:

(1) 注明表的名称.

(2) 表中各栏目(纵或横)应注明名称及单位.若名称是用自定义的符号表示的,应在表的底部注明该符号代表的意义.

(3) 一些必要的计算也可列在表中表示.

表1.6.1是测量电阻与温度关系的表格.

表 1.6.1 铜丝电阻与温度的关系

室温:16.0℃   时间:2009-11-4

T/℃ \ R/Ω	20.0	30.0	40.0	50.0	60.0	70.0	80.0	90.0
升温	1.282	1.323	1.370	1.425	1.474	1.515	1.570	1.626
降温	1.274	1.314	1.362	1.415	1.468	1.509	1.562	1.620
平均	1.278	1.318	1.366	1.420	1.471	1.512	1.566	1.623

1.6.2　作图法

把实验测得的一系列有对应关系的数据,在坐标纸上或计算机中标出点来,并用光滑的曲线连接起来.这种方法称为作图法.

1. 作图法的优点

(1)可形象、直观地反映出物理量之间的关系.

(2)容易从测量数据中发现错误的数据,当一个测量量明显偏离曲线时说明该数据有误或不准确.

(3)便于从图中找出物理量之间的经验公式和验证理论关系.

(4)通过运用数学上的插值方法求出一些特定的数值.

2. 作图法应遵循的原则

1)合理地选取坐标纸建立坐标系

常见的坐标纸有直角坐标纸、半对数坐标纸、对数坐标纸、极坐标纸等.可根据物理量之间的关系选择适宜的坐标纸,使最后描绘出的曲线比较简单.选好坐标纸后,应绘出坐标轴,并注明单位.

应合理地选择坐标原点,以便所测得的曲线数据充满整个画面.

2)描点

将实验数据,在坐标纸上逐个描绘出来.为了清楚地表明该点是实测值,在每个点上应当用同一种符号注明,如用"⊙"号标记.

若要在同一张坐标纸上标明其他物理量的变化关系,可以用不同的符号进行标记,如"+"、"×"、"☆"、"△"等符号.

有时为了表明测量点的误差,在测量数据上画出"|"或"—"等线段以表明该点测量量的不确定度范围.

3)连线

因为每个实验点的误差大小不同,因此,在连线时,没有必要使曲线完全通过每一个数据点.可根据实验数据变化的规律性、特点及总的趋势,用光滑的曲线尽可能多地通过数据点.

注意:应当用光滑的曲线连接,而不应当用折线.

4)曲线的延伸

可根据各数据点所体现的变化关系、趋势,将曲线合理地延伸.延伸的部分(在实测数据之外)应该用虚线画出,以有别于实测范围内的曲线.注意,只能在实测范围外较小的一个区间内进行合理地曲线延伸,用于表明变化趋势.原则上,不可将曲线做任意的延伸.

5)注明

应在醒目的位置上注明图的名称、作者、日期及简短说明.

图1.6.1是测量螺线管内部的磁场与电流之间的关系.

图 1.6.1　磁场与励磁电流关系

1.6.3　图解法

图解法是在作图法的基础上,从绘制的曲线上得出某一个物理量数值的方法.例如,通过曲线,求出最大值及最大值所对应的横坐标数值;求出曲线在某一处的斜率(变化率)等等.图解法获得的物理量数值是比较粗糙的.目前,微型计算机已广泛使用,计算方法和手段比较先进.因此,作图法在一定的程度上已失去了意义,可以用曲线拟合法、插值法、样条函数法等方法来进行求解.尤其是线性关系的函数,可以通过线性回归的方法来进行求解,一些函数型袖珍计算器一般都有线性回归的计算功能.

1.6.4　逐差法

当一个物理量与另一个物理量呈线性关系,其中一个物理量做等间隔变化,误差较另一个物理量的误差小,此时可采用逐差法计算另一个物理量变化的平均值.

例如,物理量 x 和 y 的 n 个测量值为 $(x_i, y_i)(i=1,2,\cdots,2m)$,而且,$\Delta x_k = x_{k+1} - x_k = c$ 是常数(等间隔变化),求物理量 y 的间隔 Δy_i 的平均值时

$$\overline{\Delta y} = \frac{1}{2m-1} \sum_{i=1}^{2m-1} \Delta y_i = \frac{1}{2m-1} \sum_{i=1}^{2m-1} (y_{i+1} - y_i) = \frac{1}{2m-1}(y_{2m} - y_1)$$

由上面的结果可以看出,计算 $\overline{\Delta y}$ 时,只与首、末两个测量值有关,中间的测量值没有参加运算,失去了多次测量的意义.若将 $(x_i,y_i)(i=1,2,\cdots,2m)$ 分成两组

$$S1 \qquad (x_i, y_i), \quad i=1,3,5,\cdots,2m-1$$
$$S2 \qquad (x_i, y_i), \quad i=2,4,\cdots,2m$$

S1 是奇数组测量值,S2 是偶数组测量值.将两组对应的值相减,则有

$$\Delta y_j = y_{2j} - y_{2j-1}, \quad j=1,2,\cdots,m$$

$$\overline{\Delta y} = \frac{1}{m} \sum_{j=1}^{2m-1} \Delta y_j = \frac{1}{m} \sum_{j=1}^{2m-1} (y_{2j} - y_{2j-1})$$

将保证全部测量数据的充分运用,减少了测量误差.

关于 S1 和 S2 两组数据的分法是多种多样的.上面的分法(奇、偶)虽然简单,但是,当物理量 y_i 的值相差较小时,计算 Δy_i 的有效数字位数就小,积累误差较大.因此,通常的做法是将 $(x_i,y_i)(i=1,2,\cdots,2m)$,分成高低两组

$$S1 \qquad (x_i, y_i), \quad i=1,2,3,\cdots,m$$

$$\text{S2} \qquad (x_{i+m}, y_{i+m}), \quad i = 1, 2, 3, \cdots, m$$

然后计算

$$\Delta y_i = y_{m+i} - y_i, \quad i = 1, 2, \cdots, m$$

及

$$\overline{\Delta y} = \frac{1}{m} \sum_{i=1}^{m} \Delta y_i = \frac{1}{m} \sum_{i=1}^{m} (y_{m+i} - y_i)$$

注意:此时计算的是 m 个间隔的 $\overline{\Delta y}$.

表 1.6.2 是金属丝杨氏模量的实测数据及其计算结果. 其中,初载为零,实验时每次增加 1 个砝码 $M_0 = 0.500\text{kg}$,测得对应的标尺高度 Z_{i+},直至加到 7 个砝码;再逐个地减载,测得对应的标尺高度 Z_{i-},计算间隔为 2kg 所引起的高度变化平均值. 仪器的示值误差 $\Delta_{\text{仪}} = 0.5\text{mm}$.

表 1.6.2 测量金属丝杨氏模量

室温:28.0℃ 时间:2009-11-5

i	1	2	3	4	5	6	7	8
M_i/kg	0	M_0	$2M_0$	$3M_0$	$4M_0$	$5M_0$	$5M_0$	$7M_0$
Z_{i+}/mm	143.6	161.8	178.8	196.0	213.0	228.8	245.8	263.6
Z_{i-}/mm	144.2	162.2	179.6	195.2	213.4	229.9	246.6	263.6
Z_i(平均)/mm	143.9	162.0	179.2	195.6	213.2	229.3	246.2	263.6
$S_i = (Z_{i+4} - Z_i)$/mm	69.3	67.3	67.0	68.0	平均	67.9		
ΔS_i/mm	1.4	−0.6	−0.9	0.1	标准差	1.02		

实验结果为

$$\Delta S = \sqrt{1.02^2 + 0.5^2} = 1.1(\text{mm})$$
$$S = (67.9 \pm 1.1)\text{mm}$$
$$E_r(S) = \frac{1.1}{67.9} \times 100\% = 1.7\%$$

1.7 最小二乘法与曲线拟合

1.7.1 最小二乘法原理

如果 y 是 x 的函数,该函数包含 m 个参数 $\alpha_1, \alpha_2, \cdots, \alpha_m$,通常写成 $y = f(\alpha_1, \alpha_2, \cdots, \alpha_m; x)$. 现在对 x、y 进行 n 次测量,获得 n 组测量值 $(x_i, y_i)(i = 1, 2, \cdots, n)$. 对实际测量值 x_i 又可计算出相应的理论计算值 $f(\alpha_1, \alpha_2, \cdots, \alpha_m; x_i)$. 实验观测值 y_i 与理论计算值的偏差为 $[y_i - f(\alpha_1, \alpha_2, \cdots, \alpha_m; x_i)](i = 1, 2, \cdots, n)$. 现构造一个函数 $Q(\alpha_1, \alpha_2, \cdots, \alpha_m)$

$$Q(\alpha_1, \alpha_2, \cdots, \alpha_m) = \sum_{i=1}^{n} [y_i - f(\alpha_1, \alpha_2, \cdots, \alpha_m; x_i)]^2$$

最小二乘法原理就是适当地选取参数 $\alpha_1, \alpha_2, \cdots, \alpha_m$ 使偏差的平方和为最小,即使 $Q(\alpha_1, \alpha_2 \cdots, \alpha_m)$ 为最小.

由微分学可知,$Q(\alpha_1,\alpha_2,\cdots,\alpha_m)$为最小时,应满足

$$\frac{\partial Q}{\partial \alpha_i}=0, \quad i=1,2,\cdots,m \tag{1.7.1}$$

原则上,解方程组(1.7.1),就可求出待定的系数 $\alpha_1,\alpha_2,\cdots,\alpha_m$. 因此,可以用这种方法确定经验公式中的参数,从而获得一个解析表达式,来表示物理量 x、y 之间的关系.

应用最小二乘法原理应注意:

(1) 物理量 x、y 的测量值应符合正态分布.

(2) 物理量 x 的精度应比 y 的精度高(否则,可将 x、y 交换).

1.7.2 线性回归

线性回归也称直线曲线拟合.

线性关系是最简单的一种函数关系,是在物理实验中最常遇到的一种关系.设物理量 x 与物理量 y 是线性关系,或者由图示法看出它们之间具有线性关系,并假设 x 的测量精度较 y 高.可用方程(称做回归方程)$y=ax+b$ 来表示其线性关系.其中 a、b 是两个待定的参数,也称回归系数.

通过实验,测得$(x_i,y_i)(i=1,2,\cdots,n)$,则

$$Q(a,b)=\sum_{i=1}^{n}\left[y_i-f(a,b;x_i)\right]^2=\sum_{i=1}^{n}\left[y_i-(ax_i+b)\right]^2$$

由式(1.7.1)可得

$$\begin{cases} \dfrac{\partial Q}{\partial a}=-2\sum_{i=1}^{n}(y_i-ax_i-b)x_i=0 \\[2mm] \dfrac{\partial Q}{\partial b}=-2\sum_{i=1}^{n}(y_i-ax_i-b)=0 \end{cases}$$

解方程可得系数

$$a=\frac{l_{xy}}{l_{xx}}$$

$$b=\bar{y}-a\bar{x}$$

$$\bar{x}=\frac{1}{n}\sum_{i=1}^{n}x_i$$

$$\bar{y}=\frac{1}{n}\sum_{i=1}^{n}y_i$$

$$l_{xx}=\sum_{i=1}^{n}(x_i-\bar{x})^2$$

$$l_{xy}=\sum_{i=1}^{n}(x_i-\bar{x})(y_i-\bar{y})$$

$$l_{yy}=\sum_{i=1}^{n}(y_i-\bar{y})^2$$

由此确定系数 a、b 的回归方程是物理量 x、y 的最佳线性关系表达式.

为研究 x、y 线性关系密切程度,通常引入相关系数 r_{xy}.

$$r_{xy} = \frac{l_{xy}}{\sqrt{l_{xx}l_{yy}}} \tag{1.7.2}$$

相关系数 r_{xy} 的数值范围是 $0 \leqslant r_{xy} \leqslant 1$.

$r_{xy} = 0$,说明 x、y 是不具有线性关系的,在这种情况下,数据点较为分散,偏离直线较远. 一般不能用线性方程来描述.

$r_{xy} = 1$,说明 x、y 是具有完全线性关系的,在这种情况下,数据点全部集中在直线上. 可以用线性方程来描述.

在做线性分析时,可根据 r_{xy} 的大小,判断 x、y 的线性关系密切程度. 并由此来判断 x、y 是否具有线性关系.

1.7.3　曲线拟合

如果物理量 x 与物理量 y 具有非线性关系时,原则上仍可用最小二乘法原理来处理,但在这种情况下,计算往往非常复杂. 对一些特殊类型的经验公式,可通过变量替换的方法,化成线性关系,从而可用线性回归的方法来进行处理和分析.

例如,在半对数坐标纸上绘出 x、y 测量值. 若发现这些点近似在一条直线上时,说明 y 与 $\ln x$ 具有线性关系,即 $y = a\ln x + b$;因此,可设 $z = \ln x$,则回归方程为 $y = az + b$,从而可进行线性回归分析. 由此可以看出,确定出 x、y 的曲线类型是关键. 当确定了 x、y 的曲线类型后,可通过适当的变量代换,化成线性方程进行线性回归分析.

常见的可化成直线型的曲线有

$$y = ax^b$$
$$y = ae^{bx}$$
$$y = a\ln x + b$$
$$y = ae^{\frac{b}{x}}$$
$$y = \frac{1}{a + be^{-x}}$$
$$y = \frac{1}{ax + b}$$

在需要的时候,可参考数学手册相应的内容.

许多函数型袖珍计算器都有回归分析的功能,可以非常方便地进行回归分析,求出线性回归方程中的两个系数.

1.8　习　　题

1.1　用螺旋测微计(千分尺)测量圆柱体的直径 D,实验结果如表 1.8.1 所示.

表 1.8.1　测量圆柱体的直径

N	1	2	3	4	5	6	7	8
D/mm	20.128	20.126	20.132	20.116	20.125	20.121	20.130	20.128

已知 $\Delta_{仪}=0.005$mm,千分尺零点偏差 $\delta=-0.010$mm;求:圆柱体的直径 D 测量值及精度.

1.2　指出下列数据的有效数字位数是多少?

0.0125kg,　　　　12.120km,　　　　1.00V,　　　　0.0001730m

3.01×10^4Hz,　　　4000m,　　　　980.1ms^{-2}

1.3　将下列数据变换到给定的单位.

(200 ± 3)m=＿＿＿＿＿＿ mm;

(3000 ± 10)ms=＿＿＿＿＿＿ s;

(36.6 ± 0.1)kg=＿＿＿＿＿＿ g;

(7.86 ± 0.05)g/cm^3=＿＿＿＿＿＿ g/mm^3;

(632.8 ± 0.5)nm=＿＿＿＿＿＿ m;

(100 ± 1)mV=＿＿＿＿＿＿ V.

1.4　测量一圆柱形金属环密度的实验数据如表 1.8.2、表 1.8.3 所示.根据数据计算该物质的密度.

表 1.8.2　测量圆环的几何尺寸

测量项目	1	2	3	4	5	6
内径 D_1/mm	24.26	24.23	24.30	24.28	24.26	24.32
外径 D_2/mm	33.54	33.52	33.54	33.50	33.46	33.48
高 L/mm	11.883	11.884	11.885	11.883	11.886	11.882

注:测量内径、外径用游标卡尺测量,$\Delta_{仪}=0.02$mm.

测量高度用千分尺测量 $\Delta_{仪}=0.001$mm,零点偏差为 $\delta=+0.005$mm.

表 1.8.3　交换法测物体质量

左盘放物品 M_1/g	14.30
右盘放物品 M_2/g	14.40

注:天平的感量是 0.05g.

1.5　表 1.8.4 是用千分尺($\Delta_{仪}=0.001$mm)和米尺($\Delta_{仪}=1$mm)来测量同一个物体的长度.

表 1.8.4　用两种工具测量同一个不锈钢圆柱体的高度 h

n	1	2	3	4	5	6	7	8	9	10
千分尺/mm	10.010	10.009	9.991	9.990	10.002	9.998	10.011	10.003	9.996	9.991
米尺/mm	10.0	10.0	10.0	10.0	10.0	10.0	10.0	10.0	10.0	10.0

计算两组数据的标准差 s,结果说明了什么?原因是什么?合成不确定度是多少?

哪一种测量精度高? 如何评价两种测量结果?

1.6 测量某一弹簧劲度系数 k,采用给弹簧加不同质量的砝码,测量弹簧的对应的伸长量. 测量结果如表 1.8.5 所示.

表 1.8.5 测量弹簧劲度系数

F/g	2.00	4.00	6.00	8.00	10.00	12.00	14.00	16.00
y/mm	6.90	10.10	13.20	16.05	19.10	22.15	25.20	28.15

用最小二乘法原理,给出 $y=f(x)$ 关系表达式. 并求出 k 和 y_0(弹簧原来长度)及相关系数 r_{xy}.

第 2 章　基本量的测量与仪器

本章主要介绍基本量的测量原理与常用仪器使用方法.学生可结合实验题目,有选择地阅读相应的内容,掌握测量原理和仪器的使用方法、性能.

2.1　长度的测量

长度是一个基本物理量,其单位为米,用符号 m 表示.长度的通常测量方法有直尺或米尺、游标卡尺、螺旋测微计(千分尺)等,另外还有利用机械放大的方法、光学的方法以及电学的方法来测量长度.不同的测量方法在原理上、测量精度上的差别是较大的.在大学物理实验中,主要用到的仪器有直尺、游标卡尺、螺旋测微计,另外还有光杆法测量微小长度等方法.

2.1.1　直尺

直尺是一种最常用的测量设备.通过直尺边上的刻线,可直接读出测量值.影响读数的精度主要有以下几个方面:

1. 刻度的均匀性与材质

通常直尺都是以毫米为单位的,优良的不锈钢直尺有时在 0~10cm 内有 0.5mm 的分格,其刻线的宽度为 0.1mm,因此,刻度自身的不确定度为 0.2mm.而一般的卷尺刻度宽度通常在 0.2mm 以上,因此其刻度自身的不确定度为 0.3mm 左右,另外,材质的均匀性、热膨胀性等,都将直接影响其精度.通常,不锈钢直尺具有较高的精度.

2. 读数精度

读数的精度与测量方法有关,如测量时,尺与测量的方向不平行等.另外,也与尺的端面磨损情况有关,通常情况下,测量最小不确定度为 $\sqrt{0.2^2+0.2^2}=0.3(\mathrm{mm})$,当测量的距离较长时(1m 以上),不确定度可取为 1mm 或 2mm.

综合以上讨论,用优质的不锈钢直尺(毫米单位)测量时,在 0.5mm 分度的范围内,不确定度取 0.3mm,在 1m 以内取 0.5mm,1m 以上取 1~2mm.

2.1.2　游标原理与游标卡尺

游标原理在各种精密测量仪表中有着广泛的应用.游标卡尺是利用游标原理设计出来的典型测量仪器,游标卡尺的结构如图 2.1.1 所示.用它可以测量物体的长度、凹槽的深度和圆管的内、外径.

游标卡尺是由主尺 D 和副尺 E(也称游标尺)构成.主尺上有钳口 A 和刀口 A′,副尺

图 2.1.1 游标卡尺

套在主尺上,并且有钳口 B、刀口 B′ 和尾尺 C.副尺滑动框上刻有游标.当滑动游标使钳口 A、B 重合时,此时,A′ 和 B′ 也重合,主尺上的"0"和游标尺上的"0"对齐,这时的读数是 "0".当测量物体的外部尺寸时,可将物体放在 A、B 之间,并用钳口轻轻夹住物体,这时游标尺"0"所对应的主尺上的读数,就是物体的长度.当测量物体的内径时,可用刀口轻轻卡住物体,这时,可由游标上"0"对应的主尺上的读数,测出物体的内径.同理,对物体的内部或小孔的深度,可通过尾尺来测量.在游标卡尺上读数时,可由游标尺"0"对应主尺的刻度,直接读出整数部分,再由主尺刻度线与游标尺的刻度线相重合的位置,读出游标尺的刻度值作为小数部分,因此,由游标卡尺上读数时,小数部分不必估计,可直接读出.通常,将游标尺上的刻度数称做分度,常见的分度有 10 分度、20 分度、30 分度和 50 分度等几种.在相同的条件下分度数的值越大,代表的测量精确度越高.

若用 n 代表游标尺的分度,当把游标归位,钳口 A、B 重合时,游标尺的"0"与主尺的"0"重合,游标尺的第 n 个分度值与主尺上的 $n-1$ 个分度值重合,因此,游标尺的每个分度长度 b 与主尺的每个分度长度 a 有如下关系:

$$nb = (n-1)a \tag{2.1.1}$$

当测量长度为 y 的物体时,有如图 2.1.2 所示的关系,游标尺的"0"对应主尺的 m 个整数刻度,游标的第 k 个分度与主尺刻度重合,因此有

$$ma + ka = y + kb$$

即

$$y - ma = ka - kb$$

图 2.1.2 测量原理

所以

$$\delta_x = y - ma = k(a-b) = k\frac{a}{n} \tag{2.1.2}$$

$a-b=\dfrac{a}{n}$ 是游标尺每分度与主尺每个分度的差,通常标在游标尺上,是测量的最小不确定度.若主尺的分度是毫米单位,游标尺共有 10 个分度,即 $n=10$,则在游标尺上注明 0.1mm,此时,被测量物体长度的小数部分读数是 $0.1k$.同理,对 $n=50$ 时,则标有 0.02mm 此时读数为 $0.02k$.

在使用游标卡尺时,应先检查它是否有零点偏差. 若有零点偏差 δ_0,应记录下来,这时测量值为读数值减去 δ_0. 游标卡尺是精密量具,在使用时不要用力过大,同时应注意保护好钳口和刀口. 用后应当擦拭干净,收藏于干燥的盒子内.

2.1.3　螺旋测微原理与千分尺

螺旋测微计也称千分尺,是比游标卡尺更精密的仪器,常用它来测小球的直径、金属丝的直径和薄板的厚度等,其不确定度至少可达 0.01mm.

螺旋测微计的主要部分是测微螺旋,如图 2.1.3 所示,它由一根精密的测微螺杆和螺母套管(其螺距是 0.5mm)组成,测微螺杆的后端还带一个具有 50 个分度的微分筒. 当微分筒相对于母套管转过一周时,测微螺杆就会在螺母套管内沿轴线方向前进或后退 0.5mm. 当微分筒转过一个分度时,测微螺杆就会前进或后退 $\frac{1}{50} \times 0.5$mm(即 0.01mm). 因此,从微分筒转过的刻度就可以准确地读出测微螺杆沿轴线移动的微小长度. 为了读出测微螺杆移动的毫米数,在固定套管上刻有毫米分度标尺.

图 2.1.3　螺旋测微计
1. 尺架;2. 测砧测量面 A;3. 被测物体;4. 螺杆测量面 B;5. 测微螺杆;
6. 锁紧装置;7. 固定套管;8. 微分筒;9. 测力装置;10. 螺母套管

在螺旋测微计上,有一弓形尺架,在它的两端安装了测砧和测微螺杆,它们正好相对. 当转动螺杆使两测量面 A、B 刚好接触时,微分筒锥面的端面就应与固定套管上的零线对齐,同时微分筒上的零线也应与固定套管上的水平准线对齐,这时的读数是 0.000mm,如图 2.1.4(a)所示.

测量物体尺寸时,应先将测微螺杆退开,把待测物体放在测量面 A 与 B 之间,然后轻轻转动测力装置,使测杆和测砧的测量面刚好与物体接触,这时在固定套管的标尺上和微分筒锥面上的读数就是待测物体的长度. 读数时,应从标尺上读整数部分(读到半毫米),从微分筒上读小数部分(估计到最小分度的 1/10,即 0.001mm),然后两者相加. 例如,图 2.1.4(b)中的读数是 5.383mm;图 2.1.4(c)中的读数是 5.883mm. 二者的差别就在于微分筒端面的位置,前者没有超过 5.5mm,而后者超过了 5.5mm.

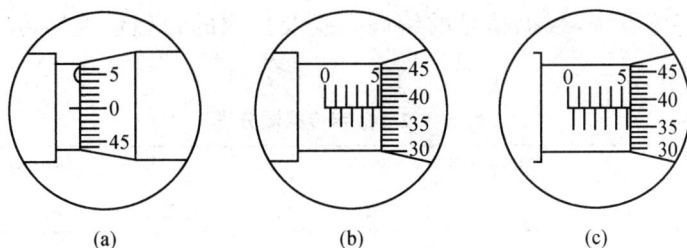

图 2.1.4 螺旋测微计的读数

许多精密仪器都用到螺旋测微原理,它们的螺距可能是不一样的,通常有 0.5mm 和 1mm 的,也有 0.25mm 的. 在微分筒上的分度也不同,一般是 25 分度、50 分度和 100 分度. 使用测微螺旋以前,应先考查螺杆、螺距和微分筒分度,确定读数关系.

螺旋测微计是精密仪器,使用时应注意:

(1)测量前应检查零点读数并记录下来.

(2)测量面 A、B 和被测物体间的接触压力应当微小. 因此,旋转微分筒时,必须利用测力装置,它是靠摩擦带动微分筒的,当测杆接触物体时,它会自动打滑.

(3)测量完毕后,应使测量面 A、B 间留有间隙,以避免因热膨胀而损坏螺纹.

2.1.4 位移测量

位移量的测量是长度测量的重要内容. 位移量可分成线位移和角位移,检测的方法基本相同,即通过位移传感器件,将物体的位移量转化成某种可测量量来进行测量. 按传感器输出信号的方式不同,可将传感器件分成模拟式和数字式. 由于电子计算机在测量和控制方面的广泛应用,数字式位移传感器应用较为广泛. 其主要特点是测量精度和分辨率高、读数直观、测量范围大、抗干扰能力强等. 表 2.1.1 给出不同位移传感器的类型及精度.

表 2.1.1 线位移传感器的类型和特性

类 型		测量范围/mm	精 度
		10^{-4}　10^{-3}　10^{-2}　10^{-1}　1　10　10^2　10^3　10^4　10^5　10^6	
模拟式	滑线电阻式		$0.5\% \sim 1\%$
	电阻应变式		2%
	电容式(变距式)		$2\% \sim 0.5\%$
	电容式(变面积式)		$0.3\mu m$
	差动电感式		3%
	差动变压器式		$2\% \sim 0.5\%$
	电涡流式		3%
	光电式		1%
	霍尔效应式		0.5%
数字式	光栅式		$3\mu m/m$
	感应同步器式		$2.5\mu m/250mm$
	磁栅		$5\mu m/m$

在数字式传感器中,根据信号的编码方式及检测的物理量类型,又可按表 2.1.2 分类.

表 2.1.2   数字传感器分类

分　类	光电传感器		电磁传感器	
	增量型	绝对型	增量型	绝对型
回转型	光电盘 圆光栅	编码盘	旋转变压器 圆盘式感应同步器	多极旋转变压器 旋转变压器组合 三速圆感应同步器
直线型	计量光栅	编码尺多通道透射光栅	直线式感应同步器	三速感应同步器

在生产实际中应用较多的是感应同步器和光栅.以光栅为例作简单的说明,其他的传感器原理及性能,请参考有关书籍.

光栅传感器是数字式位移传感器,可用于检测线位移和角位移.光栅主要有透射光栅和反射光栅两种类型.按材料划分又可分成玻璃光栅、金属光栅等.其原理基本上是相同的.

在透明介质(通常是玻璃)表面上制成透明与不透明的平行、等间隔条纹,就构成透射光栅.反射光栅是在镜面上刻制成全反射和漫反射的平行、等间隔的条纹.光栅透光(或反射光)部分的宽度以 a 表示,不透光(漫反射光)部分的宽度用 b 表示.通常情况下,$a=b$,而将 $d=a+b$ 称做光栅常数,或栅距.

对透射光栅而言,当一束垂直入射光照到光栅上时,在光栅的另一侧可用光电元件来接收透射光的强度,透光部分光强较强,不透光部分光强较弱,因此很容易用电子线路来区分不同的状态.栅距越小,分辨率就越高.通常情况下,以栅距的倒数,即每毫米的线纹数来表示光栅的性能.常见的线纹数有 4 线/mm、10 线/mm、25 线/mm、100 线/mm 以及 250 线/mm.

对 100 线/mm 的光栅而言,光栅自身就细分到 0.01mm,若再通过电子线路 10 倍频后,可分辨的最小位移量为 0.001mm.

实际使用的光栅传感器装置有增量型和绝对型两种,输出信号的方式有正弦波和方波两种.图 2.1.5 是一款典型的光栅尺,其主要性能为:

输出信号——TTL、差动 TTL、正弦波;

有效量程——100~2040mm;

零位参考点——每 50mm 一个距离编码;

栅距——0.02mm(50 线纹/mm);

不确定度——±0.01mm;

图 2.1.5   光栅尺

响应速度——60m/min；

工作温度——0～40℃.

2.2 质量的测量

质量的基本单位是千克(kg)，常用单位是克(g).测量质量的常用量具是天平.用弹簧秤等测量的是物体的重量，与本地的重力加速度有关，但可以经过重力加速度修正后获得物体的质量.

在大学物理实验中常用的天平是物理天平，其外形结构如图 2.2.1 所示.

图 2.2.1 物理天平

天平横梁上装有三个刀口，中间的刀口架在支柱上，两侧的两个刀口各悬桂一个称物托盘.在横梁的下面固定一个指针，当横梁以主刀口为支点摆动时，指针的尖端就在支架上的标尺前摆动，当天平平衡时，指针指向标尺的中央位置("0"位).在指针上有一配重物，可沿指针臂上调整其位置，其作用是调整天平的灵敏度.在支架的下方有一制动旋钮.它可以使横梁上升或下降.当横梁下降时，制动架将项住横梁，主刀口与刀口支撑面离开.这样既可以保护刀口，又可以在添加物体或加减砝码时，防止横梁大幅度摆动，保证称衡的平稳进行.在横梁的两端还有两个平衡螺母，用以调节空载时天平平衡.在横梁上还有一个标尺和游码，用于称衡最小砝码以下的物体质量.托盘用于放置不参加称衡的物体.

天平的主要指标有:

(1) 感量. 感量是指天平平衡时, 使指针产生可觉察到的偏转时需加的最小质量. 感量表明了天平的灵敏度, 感量越小, 天平的灵敏度就越高. 感量是天平称衡物体时的不确定度.

(2) 称量. 称量是允许称衡的最大质量. 一般物理天平的称量是 1000g.

通常情况下, 按天平的分度值 d 与最大载荷 m_{max} 之比, 将天平分成 10 个精度等级, 即 1~10 级, 如表 2.2.1 所示.

表 2.2.1   天平精度等级

级 别	d/m_{max}	级 别	d/m_{max}
1	1×10^{-7}	6	5×10^{-6}
2	2×10^{-7}	7	1×10^{-5}
3	5×10^{-7}	8	2×10^{-5}
4	1×10^{-6}	9	5×10^{-5}
5	2×10^{-6}	10	1×10^{-4}

大学物理实验中用的天平是普通天平, 精度级别为 8 级. 工业天平, 级别一般是 7 级, 分度为 50mg. 6 级的称做精度天平, 分度值为 25mg 左右. 1 级的是高精度天平, 分度值 0.02mg, 称量 200g.

使用天平应注意的问题:

(1) 调平. 在使用天平时应通过调整天平的底脚螺丝, 将天平调平. 调整时应观察铅垂线重锤的指示位置或水准气泡的位置, 反复、仔细地调整底脚螺丝.

(2) 调零. 在调平的基础上, 将游码调到 "0" 的位置, 此时, 启动制动旋钮, 支起横梁, 观察指针是否指向零点. 如不在零点, 制动横梁(通过制动旋钮)后, 通过调整横梁上的平衡螺母, 重新调零.

(3) 称衡. 称衡物体时, 左盘放物体, 右盘放砝码. 加、减砝码时, 必须使用镊子取选砝码, 严禁用手直接拿砝码.

(4) 取放物体、砝码和移动游标来调节天平时, 都应先制动横梁(通过制动旋钮)后再操作. 这样可以保护主刀口, 另外也可使称衡稳定.

天平称衡的不确定度是由天平的感量来确定的. 通常情况下, 对无游码的天平, 感量的大小由最小砝码的大小确定; 对有游码的天平, 感量的大小由游码的标尺最小单位来定. 被称衡的物体质量由砝码和游码标尺确定. 在一般情况下, 不必多次测量.

当用精度较低的天平称衡物体质量或用不等臂天平时, 为保证测量的精度, 常采用交换称衡法进行测量. 目的是消除左、右盘臂长不等造成的测量偏差. 设主刀口到左托盘刀口的臂长为 L_1, 到右托盘刀口的臂长为 L_2, 并设物体的真实质量为 m; 正常称衡物体(左盘放物体, 右盘放砝码)的质量为 m_1, 然后交换物体与砝码, 即左盘放砝码, 右盘放物体, 再次称衡, 测得的质量为 m_2. 注意, 此时读取物体的质量数时, 游码的读数为负值. 以上两次测量, 有式(2.2.1)的关系.

$$\text{正常测量} \quad mL_1 = m_1L_2$$
$$\text{交换测量} \quad m_2L_1 = mL_2 \tag{2.2.1}$$

因此

$$m = \sqrt{m_1 m_2} \tag{2.2.2}$$

用式(2.2.2)计算 m 要开平方,不方便.考虑到 m_1、m_2 相差较小,所以取

$$\overline{m} = \frac{1}{2}(m_1 + m_2)$$

$$\Delta m = \frac{1}{2}(m_1 - m_2)$$

则式(2.2.2)可以写成

$$m = \sqrt{(\overline{m} + \Delta m)(\overline{m} - \Delta m)} = \overline{m}\sqrt{1 - \left(\frac{\Delta m}{\overline{m}}\right)^2}$$

所以

$$m \approx \overline{m} = \frac{1}{2}(m_1 + m_2) \tag{2.2.3}$$

经过这样校正后,可以消除不等臂引起的测量偏差,从而保证测量的精度.

2.3　时间的测量

时间的基本单位是秒(s).在国际单位制中规定,铯-133 原子基态的两个超精细能级间跃迁相对应辐射的 9192631770 个周期所持续的时间作为秒的单位.

测量时间的方法较多,在大学物理实验中主要用数字秒表和电子毫秒计来进行时间的测定.数字秒表使用较为简单,计时效果也较为粗糙.数字秒表的分辨率一般为 0.01s,在实际使用中,操作者操作引起的不确定性远远大于这个数值.

电子毫秒计是物理实验中较精确的计时装置.其种类、名称、型号繁多,但其计时的原理和功能基本相同,操作方法也较相似.毫秒计的主要计时原理是记录标准时标脉冲数量 N,再乘以脉冲周期 T,NT 即为开始与停止计时的时间间隔.由此可以看出,只要有足够高的时标脉冲频率,就可以得到足够精确的时间间隔.通常情况下,时标脉冲信号是由石英晶体和集成电路组成稳频振荡电路,经分频后得到的不同时标的脉冲信号.将记录到的脉冲个数乘以脉冲周期 T 后以数码的形式显示出来.由于毫秒计的计时原理较简单,实现也较容易,因此,通常将计时器集成到某一个仪表中,作为该仪表的一个功能.较常见的仪表有计数器、频率计、数字信号发生器等.图 2.3.1 是一款比较典型的数字频率计数器.

图 2.3.1　PF3322 10M 数字频率计数器

该仪器的主要技术指标为:

频率测量范围——1Hz~10MHz;

周期测量范围——0.1μs~10s;

外控计时范围——10~2×10⁵s;

手控计时范围——$0\sim2\times10^5\,\text{s}$；

累加计数范围——最大可达 $2\times10^5-1$ 次；

频率稳定度——$1\times10^{-5}/\text{d}$；

输入阻抗——$1\text{M}\Omega/15\text{pF}$.

对时间的测量,除以上仪器外,示波器、扫频仪等设备也可用于测量时间间隔,它们往往用于信号的周期或频率的测量.

2.4   温度的测量

温度的基本单位是开[尔文](K). 在实验中检测单位通常是摄氏度(℃),可通过式(2.4.1)转换成开[尔文].

$$T(\text{K}) = t(℃) + 273.15 \qquad (2.4.1)$$

常用的测温仪表如表 2.4.1 所示.

表 2.4.1   常用测温仪表的分类

测量方法	分　类	测温范围/℃		使用场合
		常用范围	可能范围	
接触式	热膨胀式 玻璃温度计 双金属温度计	$-100\sim500$ $-80\sim300$	$-200\sim600$ $-185\sim620$	生产过程和实验室各种介质(指液体、气体或蒸汽)温度的就地测量,经变送信号可远传
	压力式温度计 充液式 充气压力式 充蒸气压力式	$-80\sim400$	$-120\sim620$	生产过程中近距离的信号传送,非腐蚀性介质的温度测量
	电阻温度计 铂电阻 铜电阻 镍电阻 半导体热敏电阻	$-200\sim850$ $-50\sim150$ $-60\sim180$ $-40\sim150$	$-258\sim1100$ $-200\sim150$ $-150\sim300$ $-50\sim300$	用于测量液体、气体、蒸汽的中、低温度,信号可远距离传送
	热电偶 铂铑 30-铂铑 6 铂铑 10-铂 镍铬-镍硅 镍铬-康铜 铜-康铜 铁-康铜 非金属:石墨、硅化物、碳化物-硼化物等	$300\sim1600$ $300\sim1300$ $0\sim1200$ $-200\sim880$ $0\sim350$ $0\sim760$ —	$0\sim1820$ $-50\sim1768$ $-270\sim1372$ $-270\sim1000$ $270\sim400$ $-210\sim1200$ —	用于测量液体、气体、蒸汽以及固体表面的较高和中、低温度,信号可远距离传送
非接触式	辐射温度计	$20\sim2000$	$<0\sim3200$	用于不能用接触式测温的场合

2.4.1   玻璃液体温度计

1. 工作原理

玻璃液体温度计主要有水银(汞)温度计和有机液体温度计. 其工作原理是封装在玻

璃外壳中的液体体积随温度变化而变化.当储液泡的温度发生变化时,玻璃管内的液体柱面将随温度的变化而升高或降低,通过标尺可直接读出温度值.

2. 结构特点

玻璃液体温度计结构简单,测温范围较宽.例如,水银温度计测温范围为$-35\sim500℃$,酒精温度计测温范围在$-80\sim80℃$.对在测量范围为$0\sim100℃$水银温度计,其分度值可达$0.05℃$,不确定度小于$0.2℃$.

3. 使用注意事项

(1)进行读数时,视线应与温度标尺垂直,并读取感温液体弯月面的水平切面位置的刻度.

(2)为减少与外界的热交换产生误差,安装温度计时应尽可能增大其浸没在被测介质的插入深度,至少应浸没至温度计液体扩大处(角形玻璃温度计为弯角处).对于有全浸标记的玻璃温度计在分度和校验时,应浸没至液柱弯月面,若无法全浸使用,则应根据露出液柱长度的读数进行修正计算.

(3)感温泡与被测对象应有良好的热接触.

(4)玻璃液体温度计易碎,尤其在液泡部分的玻璃较薄,在使用时应多加注意.另外水银有毒,在破碎时应当妥善处理.

2.4.2 双金属温度计

1. 工作原理

双金属温度计感温元件采用两种不同膨胀系数的金属经牢固黏合而成,如图2.4.1、图2.4.2所示.双金属片的一端固定,另一端(自由端)与顶部装有指针的中心轴焊接在一

图 2.4.1 双金属温度计的工作原理
1. 固定端;2. 感温元件;3. 指针轴;4. 指针;5. 标度盘

图 2.4.2 直螺旋形双金属温度计

起.当被测温度发生变化时,双金属片自由端产生位移,通过中心轴带动指针偏转,在度盘上直接指示温度值.

2. 结构和特点

为提高双金属温度计的灵敏度,通常把金属片做成直螺旋形和平螺旋形两种结构形式.

目前我国生产的双金属温度计有 1 级、1.5 级和 2.5 级.它结构简单、价格便宜、耐震动.部分产品带有电变送装置,信号可远传.

双金属温度计结构简单、坚固、抗震性好,因此在工业生产环境中使用较广泛.双金属片温度计的测温范围为 $-80 \sim 600℃$,通常分成几个测温范围段,分度值在 $0.5 \sim 20℃$ 范围内.图 2.4.3 是一款典型双金属温度计.

3. 使用注意事项

(1) 选用合适量程的温度计,使用中不允许超过测温范围,以免影响使用寿命.
(2) 使用中保持表体清洁,防止感温部件腐蚀、锈烂.

2.4.3　压力式温度计

1. 工作原理

如图 2.4.4 所示,压力式温度计由温包、毛细管和弹簧管构成一个封闭系统,系统内充有感温物质(氮气、水银、二甲苯、甲醇、甘油、氯甲烷、氯乙烷等),当温包内感温物质温度改变后,密闭系统内的压力发生变化,压力的变化经毛细管传到弹簧管,使弹簧管自由端产生位移,通过传动机构带动指针,在度盘上直接显示温度值.

图 2.4.3　盘旋型双金属温度计
1. 固定端;2. 指针;3. 感温元件;
4. 指针轴;5. 标度盘;6. 表壳

图 2.4.4　压力式温度计工作原理
1. 指针;2. 标度盘;3. 弹簧管;4. 连杆;5. 传动器;
6. 毛细管;7. 感温物质;8. 温包

2. 结构和特点

压力式温度计按填充的感温物质不同分为三种:气体压力式温度计、蒸气压力式温度计和液体压力式温度计.按使用的功能分为指示式、记录式、报警式(带电接点输出)和调节式等各种类型.压力式温度计的主要特性如表 2.4.2 所示.

表 2.4.2　压力式温度计主要特性

感温物质		测温范围/℃	精度等级	时间常数/s	毛细管长度/m
气体	氮气	−100~600	1.5,2.5	80	1~60
液体	水银	−30~550	1.0,2.5	40(水银为20)	1~20
	二甲苯	−40~400			
	甲醇	−50~150			
	甘油	−10~300			
低沸点物质	氯甲烷	−20~125	1.5,2.5	40	1~60
	氯乙烷	30~180			
	乙醚	60~160			
	甲苯	120~300			
	丙酮	100~200			

3. 使用注意事项

安装时毛细管应引直,每隔0.3m用轧头固定,毛细管的弯曲半径不应小于50mm.

2.4.4　电阻温度计

电阻温度计是利用材料的电阻随温度变化而制成的仪表.其特点是测温精度高,测温范围宽,容易与电子仪器结合而形成智能化仪表.常用的感温材料有铂电阻、铜电阻、热敏电阻.测温范围在−200~650℃,其测量精度与材料和电子仪器的性能有关.其中铂电阻测温精度最高.

2.4.5　热电偶温度计

将两种不同材料的金属丝的两端焊接在一起,使它的一端置于标准温度下,另一端就构成测温端.当两个端点的温度不同时,由两个端点组成的回路中就有电动势,电动势的大小与两端点的温差有关.通过测量电动势,就可以标定出两端点的温差.

常见的热电偶及其测温范围如表2.4.1所示.热电偶温度计结构简单,体积小,测温范围宽,灵敏度也较高,易与电子仪表结合形成智能化的测温仪表.

2.4.6　辐射温度计

辐射温度计通常用于检测温度较高的物体,采用非接触性测量,对被测物体干扰小.其测量原理是:任何大于热力学温标零度的物体都有热辐射,其辐射能量的大小与物体的温度有关,由黑体辐射定律知,物体的辐出度 I 与温度 T 有如下关系:

$$I = \sigma T^4 \tag{2.4.2}$$

因此,通过测量物体的辐出度可以测量物体的温度.常见的辐射测温仪表的类型如表2.4.3所示.

表 2.4.3　辐射测温仪表的类型

温度计类型	测量原理	实现方法	敏感元件	工作波长/μm	测量范围/℃	精度/%
光学高温计	普朗克公式	测量单色辐射强度	人眼	0.6~0.7	800~3200	±(0.5~1.5)
光电高温计			光电倍增管 硅光电阻 硫化铅光敏电阻	0.13~1.2 0.4~1.1 0.6~3.0	400~3200	±(0.5~1.5)
比色温度计		测量两个单色辐射强度比值	硅光电池	0.4~1.1	400~2000	±(1~1.5)
全辐射高温计	斯特藩-玻尔兹曼公式	测量全辐射或部分辐射能量	热电堆	0~∞ (0.4~14)	600~2500	>±(1.5~2)
部分辐射温度计			硅光电池 热敏电阻 热释电元件 热电阻	0.4~1.1 0.2~40 4~200 0.6~3.0	-50~3000	±1

　　这一类温度计的特点是非接触测量,可测量高温物体.当用于测量温度较低的物体时,有时需要一个低温热源.

　　随着感温材料性能的提高以及电子电路集成技术水平的提高,辐射测温的范围越来越宽,性能越来越好.例如,红外测温仪一般都可以测量-32~900℃的温度.随着电子计算机技术的应用,辐射测温由点拓展到面.如红外热像仪,用它可以测量温度场,目前已广泛地应用到工业、国防等领域.

图 2.4.5　ST 系列测温仪

图 2.4.5 是 Raytek 公司的红外测温仪.
其主要技术指标为:
测温范围——-32~760℃;
测量精度——0.1%;
显示分辨率——可达 0.1℃;
光学最大分辨率——50∶1.
可用于设备故障、电力、暖通、食品、化工、铁路、消防等领域.

当物体温度的变化较为缓慢时,在检测时应注意热平衡的问题,即探头与被测物体要有一个较长时间的接触,达到热平衡才能读取测量的温度值.另外,对接触性的测量(在大学物理实验中都是这种形式的测量),探头的引入会对原有的温度分布产生一定的影响,因此,在具体的测量过程中,应考虑探头、温度计的大小以及其热力学特性.

2.5　电流、电压的测量

　　电流的单位是安[培],用 A 符号表示,是国际制基本单位之一.电压或电势的单位是伏[特],用 V 符号表示,是具有专门名称的导出单位.

　　测量电流、电压常用的仪表是电流电压表.按照国家标准,电表的精度等级分为0.1级、0.2级、0.5级、1.0级、1.5级、2.5级和5.0级共七级.精度等级一般用K表示.仪表出厂时,精度等级一般都标定在仪表面板上,在仪表的面板上还同时标出其他的一些符号,表明仪表的某些特性,如表2.5.1所示.

表 2.5.1　常见电气仪表面板上的标记

名　　称	符　　号	名　　称	符　　号
指示测量仪表的一般符号	○	磁电系仪表	∩
检流计	⊘	静电系仪表	⊥
安培表	A	直流	—
毫安表	mA	交流(单相)	~
微安表	μA	直流和交流	≃
伏特表	V	以标度尺量限百分数表示的精度等级,如1.5级	1.5
毫伏表	mV	以指示值的百分数表示的精度等级,如1.5级	(1.5)
千伏表	kV	标度尺位置为垂直的	⊥
欧姆表	Ω	标度尺位置为水平的	⎿
兆欧表	MΩ	绝缘强度试验电压为2kV	☆2
负端钮	—	接地用的端钮	⏚
正端钮	+	调零器	↶
公共端钮	*	Ⅱ级防外磁场及电场	Ⅱ Ⅲ

　　对指针式电表,在读取数据时,眼睛应正对指针.1.0级以上的仪表,一般都配有镜面,读数时要使眼睛、指针和指针的像成一直线,以尽量减小读数误差.

　　测量结果的误差一般包括两部分,一部分称做基本误差,另一部分是附加误差.附加误差是由测试环境等多方面原因引起的,分析起来较复杂,在大学物理实验中一般不考虑.基本误差可由测量时选用的量程 A_m 和仪表的精度等级确定.即

$$\Delta x = A_m \cdot K\% \qquad (2.5.1)$$

　　由式(2.5.1)可以看出,为减小测量误差,应尽量选择适宜的最小量程.在实际测量中,往往选择能让指针达到满刻度的2/3左右的挡位.

2.5.1　磁电系仪表

　　磁电系仪表是目前用于直流电压、电流测量中最广泛使用的仪表,其主要原理是磁电原理.将线圈与指针和游丝(相当于弹簧)联在一起放在永磁场中,当线圈通有电流时,线圈将受到一个力矩的作用,从而带动指针偏转.直到该力矩与游丝的扭力矩平衡时,线圈停止

图 2.5.1 磁电系仪表结构

1. 永久磁铁；2. 极掌；3. 圆柱形铁芯；4. 线圈
5. 指针；6. 游丝；7. 转轴；8. 调零螺杆；9. 平衡锤

转动,指针此时可在标尺盘上指示出相应的电流值.由于线圈偏转的角度与电流成正比,因此,该类仪表具有刻度均匀、灵敏度高等优点,其缺点是抗过载能力较差.图 2.5.1 是磁电系仪表的结构示意图.

磁电系仪表通常用符号 ∩ 表示,通过分压、分流原理,可将它设计成不同量程电流表和电压表,具体见电表的扩程与校准实验.

2.5.2 检流计

检流计是用来检测微弱电流和电压的.其典型代表是灵敏电流计,它可以检测$10^{-6}\sim10^{-11}$A的电流或 $10^{-3}\sim10^{-7}$V 的电压,灵敏度较高.具体原理见灵敏电流计的性能与使用部分.

2.5.3 数字电流、电压表

数字式电表是利用电流电压转换器件,将电流转换成电压,再进行检测.电压的测量方法是将电信号进行分压、放大,再与标准电压或基准电压进行比较,从而标定出被测电流或电压的数值.其中,用于基准的电源有标准电池、硅稳二极管等.

数字电流电压表是目前广泛使用的检测仪表,具有精度高、体积小、使用方便等优点,较典型的使用量限与分辨率为:

电流表——量限 $10^{-8}\sim10$A,分辨率 10^{-10}A;

电压表——量限 $10^{-2}\sim10^{3}$V,分辨率 $10^{-4}\sim10^{-9}$V.

数字式仪表易于集成,较为典型的代表是数字万用表,它是实验室必备工具之一.数字万用表可以进行交、直流电压,交、直流电流,电阻,电容,电感,二极管极性,三极管的放大倍数等物理量的测量.具有功能强、精度高、携带方便等优点.图 2.5.2 是 Protek 506 数字万用表及其主要功能.

主要特性:

DC 电压——分辨率 0.1mV,精度 0.3%~0.5%;

AC 电压——分辨率 0.1mV,精度 1%~0.5%;

DC 电流——分辨率 0.1μA,精度 1%;

AC 电流——分辨率 0.1μA,精度 1.5%;

电阻——分辨率 0.1Ω,精度 0.5%~1%;

频率——分辨率 1Hz,精度 0.01%;

电容——分辨率 0.01μF,精度 3%;

电感——分辨率 0.01H,精度 3%~10%;

温度——分辨率 1℃,精度 3%;

分贝——分辨率 0.01dB,不确定度±0.5db;

逻辑——0.8~2.0V.

图 2.5.2 Protek 数字万用表

2.6　光强的测量

光强的测量是靠光辐射敏感器件来进行探测的. 光辐射探测器件可分成两大类, 如图 2.6.1 所示.

图 2.6.1 光辐射探测器件分类

热电器件是探测热辐射的敏感器件. 当辐射能入射到热探测器上面时, 引起敏感材料的温升, 从而使某些与温度有关的物理量发生变化, 通过测定这些变化, 就可以标定入射到探测器上的辐射功率的大小. 由于热探测器是利用物质对辐射的热效应制成的, 因此具有响应时间长, 对各种不同波长的辐射响应不敏感, 即无选择性.

光电探测器也称光子探测器或量子探测器, 当辐射照到光电器件上时, 光子与光电材料中的束缚电子相互作用, 产生光电效应. 通过光电效应现象, 可测量辐射的强度. 由于光电器件是光子与束缚电子直接相互作用引起的, 具有响应时间短, 对辐射的波长敏感等特点, 因此, 它是一种选择性探测器.

光电探测器按使用的材料和它的工作原理不同, 又可以分成外光电效应探测器和内光电效应探测器. 外光电效应探测器的典型代表是光电倍增管. 当光照到光阴极时, 有电子发射出来, 所以这类器件也称光电发射探测器. 内光电效应又可分成光电导探测器(PC型)、光伏探测器(PV 型)、光磁电探测器(PME 型)以及光子牵引探测器等. 随着半导体和电子集成电路的发展, 目前内光电效应的器件发展很快, 如 CCD(电荷耦合器件)等.

2.6.1 热电探测器

热电探测器主要可分成热敏电阻、热电偶及热电堆、热释电探测器及气动式热探测器.

1. 热敏电阻探测器

热敏电阻是利用半导体材料的负温度系数制成的. 所谓负温度系数是指半导体的电阻率随温度升高而成指数规律减小. 测辐射的热敏电阻是用负电阻温度系数较大的金属氧化物半导体材料制成的. 常用的材料有锰、镍、钴三种金属氧化物的混合物.

热敏电阻的响应时间较慢, 一般在 10^{-2} s 数量级.

2. 热电偶或热电堆

当热电偶的一端结受光照升温, 另一端结保持温度不变时, 此时闭合回路中就有电流流过, 这个电流称温差电流, 相应的电动势则称做温差电动势. 温差电动势的大小与两个端结温差有关, 也就是与光辐射的强度有关, 由此可以测定出光辐射的强度. 热电偶对光波长无选择性, 光谱响应时间也较长, 一般在 $10^{-3}\sim10^{-1}$ s, 但是其寿命较长.

当把多个热电偶串联起来, 就形成热电堆, 这样可以提高其光谱灵敏度.

3. 热释电探测器

一些压电晶体具有自发极化现象, 而且自发极化强度随温度的升高而下降. 当温度升高到材料的居里温度以上时, 自发极化强度下降到零. 如果在居里温度以下通过极化的方法使晶体的极化方向取向相同, 这时的晶体称单畴晶体. 单畴晶体表面的束缚电荷被晶体内和晶体外空间的自由电荷所屏散, 处于静电平衡. 当晶体受到光辐射照射时, 温度将升高, 因而自发极化强度将减小, 晶体表面的自由电荷将被释放出来, 通过检测释放电荷, 就可以探测光辐射.

热释电探测器的光谱响应范围宽, 无选择性, 响应时间一般在 $10^{-5}\sim10^{-4}$ s 数量级.

热释电探测器适应于交变的光辐射, 对光强变化较慢或持续恒定的光辐射进行检测时, 需对光辐射进行调制(如用斩波器)才能进行测量, 热释电探测器在使用时不需要制冷, 也不需要加偏压, 因此, 广泛地用在辐射计、光谱仪、激光能量测量和热成像等方面.

4. 气动式探测器

气动式探测器是利用气室的吸收膜吸收热辐射, 从而使气室的温度升高, 工作气体将膨胀, 或压力增高, 通过适当的探测仪器检测工作气体的这些变化, 就可以测定出辐射能量. 较常见的气动式热探测器是高莱管. 气动式探测器的灵敏度较高, 不受环境温度的影响, 常用于光谱仪的校准.

2.6.2 光电探测器

光电探测器是利用光电效应制成的探测器.

1. 光电发射探测器

光电发射探测器是利用外光电效应制成的器件. 由爱因斯坦光电效应方程可知

$$h\nu = \frac{1}{2}m\upsilon^2 + W \tag{2.6.1}$$

式中，W 为金属的逸出功.

表 2.6.1 给出了几种材料的逸出功.

表 2.6.1　金属材料的逸出功

材　料	钠	铝	锌	铜	银	铂
W/eV	2.28	4.08	4.31	4.70	4.73	6.35

当入射光辐射频率 ν 大于红限频率 ν_0 时，即

$$\nu > \nu_0 = \frac{W}{h} \tag{2.6.2}$$

将有电子从金属材料中逸出，逸出的电子称光电子. 把这种材料作为阴极（称做光阴极），并把它与阳极一起封装在玻璃壳中，就构成一个光电管. 如图 2.6.2 所示. 光电管内抽成真空或充入少量的惰性气体. 在阴极和阳极之间加上高电压，这时，当有光辐射的频率大于红限频率时，就有电子从光阴极逸出，在电场的作用下，被阳极收集，并与外电路一起构成闭合回路，形成电流（称做光电流）. 光电流的大小与入射光辐射的强度成比例. 通过检测光电流的大小，就能标定出入射光的强度.

通过原理分析可以看出，光电管对入射光是有选择性的（大于红限频率）.

图 2.6.2　光电管的结构

在光电发射探测器中较实用的器件是光电倍增管. 其结构如图 2.6.3(a) 所示.

(a) 结构　　　　　　(b) 工作原理

图 2.6.3　光电倍增管结构与原理

光电倍增管由光窗、光电阴极、电子光学系统、电子倍增系统和阳极等五个部分组成. 其工作原理是：光子透过入射窗口入射在光阴极上；光阴极的电子受光子激发，离开表面发射到真空中；光电子通过电场加速和电子光学系统聚焦入射到第一倍增极 D_1 上，倍增极将发射出比入射电子数目更多的二次电子，入射电子经 N 级倍增极倍增后，光电子也放大 N 次；经过倍增后的二次电子由阳极 P 收集，形成阳极电流，在负载 R_L 上产生信号电压.

光电倍增管是目前最灵敏的光电探测器件,用于微弱的光强检测.它的放大倍数一般在 $10^6 \sim 10^8$,响应时间在 $10^{-9} \sim 10^{-8}$ s.

光电倍增管应存放在盒内蔽光保存,防止强光照射而造成光电倍增管的损坏.

2. 光电导探测器

光电导探测器称做 PC 器件,它是利用光电导效应制成的器件.所谓光电导效应,是指当光照射到某些半导体材料表面时,能使半导体的电导率增加.其导电机理是一种本征激发过程.常用的材料有硫化铅、硒化铅、碲化铟、碲镉汞等半导体.

光电导探测器在电路中的作用,相当于一个可变电阻器,因此也称光敏电阻.当光辐射照到光敏电阻上时,其电阻值发生变化,因此,可以通过适当的电路来检测其变化的大小,由此可以探测光辐射的强度.

光电导探测器的光谱响应范围与所用的材料有关.如硫化镉光敏电阻的峰值波长为 $0.51\mu m$,硒化镉的峰值波长为 $0.72\mu m$.对掺杂半导体,如锗掺杂,可作远红外探测器.光电导探测器的响应时间一般在 $10^{-5} \sim 10^{-1}$ s.

3. 光伏探测器

光伏探测器也称 PV 器件,是利用光伏效应制成的探测器.当光照射到某些材料的PN 结上时,光生电子-空穴就会被内部电场分开而形成光生电动势.光生电势与 PN 结势垒方向相反,从而降低了原来的势垒高度,如果接上外电路就会产生光电流.这种效应称为光伏效应.

光伏探测器的光敏区域在 PN 结上,按工艺结构上的不同可分成光电二极管、光电池、光电三极管等光伏探测器件.其中,将 PN 结做成 PIN 型的光谱响应时间最短,可达 10^{-10} s 数量级.其典型光谱响应范围如表 2.6.2 所示.

表 2.6.2   光伏探测器件典型特征

名 称	材 料	光谱响应范围/μm	峰值波长/μm	响应时间(数量级)/s
光电二极管	锗管	$0.4 \sim 1.8$	$1.4 \sim 1.5$	10^{-7}
	硅管	$0.41 \sim 1.1$	0.85	
光电池	硅光电池	$0.4 \sim 1.2$	0.85	$10^{-5} \sim 10^{-3}$
	硒光电池	$0.35 \sim 0.8$	0.57	

光伏探测器具有体积小、结构简单、易于集成,是最常用的一种光电探测器件.这种器件的伏安特性,往往与温度有关,因此,在使用时应注意进行温度修正.

在光电探测器的家族中,发展最迅速的一类器件是成像器件.在这些器件中较为典型的是 CCD(charge-coupled device),即电荷耦合器件.它在国防、公安、工业、医学、生物、天文、地质、宇航等众多科学技术领域以及日常生活中有着广泛的应用.有关这方面的内容,请参考有关书籍.

第 2 篇　基础性实验与综合性实验

第 3 章　基础性实验

3.1　固体密度的测量

[实验目的]

(1) 掌握测定规则物体密度的一种方法.

(2) 熟悉游标卡尺、螺旋测微计及物理天平的使用方法.

(3) 练习确定测量不确定度,并对测量结果进行分析.

[实验原理]

单位体积的物质所具有的质量称为该物质的密度. 如果测出物体的质量 m 和体积 V,则其密度为

$$\rho = \frac{m}{V} \tag{3.1.1}$$

在国际单位制中,密度单位是 kg/m^3.

当物体是一个形状简单并且规整的匀质体时,可以直接测量其几何尺寸,计算其体积. 本实验具体测量圆柱体和圆环形管的密度.

如果物体是一个直径为 d,高为 H 的圆柱体时,其体积为

$$V = \frac{1}{4}\pi d^2 H \tag{3.1.2}$$

于是

$$\rho = \frac{4m}{\pi d^2 H} \tag{3.1.3}$$

如果物体为圆环管时,其体积为

$$V = \frac{1}{4}\pi(D^2 - d^2)H \tag{3.1.4}$$

式中,D 为管外径,d 为管内径,H 为管长.

因此

$$\rho = \frac{4m}{\pi(D^2 - d^2)H} \tag{3.1.5}$$

一般说来,待测圆柱体和圆环管的各个断面的大小和形状都不尽相同,从不同位置测量它们的直径和高度,其数值会稍有差异. 为此,要精确测定被测物的体积,就必须在不同的位置上测量直径和高度,求出直径和高度的算术平均值.

[实验仪器]

游标卡尺、螺旋测微计、物理天平、待测物体(圆柱、圆环管).

[实验方法]

（1）用物理天平称量各待测物体的质量 m. 为了消除天平的不等臂误差，要求采取"交换称量法"测量. 这时应注意游码读数值的"＋"、"－".

（2）用螺旋测微计测量圆柱的直径 d，在上、中、下端各沿直径的方向测量，共测 6 次，用游标卡尺测量其高度 H（单次测量）.

（3）用螺旋测微计在不同位置上测圆环管的高度 H，测量 6 次，用游标卡尺沿不同方位测量圆环管的内径 d、外径 D，各测 6 次. 数据记录见表 3.1.1.

表 3.1.1   测量圆柱体

测量部位	上 端		中 端		下 端		平均值
次数	1	2	3	4	5	6	($\overline{d'}$)
d_i/mm							
Δd_i/μm							$s=$

[实验记录]

1. 圆柱体

1）质量
$$m_{右} = \underline{\quad} \text{g} \quad m_{左} = \underline{\quad} \text{g} \quad m = \overline{m} \pm \Delta m = \underline{\quad} \text{g}$$

2）直径 d（用螺旋测微计）

螺旋测微计的零点偏差 $\delta_0 =$

螺旋测微计的量具不确定度 $\Delta_{仪} = 4\mu$m

其中
$$\overline{d'} = \frac{1}{6}\sum_{i=1}^{6} d_i \tag{3.1.6}$$

将式（3.1.6）的直径平均值 $\overline{d'}$ 扣除 δ_0 得测量值：
$$\overline{d} = \overline{d'} - \delta_0 \tag{3.1.7}$$
$$\Delta d_i = d_i - \overline{d'} \tag{3.1.8}$$
$$s = \sqrt{\frac{\sum_{i=1}^{6}(\Delta d_i)^2}{6-1}} \tag{3.1.9}$$
$$\Delta d = \sqrt{s^2 + \Delta_{仪}^2} \tag{3.1.10}$$

直径的测量结果为
$$d = \overline{d} \pm \Delta d = \underline{\quad} \text{mm}$$

3）高度
$$H = \overline{H} \pm \Delta H = \underline{\quad} \text{mm}$$

2. 圆环管

记录表格自行设计.

[数据处理]

1. 计算密度 $\bar{\rho}$

根据密度计算公式(3.1.3)和式(3.1.5),计算出圆柱、圆环管的密度.

2. 误差分析

1) 圆柱体

$$E_r(\rho) = \sqrt{\left(\frac{\Delta m}{\bar{m}}\right)^2 + \left(2\frac{\Delta d}{\bar{d}}\right)^2 + \left(\frac{\Delta H}{\bar{H}}\right)^2} \tag{3.1.11}$$

$$\Delta\rho = \bar{\rho}E_r(\rho) \tag{3.1.12}$$

最终结果

$$\rho = \bar{\rho} \pm \Delta\rho = \underline{\qquad} \text{ kg/m}^3$$

* 2) 圆环管

$$E_r(\rho) = \sqrt{\left(\frac{\Delta m}{\bar{m}}\right)^2 + \left(\frac{2\bar{d}\Delta d}{\bar{D}^2 - \bar{d}^2}\right)^2 + \left(\frac{2\bar{D}\Delta D}{\bar{D}^2 - \bar{d}^2}\right)^2 + \left(\frac{\Delta H}{\bar{H}}\right)^2} \tag{3.1.13}$$

$$\Delta\rho = \bar{\rho}E_r(\rho) \tag{3.1.14}$$

最终结果

$$\rho = \bar{\rho} \pm \Delta\rho = \underline{\qquad} \text{ kg/m}^3$$

[思考题]

(1) 试扼要地说明为什么圆柱体的高度要用游标卡尺测量,直径要用螺旋测微计测量?

(2) 一个小圆柱,其长度为3cm左右,直径为1cm左右,若采用螺旋测微计和游标卡尺测量它的尺寸,你认为怎样安排最合理? 用卡尺测量它的长度,会不会严重降低它的精度?

(3) 说明螺旋测微计、游标卡尺使用中应注意的事项.

3.2 测金属丝的线膨胀系数

因物质内部的分子都处于不停地运动状态中,而分子热运动强弱的不同,使得绝大多数物质都具有"热胀冷缩"的特性. 在工程结构的设计以及材料的加工、仪表的制造过程中,都必须考虑物体的这种现象,因为这些因素直接影响到结构的稳定性和仪表的精度.

金属的线膨胀是金属材料受热时,在一维方向上伸长的现象. 线膨胀系数的测定在工程技术中是非常重要的,是衡量材料的热稳定性好坏的一个重要的指标. 特别是新材料的研制,都得对材料的线膨胀系数做测定. 本实验用光杠杆测微小长度的方法来测量金属丝的线膨胀系数.

[实验目的]

(1) 掌握一种测线膨胀系数的方法.

(2) 了解光杠杆法测定微小长度的原理和方法.

(3) 掌握几种长度测量的方法及其误差分析.

(4) 学习用作图法处理数据.

[实验原理]

当固体温度升高时,分子间的平均距离增大,其长度增加,这种现象称为线膨胀.长度的变化大小取决于温度的改变、材料的种类和材料原来的长度.实验表明,在一定的温度范围内,原长为 L 的物体,受热后其伸张量 ΔL 与其温度的增加量 Δt 近似成正比,与原长 L 亦成正比,即

$$\Delta L = \alpha L \Delta t \qquad (3.2.1)$$

式中,α 是固体的线膨胀系数.不同的材料,线膨胀系数不同.对同一材料,α 本身与温度稍有关.但从实用的观点来说,对于绝大多数的固体在不太大的温度变化范围内可以把它看做常数.表 3.2.1 是几种常见材料的线膨胀系数.

表 3.2.1　几种材料的线膨胀系数

材　料	铜、铁、铝	普通玻璃、陶瓷	殷　钢	熔凝石英	蜡
α(数量级)	$\sim 10^{-5}/℃^{-1}$	$\sim 10^{-6}/℃^{-1}$	$2 \times 10^{-6}/℃^{-1}$	$\sim 10^{-7}/℃^{-1}$	$\sim 10^{-6}/℃^{-1}$

假设温度 t_1 时杆长 L,受热后温度到 t_2 时杆伸长量为 ΔL,则该材料在温度 $t_1 \sim t_2$ 的线膨胀系数为

$$\alpha = \frac{\Delta L}{L(t_2 - t_1)} \qquad (3.2.2)$$

可理解为当温度升高 1℃时,固体增加的长度和原长度的比,单位为 ℃$^{-1}$.

式(3.2.2)中 ΔL 是杆的微小伸长量,也是我们主要测量的量.其测量方法类同于实验 3.3(用光杠杆法测量金属丝的杨氏模量)金属丝伸长量的测量方法,采用的是光杠杆放大法.光杠杆放大原理可参看实验 3.3.因此有

$$\Delta L = \frac{b}{2D}(x_2 - x_1) \qquad (3.2.3)$$

式中,x_2,x_1 为 t_2,t_1 温度时标尺上对应的读数,D 为镜面到直尺的距离,b 为光杠杆前足尖连线与后足尖之间的垂直距离.

$$A = \frac{2D}{b} \qquad (3.2.4)$$

称为光杠杆的放大倍数.本实验中 $D=(1\sim2)$m,$b=(7\sim8)$cm,则放大倍数为 30~50 倍.适当增大 D,减小 b,可增大光杠杆的放大倍数(或称为提高光杠杆的灵敏度).将式(3.2.3)代入式(3.2.2),可得出光杠杆法测线膨胀系数的公式为

$$\alpha = \frac{(x_2 - x_1)b}{2LD(t_2 - t_1)} \qquad (3.2.5)$$

[实验仪器]

线膨胀系数测定装置,尺读望远镜,最小刻度为 0.2℃温度计,钢卷尺.

用光杠杆测量金属杆的线膨胀系数实验装置如图 3.2.1 所示.

图 3.2.1 线膨胀系数实验装置

整个装置主要由加热系统和光杠杆测量系统组成. 加热系统由底座、外筒、支杆以及给待测金属杆加热的加热管组成. 支杆、平台与底座牢固地连接在一起,加热管中可放置待测金属杆和插入温度计.

光杠杆测量系统中有光杠杆反射镜 M(使用时,前面两足放在平台上,后足放在待测金属杆的柱面上),水平放置的望远镜 T 和竖直标尺 S 组成的,它们用支架进行支撑和固定.

[实验内容]

1. 实验步骤

(1) 用卷尺测量杆长 L,记录实验开始前温度 t_1,温度计放入管内适当的位置.

(2) 光杠杆的两前足放于平台槽内,后足立于被测杆顶端,并使三足尖尽可能在一水平面上.

(3) 望远镜的调节步骤、光杠杆系统的光路调节,可参看实验 3.3 操作步骤.

(4) 接通电源加热被测杆,每隔 3℃记录一次标尺的读数,将数据记录于表 3.2.2 中.

表 3.2.2

温度 t_i/℃								
读数 x_i/mm								
$D=$ cm			$L=$ cm			$b=$ cm		

(5) 测量 D, b.

加热系统如图 3.2.2 所示. 实验前先测量金属棒在室温的长度 L,再把被测棒慢慢放入线膨胀仪的孔中,直到被测棒的下端接触底面;调节温度计,使其下端长度为 $15\sim20\mathrm{cm}$,不要掉入加热管孔内. 另外,实验中仪器不能有任何变动或者受干扰.

2. 数据记录与处理

线膨胀仪编号_____,光杠杆编号码_____,
待测材料:_____.

图 3.2.2 加热系统

在实验 3.3 中,已学过用逐差法处理数据,同学们可以自行模仿,本实验不做要求.

本实验用作图法处理数据. 以 x 为纵轴,温度 t 为横轴,做 x-t 曲线. 注意图上的有效数字位数一定要与实验数据的有效数字位数相同. 坐标原点的选取要使曲线与纵轴交点落在横轴上方,便于处理数据.

由 $\Delta L = \alpha L \Delta t$ 与 $\Delta L = \dfrac{b}{2D} \Delta x$,可得

$$\alpha = \frac{b}{2DL} \frac{\Delta x}{\Delta t} \qquad (3.2.6)$$

式中 $\dfrac{\Delta x}{\Delta t}$ 即为 x-t 曲线的斜率,可在图上求出.

3. 误差分析

1) 系统误差.

(1) 铜棒温度不均匀,中间温度高,上部温度偏低,可能使 α 偏小.

(2) 温度计的热惯性,在连续的观测中,实际温度高于读数温度,可使 α 值增大.

2) 误差计算.

由测量公式(3.2.5)可以导出 α 相对误差公式为

$$\left(\frac{\Delta_\alpha}{\alpha}\right)^2 = \left(\frac{\Delta_{(x_2-x_1)}}{x_2 - x_1}\right)^2 + \left(\frac{\Delta_b}{b}\right)^2 + \left(\frac{\Delta_D}{D}\right)^2 + \left(\frac{\Delta_L}{L}\right)^2 + \left(\frac{\Delta_{(t_2-t_1)}}{t_2 - t_1}\right)^2 \qquad (3.2.7)$$

式中 Δ_L 由钢卷尺仪器误差估计,卷尺仪器误差取 $\Delta_{仪} = 0.3\text{mm}$. 先计算出 S_L,再求出 $\Delta_L = \sqrt{S_L^2 + \dfrac{\Delta_{仪}^2}{3}}$;$\Delta_D$ 考虑到测量时钢卷尺有弯度,取 $\Delta_D = 3\text{mm}$;Δ_b 由钢卷尺仪器误差估计. 对于这 5 项分误差,先作粗略估算,弄清哪几项是主要的,在实验中应注意减小这些主要误差的产生.

[注意事项]

(1) 正式加热前必须认真检查各仪器装置,注意金属杆底端必须顶在支架下端的支柱上,以避免杆向下伸长,影响测量.

(2) 实验前不要按“加热”开关,以免为恢复加热前温度而延误实验时间,或因短时间内温度忽升忽降而影响实验测量的准确度.

(3) 为了避免体温传热对炉内外热平衡扰动的影响,不要用手抓握待测试件.

(4) 在使用光杠杆法时,要注意在测量过程中,保持光杠杆及望远镜位置的稳定.

[思考题]

(1) 本实验中,式(3.2.7)中哪一个量的测量误差对结果影响最大? 在操作时应注意什么?

(2) 本实验在温度连续变化的条件下进行时,读标尺时应注意什么? 本实验能否任选若干组测量数据?

(3) 望远镜的调节分哪几步?

3.3 用光杠杆法测量金属丝的杨氏模量

杨氏弹性模量 E 是描述固体材料抵抗长度形变能力的物理量,它是材料力学性质的重要物理常数.

以金属丝为例.长度 L,截面积为 A 的均匀金属丝,在受到拉力 F 的作用下被拉伸.设伸长量为 h,依据胡克定律,在其弹性限度内,伸长的应变 $\varepsilon = h/L$ 与拉应力(胁强) $\sigma = F/A$ 成正比.

$$\varepsilon \propto \sigma \tag{3.3.1}$$

写成等式,取比例系数为 $\dfrac{1}{E}$,则有

$$\varepsilon = \frac{\sigma}{E} \tag{3.3.2}$$

式中,E 为钢丝的杨氏模量.由此可得

$$E = \frac{\sigma}{\varepsilon} = \frac{F/A}{h/L} = \frac{FL}{Ah} \tag{3.3.3}$$

[**实验目的**]

(1) 学习用光杠杆法测量微小的长度变化.
(2) 学会用逐差法处理测量数据.
(3) 学习望远镜的调节及其在测量上的应用.

[**实验原理**]

根据式(3.3.3),其中的 F,L,A 用常规方法可以测得较准.但 h 较小,难于直接测量.为此,本实验采取光学放大法——光杠杆法进行测量.如图 3.3.1 所示,由几何关系可得

$$h = \frac{L_1 S}{2L_2} \tag{3.3.4}$$

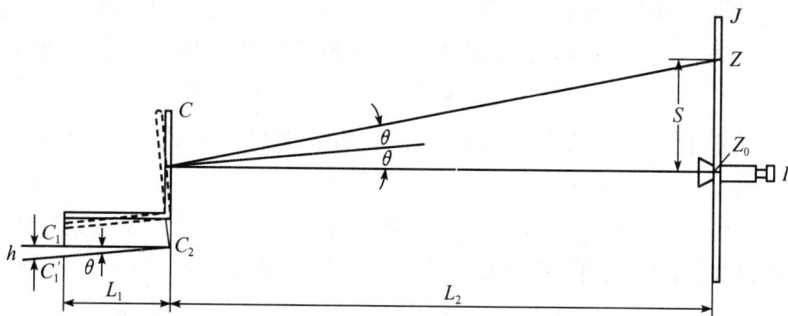

图 3.3.1 光杠杆放大原理

将式(3.3.4)代入式(3.3.3),且 $A = \dfrac{\pi}{4}d^2$(d 为钢丝直径),$F = mg$,得到实验公式

$$E = \frac{8FLL_2}{\pi d^2 L_1 S} = \frac{8mgLL_2}{\pi d^2 L_1 S} \tag{3.3.5}$$

注意:式(3.3.5)成立的条件是①拉伸不超过钢丝的弹性限度;②光杠杆的前后足基本在同一水平面上;③θ很小,即$h \ll L_1$或者说$S \ll L_2$.

[实验仪器]

杨氏模量测量装置如图3.3.2所示,包括光杠杆、砝码、测高仪(望远镜)、标尺、钢卷尺与螺旋测微计.

图3.3.2　杨氏模量测量装置

[实验方法]

1. 安置实验装置

用游标卡尺测量光杠杆前后足的距离L_1. 由于对准较困难及眼睛分辨能力所限,测量精度一般不高于0.2mm,即ΔL_1应取0.2mm左右. 然后将光杠杆置于平台上,且后足放在圆柱端面上. 适当调整平台的高度,使光杠杆的前后足基本水平. 平面反射镜铅直放置,面向望远镜.

放置望远镜系统,使之距反射镜$>$150cm,处于铅垂状态,使望远镜高度与光杠杆反射镜差不多同高. 并用荧光灯照亮高度尺尺面.

2. 调整(测高仪)望远镜与光杠杆

先根据(测高仪)望远镜底座上的水准泡调其支脚,使之铅直. 随后调整望远镜:

(1) 先轻轻旋动目镜,使得分划板上的黑色标准线(水平,垂直)达到最清晰的程度.

(2) 旋动望远镜中部套筒,使能看清反射镜的位置,这时将望远镜转动位置,对准反射镜,并进一步调整它的高度,使反射镜的中心正处于望远镜分划板水平标准(黑色)线上.

(3) 调整光杠杆反射镜的方位及角度,使它将高度尺上的Z_0位置(略低于望远镜筒中心高度2~5cm)反射到望远镜中.

调整时应当先以自视引导,再在望远镜中观察. 同时仍要进一步调整望远镜焦距,使尺像达到最清楚的程度. 为此,要用消除"视差"的方法加以解决.

3. 加载与减载,测量Z_i

在调好望远镜与光杠杆后,检查测量架的砝码盘上是否空载. 空载时作为$F_1 = 0$,并通过望远镜观察,读取并记录Z_1^+值(望远镜水平准线所对数值,应估读到0.1mm的数量级).然后逐次增加一个砝码,一直增加到 $2n-1$ 个($n=2,3,4,\cdots$;由实验室给出).通过望远镜依次测量并记录.再逐个取下砝码,依次记录 Z_i^-,直到全部取下为止.

4. 测量 d、L_2

用螺旋测微计在 6 个以上的位置测量钢丝的直径 d,应注意不要测量钢丝弯曲的部位,并且应注意螺旋测微计的零点修正问题.用钢卷尺测量标尺与反射镜之间距离 L_2.

[注意事项]

(1) 光杠杆的后足不要太靠近钢丝,也不要太靠边,以免它下降时受阻而影响测量.

(2) 加、减砝码时必须轻、稳,以免扰动光杠杆,并且待钢丝稳定后再测量.

(3) 用钢卷尺测量 L_2 时注意勿碰动反射镜,读数要求达到毫米级.由于镜面的厚度等因素,ΔL_2 可取 5mm.

[数据处理]

1. 钢丝尺寸

(1) 钢丝直径 d

$$d = \bar{d} \pm \Delta d = \underline{\quad} \text{mm};$$

(2) 钢丝长度

$$L = \bar{L} \pm \Delta L = \underline{\quad} \text{cm}(由实验室给出).$$

2. 光杠杆比例臂 L_1 与 L_2

$$L_1 \pm \Delta L_1 = \underline{\quad} \text{mm}, \quad L_2 \pm \Delta L_2 = \underline{\quad} \text{cm}$$

3. Z_i 的测量与 S 的确定

$$Z_i = \frac{1}{2}(Z_i^+ + Z_1^-), \quad S_j = Z_{j+n} - Z_j$$

4. 数值计算

由测量所得诸值,依逐差法计算 S、ΔS 及 m 值,代入式(3.3.5),计算 E 的数值($m = nm_0$,m_0 为单个砝码的质量).

5. 误差分析

由于 m、L_1、L_2 的精度比 d、S 的精度高,所以可略去不计,因此,由式(3.3.5)只讨论 d、s 的不确定度,先导出 ΔE 的表达式,计算 ΔE 及 $E_r(E)$,并给出测量结果.

[思考题]

(1) 在测量微小长度变化中,光杠杆法有什么优点? 怎样提高光杠杆测量灵敏度?

(2) 在计算 S 时,为什么没有简单地取相邻测量值之差的平均值,而采用逐差法?

(3) 在望远镜调节时,为什么要消除"视差"?

（4）在开始读数时,如果 Z_0 与望远镜中心的标高位置相差很大,对测量有什么影响?

（5）引起 E 测量不确定度的主要因素是哪些? 你是怎样提高测量精度的?

（6）E 的物理意义是什么? 对于材料相同,但粗细、长度不同,在不同外力作用下(未超过弹性限度)的几根金属丝,E 的数值是否相同? 为什么?

3.4 空气密度与气体普适常量的测定

气体普适常量是热力学中的一个重要常数,而气体密度是分子物理学中的一个重要物理量.

[实验目的]

（1）学习用抽真空法测量环境空气的密度,并换算成干燥空气在标准状态下(0℃、1 标准大气压)的数值,与标准状态下的理论值比较.

（2）从理想气体状态方程出发,推导出变压强下气体普适常量的表达式,利用逐次降压的方法测出气体压强 p_i 与总质量 m_i 的关系并作图,由直线拟合求得气体普适常量 R,并与理论值比较.

[实验原理]

1. 真空

气压低于一个大气压(约 10^5 Pa)的空间,统称为真空. 其中,按气压的高低,通常又可分为粗真空($10^5 \sim 10^3$ Pa)、低真空($10^3 \sim 10^{-1}$ Pa)、高真空($10^{-1} \sim 10^{-6}$ Pa)、超高真空($10^{-6} \sim 10^{-12}$ Pa)和极高真空(低于 10^{-12} Pa)五部分. 其中在物理实验和研究工作中经常用到的是低真空、高真空和超高真空三部分.

2. 真空表

大气压:地球表面上的空气柱因重力而产生的压力. 它和所处的海拔高度、纬度及气象状况有关.

压差:两个压力之间的相对差值.

绝对压力:介质(液体、气体或蒸气)所处空间的所有压力.

负压(真空表压力):如果绝对压力和大气压的差值是一个负值,那么这个负值就是负压力,即负压力=绝对压力-大气压<0.

3. 空气密度

空气的密度 ρ 由下式求出,$\rho = \dfrac{m}{V}$,式中 m 为空气的质量,V 为相应的体积. 取一只比重瓶,设瓶中有空气时的质量为 m_1,而比重瓶内抽成真空时的质量为 m_0,那么瓶中空气的质量 $m = m_1 - m_0$. 如果比重瓶的容积为 V,则 $\rho = \dfrac{m_1 - m_0}{V}$. 由于空气的密度与大气压强、温度和绝对湿度等因素有关,故由此而测得的是在当时实验室条件下的空气密度值.
如要把所测得的空气密度换算为干燥空气在标准状态下(0℃、1 标准大气压)的数值,则
可采用下述公式

$$\rho_n = \rho \frac{p_n}{p}(1+\alpha t)\left(1+\frac{3}{8}\frac{p_w}{p}\right) \tag{3.4.1}$$

式中,ρ_n 为干燥空气在标准状态下的密度;ρ 为在当时实验条件下测得的空气密度;p_n 为
标准大气压强;p 为实验条件下的大气压强;α 为空气的压强系数($0.003674℃^{-1}$);t 为空
气的温度(℃);p_w 为空气中所含水蒸气的分压强(即绝对湿度值),p_w=相对湿度×p_{w0},
p_{w0} 为该温度下饱和水蒸气压强.在通常的实验室条件下,空气比较干燥,标准大气压与大
气压强比值接近于 1,公式(3.4.1)近似为

$$\rho_n = \rho(1+\alpha t) \tag{3.4.2}$$

4. 气体普适常量的测量

理想气体状态方程

$$pV = \frac{m}{M}RT \tag{3.4.3}$$

式中,p 为气体压强,V 为气体体积,m 为气体总质量,M 为气体的摩尔质量,T 为气体的
热力学温度,其值 $T=273.15+t$. R 称为理想气体普适常量,也称为摩尔气体常量,理论
值 $R=8.31\text{J}/(\text{mol·K})$.

各种实际气体在通常压强和不太低的温度下都近似地遵守这一状态方程,压强越低,
近似程度越高.

本实验将空气作为实验气体.空气的平均摩尔质量 M 为 28.8g/mol.(空气中氮气约
占 80%,氮气的摩尔质量为 28.0g/mol;氧气约占 20%,氧气的摩尔质量为 32.0g/mol.)

取一只比重瓶,设瓶中装有空气时的总质量为 m_1,而瓶的质量为 m_0,则瓶中的空气
质量为 $m=m_1-m_0$,此时瓶中空气的压强为 p,热力学温度为 T,体积为 V. 理想气体状态
方程可改写为

$$p = \frac{mT}{MV}R, \quad 即 \quad p = \frac{m_1 T}{MV}R + C' \quad \left(C'=-\frac{m_0 T}{MV}R,为常数\right) \tag{3.4.4}$$

设实验室环境压强为 p_0,真空表读数为 p',则 $p'=p-p_0<0$,式(3.4.4)改写为

$$p' = \frac{m_1 T}{MV}R + C' - p_0 = \frac{m_1 T}{MV}R + C \quad (C\text{ 为常数}) \tag{3.4.5}$$

式中 $C=C'-p_0$,测出在不同的真空表负压读数 p' 下 m_1 的值,然后作出 p'-m_1 关系图,求
出直线的斜率 $k=\frac{RT}{MV}$,便可得到气体普适常量的值.

[实验仪器]

ZX-1 型旋片式真空泵、真空表(-0.1~0MPa,最小分度 0.002MPa)、真空阀、真空管、
比重瓶、电子物理天平(0~1kg,最小分度 0.01g)及水银温度计(0~50℃,最小分度 0.1℃).

[实验内容]

1. 测量空气的密度

(1) 测量比重瓶的体积. 用游标卡尺量出比重瓶的外径 D,长度 L,上底板厚度 δ_1,下底板厚度 δ_2,侧壁厚度 δ_0(侧壁厚度应该多量几次取平均值),算出比重瓶的体积 V.

(2) 将比重瓶开关打开,放到电子物理天平上称出空气和比重瓶总质量 m_1,然后将其平放桌面上,瓶口与真空管相接,参考图 3.4.1.

图 3.4.1   仪器接法

(3) 将真空阀打开,插上真空泵电源,打开真空泵开关(打开开关前应检查真空泵油位是否在油标中间位置),待真空表读数非常接近 -0.1MPa 时(只需要等几分钟即可),先关上比重瓶开关,再关上真空阀门,最后才关闭真空泵(**顺序千万不能弄错,否则真空泵中的油可能会倒流入比重瓶中**).

(4) 将比重瓶从真空管中拔下来,**注意这个过程应该缓慢进行,防止外界空气突然进入真空管中把真空表的指针打坏.**

(5) 将比重瓶放到电子物理天平上称出比重瓶的质量 m_0,算出气体质量,由公式 $\rho = \dfrac{m_1 - m_0}{V}$ 算出环境空气密度.

(6) 由水银温度计读出实验室温度 $t(℃)$,由公式 $\rho_n = \rho(1 + \alpha t)$ 算出标准状态下空气的密度,与理论值比较.

2. 测定普适气体常量 R

(1) 用水银温度计测量环境温度 $t_1(℃)$(此实验过程较长,环境温度可能发生变化,应该测出实验始末温度取平均).

(2) 在实验内容 1 的基础上,将比重瓶与真空管重新连起来,打开比重瓶开关,真空表读数变到 -0.1MPa 到 -0.09MPa 之间,由于比重瓶与真空管接口处没有严格密封,所以存在缓慢的漏气,整个系统的压强会缓慢降下来,等降到 -0.09MPa 时,迅速关闭比重瓶开关,缓慢将比重瓶拔下来.

(3) 称出比重瓶在 -0.09MPa 的质量 m_1.

(4) 又将比重瓶与真空管相连,打开比重瓶开关,真空表读数变为 -0.09MPa 到 -0.08MPa 之间,同样等到压强降为 -0.08MPa 之后缓慢拔下比重瓶称出此时质量.

(5) 同步骤(2)、(3)、(4)一样测出真空表读数分别为 -0.07,-0.06,-0.05,-0.04,-0.03,-0.02,-0.01,0MPa 时的质量.

(6) 测量环境的温度 $t_2(℃)$.

(7) 作出 $p'-m_1$ 图,拟合出直线的斜率 $k = \dfrac{RT}{MV}$,算出气体普适常量的值.

[注意事项]

(1) 关阀门的顺序千万不能弄错,否则真空泵中的油可能会倒流入比重瓶中.

(2) 将比重瓶口从真空管中拔出来的过程应该缓慢进行,防止外界空气突然进入真空管中把真空表的指针打坏.

(3) 应该保证环境温度不能变化太大,否则将影响实验结果.

(4) 手不能长时间接触比重瓶,防止传热引起瓶内气体温度改变.

[思考题]

(1) 如果先关闭真空泵开关,后关闭真空阀门和比重瓶开关,会发生什么事故?

(2) 环境温度变化太大,会对测量结果产生什么影响?

3.5 气垫导轨上测量速度、加速度

[实验目的]

(1) 学习使用气垫导轨和电脑通用计数器.

(2) 观察滑块运动的规律,并测量速度、加速度.

(3) 验证牛顿第一、第二定律.

[实验原理]

1. 速度的测量

依据牛顿第一定律,作用在质点上的合外力为零时,质点将保持静止或做匀速直线运动. 实验中,由于摩擦阻力极小而可以忽略不计,因此漂浮在水平放置的平直气轨上的滑块,所受的合外力可视为零. 这样,滑块在气轨上将保持静止,或以一定速度做匀速直线运动.

图 3.5.1　遮光板示意图

滑块上装有一个遮光板,如图 3.5.1 所示.当滑块在气轨上运动通过光电门时,由于遮光板的遮光作用,光电二极管将先后产生两个脉冲信号.该信号作为启动和终止计时的信号.电脑通用计数器将显示出滑块在该光电门处通过距离 d(遮光杆间距)所用的时间.若以 t 表示这一时间,那么

$$v = \frac{d}{t} \qquad (3.5.1)$$

式中,v 为在距离 d 中的平均速度.由于 d 比较小,在遮光板通过光电门的时间范围内滑块的速度变化很小,故可将该速度看成滑块通过光电门所在处的瞬时速度.

　　显然,如果滑块做匀速直线运动,滑块通过设在气轨上任一位置的光电门时,计数器上显示的时间 t 或速度 v 均是不变的.

　　2. 加速度的测量

　　把调平的导轨倾斜一个微小角度 θ(方法是在导轨单脚调平螺钉支座下加垫块),则滑块在斜面上所受的合外力 F(忽略了摩擦力)(图 3.5.2)有

$$F = mg\sin\theta = mg\frac{h}{L} \qquad (3.5.2)$$

图 3.5.2　滑块在气轨上加速下滑示意图

　　在此恒力 F 作用下,滑块将沿斜面做匀加速直线运动.如果测出滑块通过光电门 C_1、C_2 时的速度 v_1 和 v_2 及经过两光电门所需的时间 t,计数器就可以计算出滑块运动的平均加速度 $\bar{a}$

$$\bar{a} = \frac{v_2 - v_1}{t} \qquad (3.5.3)$$

　　3. 验证牛顿第一定律

　　依据牛顿第一定律,滑块在光滑水平面上应做匀速直线运动.若测得滑块在通过两光电门时速度的变化值小于实验不确定度,则表明定律得到了验证.

　　4. 验证牛顿第二定律

　　依据牛顿第二定律,滑块在光滑斜面上下滑的加速度 a_0 应当是

$$a_0 = \frac{F}{m} = \frac{mg\sin\theta}{m} = g\frac{h}{L} \qquad (3.5.4)$$

将实验值与 a_0 比较,若其间的差别小于实验不确定度的范围,定律就得到了验证.

　　[实验仪器]

　　1) 气垫导轨　L-QG-T-2000 型.

导轨工作面长度——2m；

导轨直线度——全长不确定度小于 0.10mm；

导轨脚距——1140mm.

2）电脑通用计数器 MUJ-Ⅱ型.

计时范围——0.00～35.5min；

测加速度范围——0.00～2000cm/s^2；

测速范围——0.00～2000cm/s；

电源电压——交流 220V.

3）气源 DC-Ⅱ型 微音洁净气泵.

电源——220V,50Hz；

功率——>500W.

4）滑块.

长度——120mm,240mm.

[实验方法]

1. 观察匀速直线运动——测量速度

1）调整光电门,设置计数器

先将光电门 C_1 放置在距气轨一端50cm处,再将光电门 C_2 放置在距 C_1 50cm 处.打开通用计数器开关,按功能键将功能选至计时挡,按转换键将单位转至 cm/s.打开气源.

2）调平气垫导轨

（1）静态调节.将滑块置于导轨上.调节单脚调平螺钉（顺时针旋转为升高导轨）,直到滑块能保持不动或稍有些滑动,但无方向性,这可粗略地认为气轨已调平.为求得最佳状态,应在气轨上几处不同地点调节.

（2）动态调节.令滑块以某一速度（30～70cm/s）运动,比较其通过两光电门时的速度 v_1、v_2.因存在一定的空气黏滞阻力,如果气轨是水平的,那么通过第二个光电门时的速度 v_2 应小于通过第一个光电门时的速度 v_1.经过正、反两方向多次调节,若 v_1、v_2 速度差值均不超过 1cm/s 即认为气轨已调平.

3）测量速度

先将通用计数器内部所存数据删除,然后把滑块放在气轨一端,推动滑块,使它获得一个初速度,并保证通过两个光电门速度控制在 30～70cm/s,经过 5 次如此往复运动,取下滑块.按下通用计数器的取数键,取出 10 组数据（20 个速度值）填入表格中（表格自行设计）.

2. 测量加速度

（1）重新调节气轨,以彻底消除滑块在一个方向运动（由单支脚到双支脚方向）时所受的阻力.使滑块沿此方向运动的速度 v_1、v_2 满足：在 30～70cm/s,速度差值均不超过 0.3cm/s.

（2）按通用计数器的功能键将功能选至加速度挡,按转换键使单位转至 cm/s^2,调节两光电门间距 D,使 $D=50cm$,然后在气轨单脚支座下分别加 $h_1=1.0cm$,$h_2=1.5cm$ 的垫块,使气轨面形成一定的倾斜角,让滑块从同一位置自由下滑,重复测量 6 次,记录每一次的加速度值.

注意:每次测量记录完毕后,要按功能键使仪器复位,否则通用计数器将循环显示第一次的测量数据.

改变光电门间距 D,使 $D=70cm$,重复上述实验.记录表格如表 3.5.1 所示.

表 3.5.1 滑块在气轨上做匀加速直线运动

D/cm	50.0		70.0	
h/cm	1.0	1.5	1.0	1.5
$a_1/(cm/s^2)$				
$a_2/(cm/s^2)$				
$a_3/(cm/s^2)$				
$a_4/(cm/s^2)$				
$a_5/(cm/s^2)$				
$a_6/(cm/s^2)$				
$\bar{a}_i/(cm/s^2)$				

[数据处理]

1. 对 $D=50cm$,$h=h_1$ 的情况进行不确定度分析

1）计算 Δa 及 $E_r(a)$

$$\Delta a = \sqrt{s^2 + \Delta_0^2} \qquad s^2 = \frac{1}{n-1}\sum \Delta a_i^2 \qquad \Delta_0 = 0.3cm/s^2$$

2）测量结果

$$a = \bar{a} \pm \Delta a = \underline{\qquad}(cm/s^2)$$
$$E_r(a) = \underline{\qquad}\%$$

2. 验证牛顿第一定律

分别计算出每次测量数据的 $\frac{v_1 - v_2}{v_1}$.

由于空气的黏滞阻力不可避免,以及系统误差的存在,尽管气轨已调平,但滑块仍减速运行.所以,若 $\frac{v_1 - v_2}{v_1} \times 100\% < 3\%$ 即可认为验证了牛顿第一定律.

3. 验证牛顿第二定律(只对 $D=50cm$,$h=h_1$;$D=70cm$,$h=h_2$ 的情况验证)

1）计算 a_0 值

$$a_0 = g\frac{h}{L}$$

式中,$g=(980.3\pm0.1)cm/s^2$(沈阳地区),$L=(114\pm1)cm$

2) 计算 $E_r(\bar{a})$、$E_r(a)$

$$E_r(\bar{a}) = \frac{|\bar{a} - a_0|}{a_0} \times 100\%$$

将 $E_r(\bar{a})$ 与 $E_r(a)$ 进行比较,若 $E_r(\bar{a}) \leqslant E_r(a)$ 就验证了牛顿第二定律.

[思考题]

(1) 什么是"气垫"原理?

(2) 实验前如何调平气垫导轨?

(3) 为什么在未开气源的情况下严禁在轨面上来回拖动滑块?

(4) 在测量加速度之前,为什么要重新调整(单向调节)气垫导轨?

(5) 引起加速度测量不确定度的主要原因有哪些?

气垫导轨实验仪器简介

气垫导轨是一种较理想的低摩擦力学装置,如图 3.5.3 所示.它是利用气源将压缩空气注入导轨内腔,再由导轨表面上的小孔喷出气流,在导轨与滑块之间形成很薄的"气垫",将滑块浮起,从而使滑块能在导轨上做近似无阻力的直线运动(不存在接触摩擦阻力,而仅有极微小的空气黏滞阻力及运动阻力).这样就可以利用气垫导轨观察和研究在近似无阻力的情况下物体的各种运动规律.

图 3.5.3 气垫导轨装置图

1. 缓冲弹簧;2. 光电门 C_1;3. 挡光片;4. 滑块;5. 光电门 C_2;6. 进气口;
7. 调平螺钉(双);8. 标尺;9. 排气孔;10. 调平螺钉(单)

1. 气垫导轨的基本结构

(1) 气源. 小型立式气泵(DC-II型). 可产生 1.4m 水柱的风压,风量达 1.13m³/min. 该机不宜长时间连续工作,因而用完后应随时停机. 压缩空气通过导管进入导轨腔体内.

(2) 导轨体. 中空的铝合金三角形导轨体(L-QG-T-2000/5.8 型),全长 2m,表面上均匀分布两排细小($\Phi = 0.6$mm)的气孔,压缩空气由小孔中喷出,将滑块托起 0.06~0.2mm.

(3) 支架. 包括(中空)矩形铝型材底座和前、后支座. 双脚支座可以用螺旋调整导轨两侧面与铅垂面的夹角,以保证滑块运动(两侧面)的平稳.单脚支座可用螺旋调节整个导轨面(顶脊)的水平度.

(4) 滑块.由直角形铝合金制成,与导轨表面相配合.根据实验需要,可以在其两端安装弹性环或尼龙搭扣,在其顶部装上挡光板等.

(5) 光电门.光电门是光电转换装置.光电门由光源(红外发光管)和装在对面的光电二极管组成.当射向二极管的光线被遮挡时,在切断光线的瞬间,二极管的通电状态发生跃变,以此电信号来控制通用计数器的计数或停止.

2. 气垫导轨使用注意事项

(1) 气轨是较精密的实验设备,实验中必须确保导轨不变形、表面不受砸、碰.未通气的情况下,不能在导轨上强行推动滑块.实验完毕后,应先取下滑块,后关闭气源.

(2) 导轨与滑块的工作表面必须保持清洁.油污、灰尘及水珠等都会影响实验的精度.发现污物时,只能在开动气源的情况下用毛刷或用蘸有少量乙醇的棉花擦拭干净.

3.6   电阻的伏安特性研究

伏安法测电阻,方法简单,使用方便.但由于电表内阻的影响,测量精度不是很高,存在明显的系统误差.本实验根据电阻值不同的精度要求,采用不同的测量方法,测绘线性电阻和晶体二极管的伏安特性曲线.从伏安特性曲线所遵循的规律,可以得出该元件的导电特性,以便确定它在电路中的作用.

[实验目的]

(1) 练习使用伏特表、安培表,掌握各元件伏安特性的测量方法,了解其系统误差,正确选择电路.

(2) 掌握作图法处理实验数据.

[实验原理]

当直流电流通过待测电阻 R_x 时,用电压表测出 R_x 两端电压 U,同时用电流表测出通过 R_x 的电流 I,根据欧姆定律 $R = U/I$ 算出待测电阻 R_x 的数值,这种方法称为伏安法.以测得电压值为横坐标,相对应的电流值为纵坐标作图,所得流过电阻元件的电流强度随元件两端电压变化的关系曲线,称为电阻的伏安特性曲线.若所得结果是一直线,这类元件称为线性电阻(如金属膜电阻);若不是直线,而是一条曲线,则这类元件称为非线性电阻(如二极管),如图 3.6.1(a),(b)所示.

要测得一个元件的伏安特性曲线,就应该同时测量流过元件的电流强度及元件两端的电压.其电路连接有两种可能,分别如图 3.6.2 和图 3.6.3 所示.前者称为电流表内接,后者称为电流表外接.由于电表的影响,无论那种接法,都会产生接入误差,下面对它们进行分析.

(a) 线性电阻伏安特性　　　　　　(b) 非线性电阻伏安特性

图 3.6.1　电阻的伏安特性曲线

1. 电流表内接

如图 3.6.2 所示，所测电流是流过 R_x 的电流，但所测电压是 R_x 和电流表上电压之和. 设电流表内阻为 R_A，由欧姆定律，电阻的测量值

$$R_{测} = \frac{U}{I} = \frac{U_x + U_A}{I_x} = R_x + R_A$$

其相对误差

$$E_{r_1} = \frac{\Delta R_x}{R_x} = \frac{R_{测} - R_x}{R_x} = \frac{R_A}{R_x}$$

此误差是由于电流表有内阻 R_A 引起的. 可见用图 3.6.2 电流表内接时，测得的结果值 $R_{测}$ 比实际值 R_x 偏大. 只有当 $R_x \gg R_A$ 时，用 $R_x \doteq U/I$ 近似，才能保证有足够的准确度. R_A 的值一般比较小，约为几欧或更小. 此法测比较大的电阻（$R_x/R_A > 100$），产生的误差就不大.

图 3.6.2　电流表内接　　　　　　图 3.6.3　电流表外接

2. 电流表外接

如图 3.6.3 所示，所测电压是 R_x 两端电压，但所测电流是电压表上电流和 R_x 上电流之和. 设电压表的电阻为 R_V，则电阻的测量值为

$$R_{测} = \frac{U}{I} = \frac{U}{U\left(\dfrac{1}{R_V} + \dfrac{1}{R_x}\right)} = \frac{R_V R_x}{R_V + R_x}$$

其相对误差为

$$E_{r_2} = \frac{|\Delta R_x|}{R_x} = \frac{|R_{测} - R_x|}{R_x} = \frac{R_x}{R_x + R_V}$$

此误差是由于电压表内阻引起的,可见用图 3.6.3 电流表外接时,测得的电阻 $R_{测}$ 比实际值 R_x 偏小. 只有当 $R_V \gg R_x$ 时,这种接法用 $R_x \doteq U/I$ 近似,才能保证足够的准确度. R_V 的值一般比较大,在几千欧以上,因此测比较小的电阻比如几十欧以下,产生的误差就不大.

综上所述,由于电表的内阻存在,使得测量总存在一定的系统误差,究竟采用哪种接法必须事先对 R_x、R_A、R_V 三者的相对大小有个粗略的估计,从而使所选取的电路测得的结果有足够的准确度.

[实验仪器]

直流电源、滑线变阻器、微安表、毫安表、电压表、待测电阻和晶体二极管、开关及导线.

[实验内容]

1. 测量线性电阻的伏安特性

(1) 选择电路:已知电压表内阻为几十千欧,毫安表内阻为几十欧,待测电阻 R_x 为几十欧,选择合适电路,使测得的 R_x 误差较小. 按图 3.6.3 连好电路,注意选择好电压表和电流表的量程,滑动变阻器触头处在电压表电压最小处. 经教师检查后,接通电源.

(2) 调节滑动变阻器,改变 R_x 上的电流、电压,注意勿使电表指针偏转超过电表量程,分别读出相对应的电流、电压值,将数据填入表 3.6.1 中.

(3) 将电压调为零,改变加在电阻上的电压方向(可将 R_x 调转 180°连接),调节滑动变阻器,读出相应的电流、电压值,将数据填入表 3.6.1.

(4) 以电压为横坐标,电流为纵坐标,绘出电阻的伏安特性曲线.

2. 测量二极管的伏安特性

(1) 测量二极管的正向伏安特性:当二极管加正向电压时,管子呈低阻状态,采用电流表外接法,按图 3.6.4 连接电路,电压表量程取 1V 左右. 经教师检查后,接通电源从 0V 开始缓慢地增加电压(例如取 0.1V, 0.2V, …),在电流变化大的地方,电压间隔应取小一些,读出相应的电流值,直到流过二极管的电流为其允许最大电流 I_{max} 为止,将数据填入表 3.6.2 中,最后断开电源.

(2) 测量二极管的反向伏安特性:当二极管加反向电压时,管子呈高阻状态,采用电流表内接法,按图 3.6.5 连接电路. 将毫安表换成微安表,电压表量程为 50V. 经教师检查后,接通电源,调节变阻器逐步改变电压(例如取 2.00V, 4.00V, ……)读出相应的电流值,并填入表 3.6.2 中.

图 3.6.4 测二极管正向伏安特性   图 3.6.5 测二极管反向伏安特性

（3）以电压为横轴，电流为纵轴，绘出二极管的伏安特性曲线. 因正向电流数值为毫安，反向电流数值为微安，在纵轴上半段和下半段坐标纸上每小格代表的电流值可以不同，分别标注清楚.

3. 数据记录及处理

表 3.6.1 线性电阻的伏安特性

次 数	1	2	3	4	5	6	7	8
正电压/V								
电流/mA								
负电压/V								
电流/mA								

表 3.6.2 测二极管的伏安特性

次 数	1	2	3	4	5	6	7	8
正电压/V								
电流/mA								
负电压/V								
电流/mA								

[数据处理]

（1）电流 I 为纵坐标，电压 U 为横坐标，绘制线性电阻、二极管的伏安特性曲线，注意坐标比例的选取. 由于正、反电压的变化幅度和电流的变化幅度不同，应选取不同的比例，便于曲线能反映出测量的精度.

（2）测量二极管正向电压时，因为电压表的接入，需注意电压表内阻值. 如会引起实验误差，则应通过计算进行修正，并在上述图纸上画上修正曲线.

（3）从二极管曲线上取若干的电压（如 0.500V，0.750V）时的电阻值.

[注意事项]

（1）电流表一定要串联在电路上，经教师检查后，方可进行实验.

(2) 测二极管正向伏安特性时, 毫安表读数不得超过二极管最大允许电流.

(3) 测二极管反向伏安特性时, 加在管上的反向电压不得超过反向击穿电压.

[思考题]

(1) 伏安法测电阻的接入误差是由什么因素引起的? 电阻的伏安特性曲线的斜率表示什么?

(2) 实验室用电流表、电压表测 30Ω、$2k\Omega$、$1M\Omega$ 电阻时, 应采用哪种线路?

3.7 稳态法测量不良导体的导热系数

导热系数是表征物质热传导性质的物理量. 材料结构的变化与所含杂质的不同对材料导热系数数值都有明显的影响, 因此材料的导热系数常常需要由实验去具体测定.

测量导热系数的实验方法一般分为稳态法和动态法两类. 在稳态法中, 先利用热源对样品加热, 样品内部的温差使热量从高温向低温处传导, 样品内部各点的温度将随加热快慢和传热快慢的影响而变动; 当适当控制实验条件和实验参数使加热和传热的过程达到平衡状态, 则待测样品内部可能形成稳定的温度分布, 根据这一温度分布就可以计算出导热系数. 而在动态法中, 最终在样品内部所形成的温度分布是随时间变化的, 如呈周期性的变化, 变化的周期和幅度亦受实验条件和加热快慢的影响, 与导热系数的大小有关.

本实验应用稳态法测量不良导体(橡皮样品)的导热系数, 学习用物体散热速率求传导速率的实验方法.

[实验目的]

(1) 了解物体导热的机理及影响导热性能的因素.

(2) 测定橡胶的导热系数.

[实验原理]

1898 年 C. H. Lees 首先使用平板法测量不良导体的导热系数, 这是一种稳态法, 实验中, 样品制成平板状, 其上端面与一个稳定的均匀发热体充分接触, 下端面与一均匀散热体相接触. 由于平板样品的侧面积比平板平面小很多, 可以认为热量只沿着上下方向垂直传递, 横向由侧面散去的热量可以忽略不计, 即可以认为, 样品内只有在垂直样品平面的方向上有温度梯度, 在同一平面内, 各处的温度相同.

设稳态时, 样品的上下平面温度分别为 θ_1、θ_2, 根据傅里叶传导方程, 在 Δt 时间内通过样品的热量 ΔQ 满足下式

$$\frac{\Delta Q}{\Delta t} = \lambda \frac{\theta_1 - \theta_2}{h_B} S \tag{3.7.1}$$

式中 λ 为样品的导热系数, h_B 为样品的厚度, S 为样品的平面面积, 实验中样品为圆盘状, 设圆盘样品的直径为 d_B, 则由式(3.7.1)得

$$\frac{\Delta Q}{\Delta t} = \lambda \frac{\theta_1 - \theta_2}{4h_B} \pi d_B^2 \tag{3.7.2}$$

实验装置如图 3.7.1 所示,固定于底座的三个支架上,支撑着一个铜散热盘 P,散热盘 P 可以借助底座内的风扇,达到稳定有效的散热.散热盘上安放面积相同的圆盘样品 B,样品 B 上放置一个圆盘状加热盘 C,其面积也与样品 B 的面积相同,加热盘 C 是由单片机控制的自适应电加热,可以设定加热盘的温度.

图 3.7.1　FD-TC-B 导热系数测定仪装置图

当传热达到稳定状态时,样品上下表面的温度 θ_1 和 θ_2 不变,这时可以认为加热盘 C 通过样品传递的热流量与散热盘 P 向周围环境散热量相等.因此可以通过散热盘 P 在稳定温度 θ_2 时的散热速率来求出热流量 $\dfrac{\Delta Q}{\Delta t}$.

实验时,当测得稳态时的样品上下表面温度 θ_1 和 θ_2 后,将样品 B 抽去,让加热盘 C 与散热盘 P 接触,当散热盘的温度上升到高于稳态时的 θ_2 值 20℃或者 20℃以上后,移开加热盘,让散热盘在电扇作用下冷却,记录散热盘温度 θ 随时间 t 的下降情况,求出散热盘在 θ_2 时的冷却速率 $\dfrac{\Delta \theta}{\Delta t}\Big|_{\theta=\theta_2}$,则散热盘 P 在 θ_2 时的散热速率为

$$\frac{\Delta Q}{\Delta t} = mc\frac{\Delta \theta}{\Delta t}\Big|_{\theta=\theta_2} \tag{3.7.3}$$

其中 m 为散热盘 P 的质量,c 为其比热容.

在达到稳态的过程中,P 盘的上表面并未暴露在空气中,而物体的冷却速率与它的散热表面积成正比,为此,稳态时铜盘 P 的散热速率的表达式应作面积修正

$$\frac{\Delta Q}{\Delta t} = mc\frac{\Delta \theta}{\Delta t}\Big|_{\theta=\theta_2} \frac{(\pi R_P^2 + 2\pi R_P h_P)}{(2\pi R_P^2 + 2\pi R_P h_P)} \tag{3.7.4}$$

其中 R_P 为散热盘 P 的半径,h_P 为其厚度.

由式(3.7.2)和式(3.7.4)可得

$$\lambda \frac{\theta_1 - \theta_2}{4h_B}\pi d_B^2 = mc\frac{\Delta \theta}{\Delta t}\Big|_{\theta=\theta_2} \frac{(\pi R_P^2 + 2\pi R_P h_P)}{(2\pi R_P^2 + 2\pi R_P h_P)} \tag{3.7.5}$$

所以样品的导热系数 λ 为

$$\lambda = mc\frac{\Delta \theta}{\Delta t}\Big|_{\theta=\theta_2} \frac{(R_P + 2h_P)}{(2R_P + 2h_P)} \frac{4h_B}{(\theta_1 - \theta_2)} \frac{1}{\pi d_B^2} \tag{3.7.6}$$

[实验仪器]

FD-TC-B 型导热系数测定仪.测试样品装置如图 3.7.1 所示,它由电加热器、铜加热盘 C,橡皮样品圆盘 B,铜散热盘 P、支架及调节螺丝、温度传感器以及控温与测温器组成.

[实验内容]

测定橡胶的导热系数

(1) 将橡皮样品放在加热盘与散热盘中间,橡皮样品要求与加热盘、散热盘完全对准.调节底部的三个微调螺丝,使样品与加热盘、散热盘接触良好,但注意不宜过紧或过松.

(2) 接上导热系数测定仪的电源,开启电源后,左边表头首先显示 FDHC,然后显示当时温度,当转换至 b＝＝·＝,设定控制温度 70℃.设置完成按"确定"键,加热盘即开始加热,右边显示散热盘的当时温度.打开风扇开关,使散热盘在风扇的作用下散热.

(3) 加热盘的温度上升到设定温度值时,开始记录散热盘的温度,可每隔两分钟记录一次,待在 20 分钟或更长的时间内加热盘和散热盘的温度值基本不变,可以认为已经达到稳定状态了.

(4) 按复位键停止加热,取走样品,调节三个螺栓使加热盘和散热盘接触良好,再设定温度到 70℃,加快散热盘的温度上升,使散热盘温度上升到高于稳态时的 θ_2 值 20℃左右即可.

(5) 移去加热盘,让散热圆盘在风扇作用下冷却,每隔 30 秒记录一次散热盘的温度示值,由临近 θ_2 值的温度数据中计算冷却速率 $\dfrac{\Delta\theta}{\Delta t}\Big|_{\theta=\theta_2}$.

(6) 根据测量得到的稳态时的温度值 θ_1 和 θ_2,以及在温度 θ_2 时的冷却速率,由公式

$$\lambda = mc\frac{\Delta\theta}{\Delta t}\Big|_{\theta=\theta_2}\frac{(R_P+2h_P)}{(2R_P+2h_P)}\frac{4h_B}{(\theta_1-\theta_2)}\frac{1}{\pi d_B^2}$$ 计算不良导体样品的导热系数.

[注意事项]

(1) 为了准确测定加热盘和散热盘的温度,实验中应该在两个传感器上涂些导热硅脂或者硅油,以使传感器和加热盘、散热盘充分接触;另外,加热橡皮样品的时候,为达到稳定的传热,调节底部的三个微调螺丝,使样品与加热盘、散热盘紧密接触,注意不要中间有空气隙;也不要将螺丝旋太紧,以影响样品的厚度.

(2) 导热系数测定仪铜盘下方的风扇做强迫对流换热用,减小样品侧面与底面的放热比,增加样品内部的温度梯度,从而减小实验误差,所以实验过程中,风扇一定要打开.

(3) 在实验过程中,需移开加热盘时,请先关闭加热电源,移开热圆筒时,手应据固定轴转动,以免烫伤手;实验结束后,切断总电源,保管好测量样品,不要使样品两端面划伤,以至影响实验的精度.

(4) 已知实验参数如下:

橡皮样品的厚度:$h_B=8.06$mm;橡皮样品的直径:$d_B=129.02$mm

散热盘比热容(紫铜):$C=385$J/(Kg·K);散热盘质量:$m=891.42$g

散热盘 P 的厚度: $h_P = 7.66\text{mm}$; 散热盘 P 的半径: $R_P = 65.00\text{mm}$

[思考题]

(1) 应用稳态法是否可以测量良导体的导热系数? 如可以, 对实验样品有什么要求? 实验方法与测不良导体有什么区别?

(2) 为什么温度升高会使导热系数减小?

3.8 气体比热容比的测量

气体定压比热容与定容比热容之比称为气体的比热容比, 它是一个重要的热力学参量, 经常出现在热力学方程式中. 传统的测量气体比热容比的方法是采用水银气压计测量压强, 采用水银温度计测量温度, 因此测量不确定度较大, 实验结果的准确度较低. 本实验采用新型扩散硅压力传感器及电流型集成温度传感器, 测量压强和温度变化. 测量灵敏度较高, 增加了实验结果的准确度. 同时也可更明显地观察热力学过程中状态参量的变化, 加强对热力学现象及物理规律的感性认识.

[实验目的]

(1) 学习用绝热膨胀测量空气的比热容比.
(2) 观测热力学过程中状态变化及规律.
(3) 了解扩散硅压力传感器和电流型集成温度传感器的使用方法及特性.

[实验原理]

1. 理想气体的比热容比

理想气体的定容摩尔热容量

$$c_V = \frac{\mathrm{d}Q_V}{\mathrm{d}T} \tag{3.8.1}$$

理想气体的定压摩尔热容量

$$c_p = \frac{\mathrm{d}Q_p}{\mathrm{d}T} \tag{3.8.2}$$

式中, $\mathrm{d}Q_V$ 为 1mol 理想气体在等容过程中所吸收或放出的热量, $\mathrm{d}Q_p$ 为 1mol 理想气体在等压过程中所吸收或放出的热量, $\mathrm{d}T$ 为温度的变化量.

气体的比热容比

$$\gamma = \frac{c_p}{c_V} \tag{3.8.3}$$

2. 理想气体状态方程

一定质量的同种分子理想气体, 在任意一平衡状态下, 压强 p、体积 V、热力学温度 T 三个状态参量满足理想气体状态方程为

$$pV = \frac{M}{\mu}RT \tag{3.8.4}$$

式中, μ 为摩尔质量, M 为气体质量, R 为气体普适恒量.

3. 绝热过程的泊松方程

在理想气体的准静态绝热过程中, 状态参量 p、V 之间的相互关系满足绝热方程

$$pV^{\gamma} = 恒量 \tag{3.8.5}$$

恒量的大小与气体的初始状态有关.

4. 比热容比测量原理

如图 3.8.1 所示, 令初态 I $(p_1$、V_1、$T_1)$ 的气体经绝热膨胀至状态 II $(p_0$、V_2、$T_2)$, p_0 为大气压强, 此过程应满足绝热方程, 所以有

$$p_1 V_1^{\gamma} = p_0 V_2^{\gamma} \tag{3.8.6}$$

然后, 令其等容升温到初始温度的状态 III $(p_2$、V_2、$T_1)$. I、III 状态温度相等, 根据理想气体状态方程

$$p_1 V_1 = p_2 V_2 \tag{3.8.7}$$

由式(3.8.6)和式(3.8.7)可得

$$\gamma = \frac{\lg p_1 - \lg p_0}{\lg p_1 - \lg p_2} \tag{3.8.8}$$

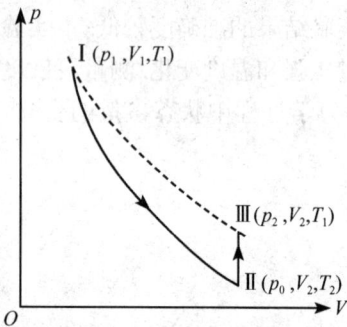

图 3.8.1   状态变化图

通过测量 p_0、p_1、p_2 的值便可以计算出比热容比 γ 的值.

[实验仪器]

(1) 储气瓶.

(2) 扩散硅压力传感器, 电流型集成温度传感器.

(3) 测定仪(内装有放大器和两只数字电压表).

(4) 钾电池 4 节.

[实验方法]

(1) 按图 3.8.2 连接线路, 用气压计读大气压强 p_0, 用水银温度计读取室内温度 T_0, 开启电源, 将电子仪器部分预热 10min. 打开储气瓶塞上的放气活塞 C_2, 然后用调零电位器调节零点, 将三位半数字电压表指示值调到零.

(2) 关闭放气活塞 C_2, 打开进气活塞 C_1, 用打气球将空气平稳地徐徐送入储气瓶中. 此时瓶内空气压强增大, 温度升高. 当电压表示值为 140.0mV 时停止打气. 关闭 C_1 活塞. 瓶内空气压强稳定后(电压表示值基本不变或变化缓慢), 记录电压表示值压强 p_1'(mV)、温度 T_1'(mV), 设此时为状态 I $(p_1$、V_1、$T_1)$, V_1 为储气瓶体积(最好让 $T_1 = T_0$).

(3) 突然打开放气活塞 C_2, 使瓶内空气与大气相通, 当储气瓶内空气压强降压至环境大气压强 p_0 时(此时放气声消失), 迅速关闭 C_2, 到达状态 II $(p_0$、V_2、$T_2)$, V_2 为瓶内和

图 3.8.2　实验装置
1. 进气活塞;2. 放气活塞;3. AD590;4. 压力传感器;
5. 打气球;6. 数字显示器(测量仪)

放出的那部分气体体积之和. 由于放气时间很短,可认为是一个绝热膨胀过程. 瓶内压强减小,温度降低.

(4) 关闭放气活塞 C_2 后,使储气瓶内气体温度升高,当升至 T_1 时,到达状态 Ⅲ (p_2, V_2, T_1)记录瓶内空气压强 p_2'(mV).

(5) 将以上内容重复进行 3 次,数据记录格式见表 3.8.1.

[注意事项]

(1) 温度传感器正、负极不要接错.

(2) 实验方法 3 中打开放气活塞 C_2 放气时,当听到放气声结束应迅速关闭活塞,提早或推迟关闭活塞,都将影响实验结果的准确性,由于数字电压表尚有滞后显示,因此应以听声音为准.

[数据处理]

观察气体状态变化过程,记录过程变化的主要特征. 将 3 次实验记录数据填入表 3.8.1 中.

表 3.8.1　数据记录表

$p_0 = \underline{\qquad} 10^5\text{Pa}, \quad T_0 = \underline{\qquad}$℃

次　　数	T_1'/mV	p_1'/mV	p_2'/mV
1			
2			
3			

(1) 根据式(3.8.8)进行计算,求出空气的比热容比.

压强换算关系为

$$p = p_0 + p'/2000 = \underline{\qquad} 10^5 \mathrm{Pa}$$

(2) 计算实验测出的比热容比的平均值,根据空气比热容比理论值 $\gamma_0 = 1.402$ 计算实验的精度:

$$E_r(\gamma) = \frac{|\gamma - \gamma_0|}{\gamma_0} \times 100\%$$

[思考题]

(1) 本实验不确定度产生的主要原因有哪些? 如何消除这些因素的影响?

(2) 实验中 I、III 状态的温度最好与室温 T_0 相同,如果达不到,能否影响实验的准确性?

(3) 经典统计理论给出的理想气体的热容量是与温度无关的,但实验测出的热容量则随温度变化. 热容量随温度变化的关系是经典理论所不能解释的,产生这种现象的根本原因是什么?

3.9 超声波的声速测量

声波是在空气这种弹性介质中传播的机械波,为纵波. 人耳能感知的声波频率范围在 $20\mathrm{Hz} \sim 20\mathrm{kHz}$,$< 20\mathrm{Hz}$ 的声波为次声波,$> 20\mathrm{kHz}$ 的声波为超声波. 声速是描述声波在介质中传播特性的一个重要物理量,与介质的性质有着密切的关系,因此,借助声速的测量,常常可以间接获得材料的弹性模量、气体成分、液体密度和溶液浓度等物理量.

[实验目的]

(1) 理解超声波发生和接受原理,学习测量超声波在空气中传播速度的方法.

(2) 了解压电传感器的功能,熟悉示波器与信号源的使用.

(3) 加深对驻波及振动合成的理解.

[实验原理]

波动过程是振动状态的传播过程. 某一个振动状态在单位时间内传播的距离称波速,用 v 表示. 波速的大小取决于介质的性质,在不同的介质中,波速是不同的. 声波在空气中传播的速度为

$$v = \sqrt{K/\rho}$$

式中,K 为空气的体积模量,ρ 为空气的密度.

在标准状态下,声波在空气中传播的速度为 $331.45\mathrm{m/s}$. 由波动理论可知,声速(v)、波长(λ)和声波频率(f)满足

$$v = \lambda f \tag{3.9.1}$$

当频率已知时,通过测量波长 λ,就可以由式(3.9.1)计算出声速 v. 另外,也可以通过测量声波传播的距离 l 和所用的时间 t,由

$$v = \frac{l}{t} \tag{3.9.2}$$

通过计算而获得声速 v.

1. 超声波与压电陶瓷换能器

超声波具有波长短,易于定向发射等优点. 超声波的传播速度就是声波的传播速度. 本实验所采用的声波频率在 $20\sim60\mathrm{kHz}$. 在此频率范围内,采用压电陶瓷换能器作为声波的发射器、接收器具有较好的效果.

超声波发射和接收的核心器件是超声换能器. 换能器的作用是将其他形式的能量换成超声波的能量(发射换能器)或将超声波的能量换成可以检测的能量(接受换能器). 最常使用的是由压电晶体或压电陶瓷组成的压电换能器件. 压电晶体或压电陶瓷材料受到应力时会在材料内部产生电场,在端面产生电位差,这种现象称做压电效应. 压电材料受到超声波的作用时,可以将超声波引起的应力变化转换成电信号,超声波接受换能器就是根据该原理制成的. 通过测量电信号的大小、频率等信息,可以得出超声波的强度、位相等. 同样,压电材料还有逆压电效应,即压电材料在周期变化的电场作用下会产生周期性的压缩和伸长,发射换能器就是利用这一特点制成的. 当压电材料的固有周期和外界信号的周期相同时,将产生共振,此时转换效率最高.

根据压电晶体或压电陶瓷换能器的工作方式,分为纵向振动换能器、径向振动换能器及弯曲振动换能器. 实验中所用的是纵向振动换能器. 图 3.9.1 为纵向振动换能器的结构示意图. 其头部用轻金属做成喇叭状,尾部用重金属做成锥形或圆柱形,中间部分为压电材料. 这种结构增大了辐射和接收面积,增强了与波介质的耦合作用.

图 3.9.1 压电陶瓷换能器示意图

2. 驻波法(共振法)测量声速

假设在自由声场中,仅有一个点声源 S1(发射换能器)和一个接收平面(接收换能器 S2). 从点声源发出的声波,经过距离 x 达到 S2 面,并在 S2 面反射,如图 3.9.2 所示. 反射的声波沿着 Ox 反向传播. 在不考虑声波在 S1、S2 两面之间的多次反射情况下,将有如下的结论.

图 3.9.2 测量原理简图

从点声源 S1 发射的超声波传播到 S2 时,振动状态为

$$y_1 = A_1 \cos(\omega t - 2\pi x/\lambda)$$

声波在 S2 处产生反射,反射波在 S2 处振动状态为

$$y_2 = A_2 \cos(\omega t + 2\pi x/\lambda + \pi)$$

声波在 S2 面反射时,有能量损耗,所以反射波的振动幅度 $A_2 < A_1$. 因此可将 A_1
写成

$$A_1 = A_2 + \beta A_1, \quad 0 \leqslant \beta \leqslant 1$$

y_1 与 y_2 在反射面 S2 处叠加,合成波的振动状态为

$$y_3 = y_1 + y_2 = (A_2 + \beta A_1) \cos\left(\omega t - \frac{2\pi x}{\lambda}\right) + A_2 \cos\left(\omega t + \frac{2\pi x}{\lambda} + \pi\right)$$

$$= 2(1 - \beta) A_1 \cos\left(\frac{2\pi x}{\lambda} + \frac{\pi}{2}\right) \cos\left(\omega t + \frac{\pi}{2}\right) + \beta A_1 \cos\left(\omega t - \frac{2\pi x}{\lambda}\right) \quad (3.9.3)$$

由此可见,在 S2 面处的接收换能器接受到的振动可以看成是在幅值为 βA_1 的入射
波的基础上,叠加一个驻波成分. 驻波的振幅为 $2(1 - \beta) A_1 \cos\left(\frac{2\pi x}{\lambda} + \frac{\pi}{2}\right)$,随着 S2 面的
位置 x 不同呈现周期为 $\lambda/2$ 的变化特性. 考虑到超声波在接收换能器处损耗较小(声波能
量大部分都反射回来了),因此,可以认为换能器接受到的信号主要成分是式(3.9.3)中驻
波项对应的信号,如图 3.9.3 所示.

图 3.9.3　超声波接收换能器接受的信号

实验装置如图 3.9.4 所示,图中 S1 和 S2 为压电陶瓷换能器. S1 作为超声波发射换
能器,它由信号源供给频率为数十千赫的正弦电信号,由逆压电效应发出一列超声波;而

图 3.9.4　驻波法、相位法连线图

S2 则作为声波的接收换能器,压电效应将接收到的声压信号转换成电信号.将它输入示波器,就可看到一组由声压信号产生的正弦波形.

在示波器上观察到的实际上是由式(3.9.3)所描述的两个相干波合成后的振动状态.当移动 S2 位置(即改变 S1 和 S2 之间的距离 x)时,可从示波器上观察到,当 S2 在某些位置时振幅有最小值、在某些位置上有最大值.由式(3.9.3)可以得出:任何两相邻振幅最大值的位置之间(或两相邻的振幅最小值的位置之间)的距离为 $\lambda/2$.因此缓慢的改变 S1 和 S2 之间的距离,记录示波器上声信号两次极大值(或两次极小值)时对应的 S2 位置,就可算出超声波的波长 λ.

改变超声换能器 S2 至 S1 之间的距离,可通过转动鼓轮来实现;超声波的频率可由声速测试仪信号源频率显示窗口直接读出.在连续多次测量相隔半波长的 S2 的位置变化及声波频率 f 以后,用逐差法处理测量的数据,计算出声速.

3. 相位法测量原理

由式(3.9.3)可知,在 S2 处接收到的入射波成分为 $\beta A_1 \cos\left(\omega t - \dfrac{2\pi x}{\lambda}\right)$,设 S2 在 x_2 处时,入射波的相位为 $\varphi_2 = \omega t - \dfrac{2\pi x_2}{\lambda}$,当 S2 在 x_1 处时,相位 $\varphi_1 = \omega t - \dfrac{2\pi x_1}{\lambda}$.因此,入射波在 x_2、x_1 之间的相位差为

$$\Delta\varphi = \frac{2\pi(x_2 - x_1)}{\lambda} \tag{3.9.4}$$

可以通过检测相位变化量和对应的距离,计算出超声波的波长.

相位变化量可以用示波器,通过李萨如图形的方法来进行观察和测量,如图 3.9.5 所示.由式(3.9.4)可知,相位差改变量为 2π 时,对应 $\Delta x = x_2 - x_1 = \lambda$.

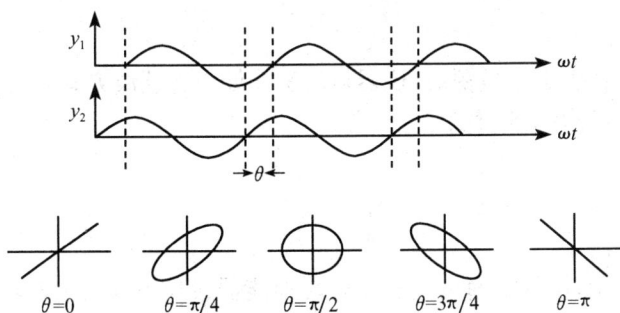

图 3.9.5 用李萨如图观察相位变化

4. 时差法测量原理

连续波经脉冲调制后由发射换能器 S1 发射至被测介质中,声波在介质中传播,经过 t 时间后,到达接收换能器 S2 处.由波的传播距离 x 及时间 t,可由式(3.9.2)直接计算出声波在介质中传播的速度,如图 3.9.6 所示.

发射换能器波形

接收换能器波形

t

图 3.9.6   时差法测量

[实验仪器]

(1) SV-DH-7 型声速测试仪.

(2) SVX-5 型综合声速测定信号源.

频率范围——20k～45kHz;

最大输出电压——15V_{p-p};

最大输出功率——5W;

脉冲信号频率——36.5kHz;

脉冲宽度——200μs;

脉冲周期——8ms;

计数定时范围——1μs～1s;

分辨率——1μs.

(3) YB43020B 型示波器(20MHz).

[实验方法]

1. 准备

在接通综合声速测定仪电源后,仪器自动工作处于连续波方式,选择的介质为空气的初始状态.预热 15min 后,即可稳定地工作.

2. 驻波法测量

1) 测量装置的连接

如图 3.9.4 所示,信号源面板上的发射端换能器接口 S1,用于输出一定功率的频率信号,通过连接线接至测试架的发射换能器 S1,用连接线将信号源面板上的发射端接口 Y1,接至双踪示波器的 CH1 通道 Y1,用于观察发射波波形.信号源面板上的接收换能器接口 S2,用于检测接收信号,用连接线接至接收换能器 S2;用连接线将信号源面板上的接收端接口 Y2,接至示波器的 CH2 通道 Y2,用于观测接收到的超声波信号.

2) 测定压电陶瓷换能器的最佳工作点

只有当换能器 S1 的发射面和 S2 的接收面保持平行时才有较好的接收效果.为了得到较清晰的接收波形,应将外加的驱动信号频率调节到换能器 S1、S2 的谐振频率点附近,这样才能较好地进行声能与电能的相互转换,以得到较好的实验效果.实际上,在谐振频率点附近有一个较小的通频带.按照调节到压电陶瓷换能器谐振点处的信号频率,估计一下示波器的扫描时间 t/div,并进行调节,使在示波器上获得稳定波形.

超声换能器工作状态的调节方法如下:各仪器都正常工作以后,首先调节超声波发射强度旋钮,使声速测试仪信号源输出合适的电压($V_{p-p}=8\sim10V$),再调整信号频率(在 $25\sim45$kHz),选择合适的示波器通道增益,一般在 $0.2\sim1$V/div 的位置,观察频率调整时接收波的电压幅度变化,若在某一频率处(在 $34.5\sim37.5$kHz)电压幅度最大,此频率即是压电换能器 S1、S2 谐振频率,记录频率 f,通过调节鼓轮改变 S1 和 S2 间的距离,适当选择位置,重新调整,再次测定工作频率,共测 5 次,计算平均频率 $\bar{f}$,并将此频率作为基本测量频率.

3) 测量

将测试方法设置到连续波方式.完成前述 1、2 步骤后,观察示波器,找到接收波形的最大值,记录下振幅为最大时的位置 x_{i-1}.然后转动鼓轮,这时波形的振幅会发生变化,再向前或者向后(必须是一个方向,为什么?)移动 S2,当接收波振幅经变小后再到最大时,记录下此时的 S2 位置 x_i.此时波长 $\lambda_i=2\mid x_i-x_{i-1}\mid$,多次测后用逐差法处理数据.

3. 相位法(李萨如图法)测量

将测试方法设置到连续波方式.在上面实验的基础上,将示波器置于"X-Y"工作方式,并选择合适的通道增益.转动鼓轮,观察波形为一定角度的斜线,记录下此时的位置 x_{i-1};再向前或者向后(必须是一个方向)移动 S2,使观察到的波形又回到前面特定角度的斜线,记录下此时的位置 x_i.则波长 $\lambda_i=\mid x_i-x_{i-1}\mid$.多次测量后,用逐差法处理数据.

4. 时差法测量

将测试方法设置到脉冲波方式.将 S1 和 S2 之间的距离调到一定距离(大于 50mm),再调节接收增益(一般取较小的幅度),使显示的时间值读数稳定,此时仪器内置的计时器工作在最佳状态.然后记录此时的距离值和信号源计时器显示的时间值 x_{i-1}、t_{i-1}.移动 S2,如果计时器读数有跳字,则微调(距离增大时,顺时针调节;距离减小时,逆时针调节)接收增益,使计时器读数稳定.记录下此时的距离值和显示的时间值 x_i、t_i.则声速 $v_i=(x_i-x_{i-1})/(t_i-t_{i-1})$.

[数据处理]

(1) 自己设计表格记录所有的实验数据,表格要便于用逐差法求相应位置的差值和计算 λ.

(2) 计算出驻波法和相位法测得的波长平均值 $\bar{\lambda}$ 及其标准偏差 s_λ,同时考虑仪器的示值读数不确定度为 1.0mm.经计算可得波长的测量结果 $\lambda=\bar{\lambda}\pm\Delta\lambda,E_r(\lambda)$.

(3) 按理论值公式 $v_s=v_0\sqrt{\dfrac{T}{T_0}}$,算出理论值 v_s.

式中 $v_0=331.45\text{m/s}$，为 $T_0=273.15\text{K}$ 时的声速，$T=(t+273.15)\text{K}$. t 为介质温度($℃$).

(4) 计算 v 以及 Δv 值，将实验结果与理论值比较，计算精度. 分析不确定度产生的原因.

[思考题]

(1) 声速测量中驻波法、相位法、时差法有何异同？

(2) 为什么要在谐振频率条件下进行声速测量？如何调节和判断测量系统是否处于谐振状态？

(3) 为什么发射换能器的发射面与接收换能器的接收面要保持互相平行？

(4) 声音在不同介质中传播是否有区别？声速是否一样？

(5) 在空气中传播的声波是纵波还是横波？为什么？

3.10　用三线摆测量刚体的转动惯量

转动惯量是描述刚体转动惯性大小的物理量，是研究和描述刚体转动规律的一个重要物理量，它不仅取决于刚体的总质量，而且与刚体的形状、质量分布以及转轴位置有关. 对于质量分布均匀、具有规则几何形状的刚体，可以通过数学方法计算出它绕给定转动轴的转动惯量. 对于质量分布不均匀、没有规则几何形状的刚体，用数学方法计算其转动惯量是相当困难的，通常要用实验的方法来测定其转动惯量. 因此，学会用实验的方法测定刚体的转动惯量具有重要的实际意义.

实验上测定刚体的转动惯量，一般都是使刚体以某一形式运动，通过描述这种运动的特定物理量与转动惯量的关系来间接地测定刚体的转动惯量. 测定转动惯量的实验方法较多，如三线摆法、恒力矩转动法等.

图 3.10.1　三线摆
装置示意图

[实验目的]

(1) 学会正确测量长度和时间.

(2) 用三线摆测定圆盘、圆环和圆柱体的转动惯量.

(3) 验证转动惯量的平行轴定理.

[实验仪器]

三线摆实验仪、多功能毫秒仪、水准仪、米尺、游标卡尺及待测物体等.

[实验原理]

三线摆装置如图 3.10.1 所示.

1. 测量悬盘对中心轴的转动惯量

设悬盘的质量为 m_0，扭转时沿两盘中心轴上升的高度为 h，其势能的增量为 $E_p=m_0gh$，悬盘回到平衡位置所具有的动能为：$E_k = \frac{1}{2}J_0\omega_0^2$，式中 J_0 是悬盘对中心轴的转动惯量，ω_0 是悬盘回到平衡位置时的角速度，若忽略空气阻力和悬线扭力的影响，根据机械能守恒有

$$E_p = m_0gh = E_k = \frac{1}{2}J_0\omega_0^2 \tag{3.10.1}$$

当悬盘作小角度扭转摆动时（摆角小于 5 度）可看做简谐振动，其角位移 θ 与时间 t 的关系是：$\theta = \theta_0 \sin\frac{2\pi}{T_0}t$，式中 T_0 为悬盘扭转摆动周期，θ_0 为悬盘的最大角位移，于是悬盘的角速度是：$\omega = \frac{\mathrm{d}\theta}{\mathrm{d}t} = \frac{2\pi}{T_0}\theta_0\cos\frac{2\pi}{T_0}t$.

悬盘经过平衡位置的角速度 ω_0 应为角速度的最大值，由上式得：

$$\omega_0 = \frac{2\pi\theta_0}{T_0} \tag{3.10.2}$$

悬盘扭转 θ_0 角度时，其上升高度为：$h = \dfrac{4Rr\sin^2\frac{\theta_0}{2}}{2H-h}$，式中：$R$ 为悬盘悬点到盘中心的距离，r 为启动盘悬点到盘中心的距离，H 为两盘间垂直距离.

当扭摆角小于 5 度时，$\sin^2\frac{\theta_0}{2} \approx \frac{\theta_0^2}{4}$，且 $2H \gg h$，则有

$$h = \frac{Rr\theta_0^2}{2H} \tag{3.10.3}$$

将式(3.10.2)、式(3.10.3)代入式(3.10.1)，整理后得

$$J_0 = \frac{m_0gRr}{4\pi^2H} \cdot T_0^2 \tag{3.10.4}$$

注意：式(3.10.4)成立的条件是：忽略空气阻力和悬线扭力的影响、启动盘与悬盘水平；三条悬线等长、转角很小、转轴为通过上下两中心的轴线.

由实验测出 m_0、R、r、H 和 T_0 后，用式(3.10.4)就可测出悬盘对中心轴的转动惯量. 其中：沈阳地区 $g = (9.8033 \pm 0.0003)\frac{m}{s^2}$.

2. 测量质量为 m_1 的待测物体对中心轴的转动惯量

将 m_1 放在悬盘上，并使其质心落在启动盘和悬盘的中心轴上，则由式(3.10.4)可知，圆柱体和悬盘对中心轴的总转动惯量为

$$J_1 = \frac{(m_0 + m_1)gRr}{4\pi^2H} \cdot T_1^2$$

则 m_1 的圆柱体对中心轴的转动惯量为 $J_{m_1} = J_1 - J_0$.

3. 验证转动惯量的平行轴定理

平行轴定理：质量为 m_2 的物体绕通过其质心转轴的转动惯量为 J_C，当转轴平行移动

距离 d 时,其绕新轴的转动惯量为:$J' = J_C + m_2 d^2$.

图 3.10.2　悬盘的俯视图

将两个质量均为 m_2 的相同圆柱体对称地放在悬盘上,如图 3.10.2 所示.它们与悬盘对扭摆中心轴的总转动惯量为 $J_2 = \dfrac{(m+2m_2)gRr}{4\pi^2 H} \cdot T_2^2 = J + 2J_{m_2}$,所以 m_2 对扭摆中心的转动惯量为

$$J_{m_2} = \frac{1}{2}(J_2 - J_0) \qquad (3.10.5)$$

由平行轴定理计算,m_2 对扭摆中心的转动惯量为

$$J_{m_2} = J_C + m_2 d^2 = \frac{1}{2}m_2 r_{柱}^2 + m_2 d^2 \quad (3.10.6)$$

比较式(3.10.5)和式(3.10.6),即可验证平行轴定理.

[实验内容]

1. 仪器的调整

调整启动盘水平,再调节悬盘的水平.然后调节霍尔探头位置,使其恰好在悬盘下粘着的小磁钢的下方 10mm 左右.将记时器的"次数预置"调节为 40;按 RESET 复位键,使记时液晶屏清零.

2. 测量悬盘对其中心轴的转动惯量 J_0

测量启动盘、悬盘的悬点到盘中心的距离 $\bar{r}$ 和 $\bar{R}$,如图 3.10.3 所示.$\bar{r} = \dfrac{\sqrt{3}}{3}\bar{a}$;$\bar{R} = \dfrac{\sqrt{3}}{3}\bar{b}$.用卡尺测量悬盘的直径 D_1,用米尺测启动盘与悬盘间垂直距离 H,记录悬盘质量 m_0.

测量悬盘扭转摆动周期 $\overline{T_0}$.轻轻扭转启动盘,待悬盘作稳定扭转摆动后,按 RESET 键,记录 20 个周期的时间,重复 5 次,算出周期的平均值 $\overline{T_0}$.

3. 测量质量为 m_1 的圆环对其中心轴的转动惯量 J_{m_1}

记录质量 m_1,用卡尺测环的内外径;然后将其放在悬盘上使其中心对准悬盘中心.使悬盘稳定扭转摆动后,测出 20 个周期的时间,重复 5 次,算出周期平均值 $\overline{T_1}$.

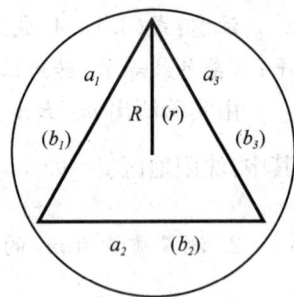

图 3.10.3　启动盘、悬盘的俯视图

4. 验证平行轴定理

测定圆柱体直径 $D_{柱}$ 和悬盘上的刻度线直径 $D_{线}$,记录圆柱体的质量 m_2;将两个相同圆柱体如图 3.10.2 所示,放在悬盘上,相距的距离为 $2d = D_{线} - D_{柱}$;使悬盘稳定扭摆后,测出 20 个周期的时间,重复 5 次,算出平均值 $\overline{T_2}$.

[注意事项]

(1) 启动盘启动后应复原到起始位置.

(2) 悬盘扭转角小于 5 度.

(3) 悬盘只能扭转不能晃动.

[思考题]

(1) 实验中的公式都做了哪些近似? 操作中应该如何尽量满足这些近似?

(2) 悬盘上放上待测量物后,其摆动周期是否一定比空盘时的周期大? 为什么?

3.11　用模拟法测绘静电场

模拟法本质上是用一种易于实现、便于测量的物理状态或过程模拟不易实现、不便测量的状态和过程,要求这两种状态或过程有一一对应的两组物理量,且满足相似的数学形式及边界条件.

一般情况下,模拟可分为物理模拟和数学模拟,对一些物理场的研究主要采用物理模拟(物理模拟就是保持同一物理本质的模拟),例如用光测弹性模拟工件内部应力的分布等. 数学模拟也是一种研究物理场的方法,它是把不同本质的物理现象或过程,用同一个数学方程来描绘. 对一个稳定的物理场,若它的微分方程和边界条件一旦确定,其解是唯一的. 两个不同本质的物理场如果描述他们的微分方程和边界条件相同,则它们的解是一一对应的,只要对其中一种易于测量的场进行测绘,并得到结果,那么与它对应的另一个物理场的结果也就知道了. 由于稳恒电流场易于实现测量,所以就用稳恒电流场来模拟与其具有相同数学形式的其他物理场.

大家还要明确,模拟法是在实验和测量难以直接进行,尤其是在理论难以计算时,采用的一种方法,它在工程设计中有着广泛的应用.

[实验目的]

(1) 学习用模拟方法来测绘具有相同数学形式的物理场.

(2) 描绘出分布曲线及场量的分布特点.

(3) 加深对各物理场概念的理解.

(4) 初步学会用模拟法测量和研究二维静电场.

[实验原理]

1. 模拟长同轴圆柱形电缆的静电场

稳恒电流场与静电场是两种不同性质的场,但是它们两者在一定条件下具有相似的空间分布,即两种场遵守规律在形式上相似,都可以引入电位 U,电场强度 $E=-\nabla u$,都遵守高斯定理.

对于静电场,电场强度在无源区域内满足以下积分关系:

$$\oint \boldsymbol{E} \cdot \mathrm{d}\boldsymbol{s} = 0 \qquad \oint \boldsymbol{E} \cdot \mathrm{d}\boldsymbol{l} = 0$$

对于稳恒电流场,电流密度矢量 $\boldsymbol{j}$ 在无源区域也满足类似的积分关系

$$\oint \boldsymbol{j} \cdot \mathrm{d}\boldsymbol{s} = 0 \qquad \oint \boldsymbol{j} \cdot \mathrm{d}\boldsymbol{l} = 0$$

由此可见 $\boldsymbol{E}$ 和 $\boldsymbol{j}$ 在各自区域中满足同样的数学规律. 在相同边界条件下,具有相同的解析解. 因此,可以用稳恒电流场来模拟静电场.

在模拟的条件上,要保证电极形状一定,电极电位不变,空间介质均匀,在任何一个考察点,均应有"$U_{稳恒} = U_{静电}$"或"$E_{稳恒} = E_{静电}$". 下面具体到本实验来讨论这种等效性.

1) 同轴电缆及其静电场分布

如图 3.11.1(a)所示,在真空中有一半径为 r_a 的长圆柱形导体 A 和一内半径为 r_b 的长圆筒形导体 B,他们同轴放置,分别带等量异号电荷. 由高斯定理知,在垂直于轴线的任一截面 S 内,都有均匀分布的辐射状电场线,这是一个与坐标 Z 无关的二维场. 在二维场中,电场 $\boldsymbol{E}$ 平行于 xy 平面,其等位面为一簇同轴圆柱面. 因此只要研究 S 面上的电场分布即可.

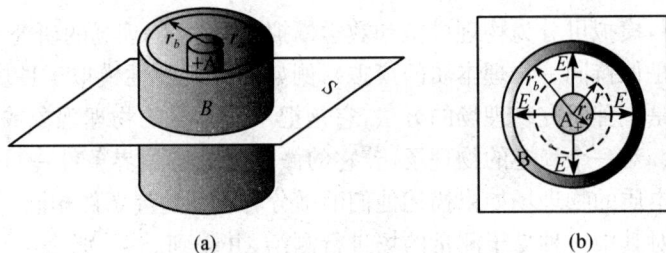

(a)   (b)

图 3.11.1　同轴电缆及其静电场分布

由静电场中的高斯定理可知,距轴线的距离为 r 处(图 3.11.1(b))的各点电场强度为

$$E = \frac{\lambda}{2\pi\varepsilon_0 r}$$

式中 λ 为柱面每单位长度的电荷量,其电位为

$$U_r = U_a - \int_{r_a}^{r} \boldsymbol{E} \cdot \mathrm{d}\boldsymbol{s} = U_a - \frac{\lambda}{2\pi\varepsilon_0} \ln \frac{r}{r_a}$$

设 $r = r_b$ 时,$U_b = 0$,则有

$$\frac{\lambda}{2\pi\varepsilon_0} = \frac{U_a}{\ln \dfrac{r_b}{r_a}}$$

代入上式,得

$$U_r = U_a - \frac{\ln \dfrac{r_b}{r}}{\ln \dfrac{r_b}{r_a}}$$

$$E_r = -\frac{\mathrm{d}U_r}{\mathrm{d}r} = \frac{U_a}{\ln \dfrac{r_b}{r_a}} \cdot \frac{1}{r}$$

2) 同轴圆柱面电极间的电流分布

若上述圆柱形导体 A 与圆筒形导体 B 之间充满了电导率为 α 的不良导体,A、B 与电路电源正负极相连接(见图 3.11.2),A、B 间将形成径向电流,建立稳恒电流场 Er',可以证明不良导体中的电场强度 Er' 与原真空中的静电场 Er 是相等的.

图 3.11.2 同轴电缆的模拟模型

取厚度为 t 的圆柱形同轴不良导体片为研究对象,设材料电阻率为 $\rho(\rho=1/\alpha)$,则任意半径 r 到 $r+\mathrm{d}r$ 的圆周间的电阻是

$$\mathrm{d}R = \rho \cdot \frac{\mathrm{d}r}{s} = \rho \cdot \frac{\mathrm{d}r}{2\pi rt} = \frac{\rho}{2\pi t} \cdot \frac{\mathrm{d}r}{r}$$

则半径为 r 到 r_b 之间的圆柱片的电阻为

$$R_{rr_b} = \frac{\rho}{2\pi t}\int \frac{\mathrm{d}r}{r} = \frac{\rho}{2\pi t}\ln\frac{r_b}{r}$$

总电阻为(半径 r_a 到 r_b 之间圆柱片的电阻)

$$R_{r_a r_b} = \frac{\rho}{2\pi t}\ln\frac{r_b}{r}$$

设 $U_b=0$,则两圆柱面间所加电压为 U_a,径向电流为

$$I = \frac{U_a}{R_{r_a r_b}} = \frac{2\pi t U_a}{\rho\ln\frac{r_b}{r_a}}$$

距轴线 r 处的电势为

$$U'_r = IR_{rr_b} = U_a\frac{\ln\dfrac{r_b}{r}}{\ln\dfrac{r_b}{r_a}}$$

则 E'_r 为

$$E'_r = -\frac{\mathrm{d}U'_r}{\mathrm{d}r} = \frac{U_a}{\ln\dfrac{r_b}{r_a}} \cdot \frac{1}{r}$$

由以上分析可见,U_r 与 U'_r,E_r 与 E'_r 的分布函数完全相同. 为什么这两种场分布相同呢? 可以从电荷产生场的观点加以分析. 在导电质中没有电流通过,其中任一体积元(宏观小,微观大,其内仍包含大量的原子)内正负电荷数量相等,没有净电荷呈电中性. 当有

电流通过时,单位时间内流入和流出该体积元内的正负电荷数量相等,净电荷为零,仍然呈电中性.因而整个导电质内有电流通过时也不存在净电荷.这就是说,真空中的静电场和有稳恒电流通过时导电质中的场都是由电极上的电荷产生的.事实上,真空中电极上的电荷是不动的,在有电流通过的导电质中,电极上的电荷一边流失,一边由电源补充,在动态平衡下保持电荷的数量不变.所以这两种情况下电场分布是相同的.

2. 模拟条件

模拟方法的使用有一定的条件和范围,不能随意推广,否则将会得到荒谬的结论.用稳恒电流场模拟静电场的条件可以归纳为下列 3 点.

(1) 稳恒电流场中的电极形状应与被模拟的静电场中的带电体几何形状相同.

(2) 稳恒电流场中的导电介质是不良导体且电导率分布均匀,并满足 $\sigma_{电极} \gg \sigma_{导电质}$ 才能保证电流场中的电极(良导体)的表面也近似是一个等位面.

(3) 模拟所用电极系统与被模拟电极系统的边界条件相同.

3. 测绘方法

场强 E 在数值上等于电位梯度,方向指向电位降落的方向.考虑到 E 是矢量,而电位 U 是标量,从实验测量来讲,测定电位比测定场强容易实现,所以可先测量等位线,然后根据电场线与等位线正交的原理,画出电场线.这样就可以由等位线的间距确定电场线的疏密和指向,将抽象的电场形象的反映出来.

4. 模拟对象与模拟电极图例(图 3.11.3)

(a) 平行长直导线电场分布模拟电极　　(b) 静电透镜聚焦场模拟电极

(c) 平行板间场分布模拟电极　　(d) 同轴电缆场分布模拟电极

(e) 劈尖形电极间场分布模拟电极

图 3.11.3

[实验仪器]

GVZ-3 型导电微晶静电场描绘仪.

GVZ-3 型导电微晶静电场描绘仪(包括导电微晶、双层固定支架、同步探针等),如图 3.11.4 所示,支架采用双层式结构,上层放记录纸,下层放导电微晶. 电极已直接制作至导电微晶上,并将电极引线接出到外接线柱上,电极间制作有导电率远小于电极且各项均匀的导电介质. 接通直流电源(10V)就可进行实验. 在导电微晶和记录纸上方各有一探针,通过金属探针臂把两探针固定在同一手柄座上,两探针始终保持在同一铅垂线上. 移动手柄座时,可保证两探针的运动轨迹是一样的. 由导电微晶上方的探针找到待测点后,按一下记录纸上方的探针,在记录纸上留下一个对应的标记. 移动同步探针在导电微晶上找出若干电位相同的点,由此即可描绘出等位线.

图 3.11.4　GVZ-3 型导电微晶静电场描绘仪结构图

[实验内容]

1. 测绘长平行导线的模拟电场

(1) 将记录纸放在描绘架上铺平(注意用磁铁吸住),选择对应的电极,将导电玻璃上内外两电极分别与直流稳压电源(10V)正负极相连接,数字电压表正负极分别与同步探针及电源负极相连接(如图 3.11.5 所示).

图 3.11.5　电路连接图

(2) 移动同步探针,等间距找出电压等于 5V 的 10 个等位点(电压为 5V 的等位线是一条直线且与电极的几何对称轴重合). 每找到一个点都要将探针轻轻按下,使上层记录纸上留下一个小黑点.

(3) 根据对称的性质,依次描出电压为 2V,4V,5V,6V,8V 的等位点(1 条等位线上相邻两点间的距离约 1cm 为宜,曲线弯曲较厉害处和两条曲线靠近点要取得密一些约 5mm),要求每条等位线要有 10 个点.

(4) 用铅笔和曲线板把各组等位点连成等位线. 再根据电场线和等位线垂直的性质,画出 5 条对称分布的电场线,并用箭头标出电场线的方向.

2. 用上述方法测绘同轴电缆的模拟电场

[注意事项]

(1) 两极板切忌短路.

(2) 不能用铅笔和其他笔在记录纸上画,记录纸必须保持平整,不能折叠、破缺,否则记录纸不能看作均匀的不良导体薄层,模拟电场和原静电场的分布将不会相同.

(3) 由于导电微晶边缘处电流只能沿边缘流动,因此等位线必然与边缘垂直,使该处的等位线和电场线严重畸变,这就是用有限大的模拟模型去模拟无限大的空间电场时必然会受到的"边缘效应"的影响. 如要减小这一影响,则要使用"无限大"的导电微晶进行实验,或者人为地将导电微晶的边缘切割成电场线的形状.

[思考题]

(1) 根据测绘所得等位线和电场线的分布,分析哪些地方场强较强,哪些地方场强较弱?

(2) 从实验结果能否说明电极的电导率远大于导电介质的电导率? 如不满足这条件会出现什么现象?

(3) 稳恒电流场和静电场有何异同?

(4) 用电流场模拟静电场的理论根据是什么?

(5) 等位线与电场线之间有何关系?

(6) 如果电源电压 U_a 增加一倍,等位线和电场线的形状是否发生变化? 电场强度和电位分布是否发生变化? 为什么?

3.12　电表的扩程与校准

电流计(表头)只允许通过微安数量级的电流,一般只能测量很小的电流或电压. 如果需要用它来测量较大的电流和电压,就必须进行改装,以扩大其量程. 经过改装后的表头能测量较大电流和电压.

[实验目的]

(1) 学会一种测量电表内阻的方法.

(2) 掌握将电流计改装成较大量程电流表和电压表的原理和方法.

（3）学会校准电流表和电压表的方法.

[实验原理]

1. 改装表头为电流表

使表针偏转到满刻度所需要的电流 I_g 称为表头的量程. 这个电流越小,表头的灵敏度就越高. 表头内线圈的电阻 R_g 称为表头的内阻,表头一般能测的电流很小,若要测量较大的电流就必须扩大其量程,将其改装成电流表.扩大量程的办法是在表头两端并联一个分流电阻 R_S,如图 3.12.1 所示,这样就使被测电流的一部分从分流电阻 R_S 流过而表头流过的最大电流仍然是 I_g.

在图 3.12.1 中,I 为改装后的电流表的量程,依欧姆定律得

$$I_g R_g = (I - I_g) R_S$$

$$R_S = \frac{I_g R_g}{I - I_g} \tag{3.12.1}$$

图 3.12.1　改装电流表
虚框中即为改装后的电流表

式中,表头的满偏电流 I_g 及表头的内阻 R_g 应事先给出或测出,然后再代入式(3.12.1)即可求出分流电阻 R_S 的数值.

2. 改装表头为电压表

表头虽然可以测量很低的电压,但不能满足实际需求,为了测量较大的电压,需在表头的一端串联一个分压电阻 R_H,如图 3.12.2 所示,这样就使被测电压大部分都落在分压电阻上,而表头仍然保持原来的电压 $I_g R_g$.

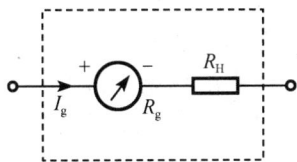

图 3.12.2　改装电压表
虚框中即为改装后的电压表

在图 3.12.2 中 U 为改装后的电压表的量程,依欧姆定律得

$$U = I_g R_g + R_H I_g = I_g(R_g + R_H)$$

$$R_H = \frac{U}{I_g} - R_g \tag{3.12.2}$$

式中,表头的内阻 R_g 及满偏电流 I_g 应事先给出或测出,然后再代入式(3.12.2)求出分压电阻 R_H.

3. 电表的校准

一般电表用的时间长了,或者自己改装了一只电表,都要进行精度等级的校准. 校准的方法是用高一两个等级的电表作标准表与待校表同时测量某一电流或(电压),最好它们的量程也一样,逐点比较待校表和标准表的差值,选取其中最大的差值,除以量程,得到一个数值,根据这个数值来确定表的级别.电表分为不同的等级,根据国家标准,电表可分

为 0.1,0.2,0.5,1.0,1.5,2.5,5.0 共七个等级,标明在电表面板上右下角处. 例如,右下角标上 1.0 则表示该表的级别为 1.0 级,表示电表的测量不确定度不超过量程的 1.0%. 为了减小测量不确定度,在满足测量要求的前提下,应尽可能选用较小的量程. 另外,电表的精度等级标志电表质量的好坏,等级低的电表其稳定性、重复性等性能都差些,需经常校准.

图 3.12.3 中 I_X 为表头各次测量指示值,I_S 为标准表对应的指示值,$\Delta I_X = I_S - I_X$ 为两表读数的差值.

图 3.12.3　校准曲线

[实验仪器]

待测表头,直流稳压电源,电阻箱,滑线变阻器,直流毫安表(标准表),直流电压表(标准表).

[实验方法]

1. 用替代法测量表头内阻 R_g 和量程 I_g

(1) 按图 3.12.4 连接好电路,保护电阻 R 先取较大值. 经教师检查合格后合上开关 K_1,先将 K_2 与"1"点相连.

(2) 调节滑线变阻器,同时逐步降低保护电阻 R(尽量小),使待测表头 G 指针偏转到满刻度值. 记下此时标准表的读数,即表头量程 I_g.

(3) 把开关 K_2 与"2"点相连,此时,滑线变阻器与保护电阻及电源不能作任何改变,调节电阻箱电阻 R_0 值,使标准表读数等于 I_g 的值,此时电阻箱上的电阻值即等于待测表的内阻 R_g.

2. 将表头改装成电流表并作校准

(1) 将表头改装成量程是 50mA 的电流表. 根据式(3.12.1)计算出分流电阻 R_S,并将电阻箱 R_0 调到此数值.

(2) 照图 3.12.5 连好电路,经教师检查合格后,合上开关 K,接通电路,调节滑线变阻器,使标准表读数为 50mA 观察表头示数是否为满刻度值,如有偏差,调整电阻箱 R_0 阻值,使标准表读数 50mA 时,改装表示数恰好为满刻度值. 记下此时电阻箱的实际阻值

图 3.12.4　测表头量程及内阻

图 3.12.5　改装电流表

$(R_\mathrm{S})_\mathrm{实}$,并与理论值 R_S 比较,计算两者偏差的百分率.

(3) 调节滑线变阻器,使改装表的读数 I_X 分别为 $50.0,45.0,40.0,\cdots,0.0\mathrm{mA}$,同时记录标准表的读数 I_S.顺序由大到小再由小到大各进行一次.计算两表读数的偏差 ΔI_X,表格自行设计.

(4) 画出 $\Delta I_\mathrm{X}\text{-}I_\mathrm{X}$ 校准曲线.确定改装表的级别.

3. 将表头改装成电压表并校准

(1) 把表头改装成量程为 3V 的电压表.根据式(3.12.2)计算出分压电阻 R_H,并将电阻箱调到此数值.

(2) 照图 3.12.6 连好线路,经教师检查合格后,合上开关 K,调节滑线变阻器,观察标准表读数为 3V 时,表头是否满偏.如有偏差,调节电阻箱阻值,使表头恰好为满偏值,记下此时电阻箱的阻值$(R_\mathrm{H})_\mathrm{实}$,并与理论计算的 R_H 值比较,计算两者偏差的百分率.

(3) 调节滑线变阻器,使改装表读数分别为 $3.00,2.50,2.00,\cdots,0.00\mathrm{V}$ 时,记录标

图 3.12.6 改装电压表

准表的读数,电压值由大到小和由小到大各校测一遍,计算两者的偏差值,记入表格中.

(4) 画出校准曲线 $\Delta V_\mathrm{X}\text{-}V_\mathrm{X}$,并确定改装表的级别.

[注意事项]

(1) 表的级别只能取所列出的国家标准值.若计算的结果不是标准值,则应取稍大一点的标准值作为该表的级别.

(2) 被检测的电表级别比标准表低至少一两个级别.

[思考题]

(1) 校准电流表(电压表)时,如发现改装表的读数相对于标准表的读数都偏高(偏低),此时改装表的分流电阻(分压电阻)应调大还是调小?为什么?

(2) 如果被改装表的表头为 1.5 级,标准表是 0.5 级,若改装后的最大校准偏差百分率小于 0.2%,为什么不能说改装表是 0.2 级?你认为应如何确定它的级别?

3.13 用惠斯通电桥测电阻

电桥线路在电磁测量技术中得到了非常广泛的应用,利用桥式电路制成的电桥是一种用比较法进行测量的仪器.电桥可以被用来测量电阻、电容、电感、频率、温度、压力等许多物理量,也广泛应用于自动控制.根据用途不同,电桥有多种类型,其性能和结构各有特点,但它们有一个共同点,就是基本原理相同.惠斯通电桥是直流电阻电桥的一种,它可以测量的电阻范围为 $10\sim10^6\,\Omega$.

[实验目的]

(1) 掌握用惠斯通电桥测量电阻的原理和方法.

(2) 测量金属(铜)导线的电阻温度系数,得出电阻与温度关系的经验公式.

[实验原理]

1. 电桥的工作原理

惠斯通电桥的基本线路如图 3.13.1 所示. 其基本组成部分是:桥臂(4 个电阻 R_1、R_2、R_S 和 R_X),"桥"平衡指示器(检流计 G)和工作电源 E,灵敏度调节器(滑线变阻器 R_h). 当通过检流计 G 的电流 I_g 等于零时,指针不偏转,B、D 两点的电势相等,桥臂上 4 个电阻间的关系为

$$\frac{R_1}{R_2} = \frac{R_X}{R_S}$$

此式即为电桥平衡条件. 由此得

$$R_X = \frac{R_1}{R_2} \cdot R_S \qquad (3.13.1)$$

若比值 R_1/R_2 和 R_S 均已知,待测 R_X 可由式(3.13.1)求出.

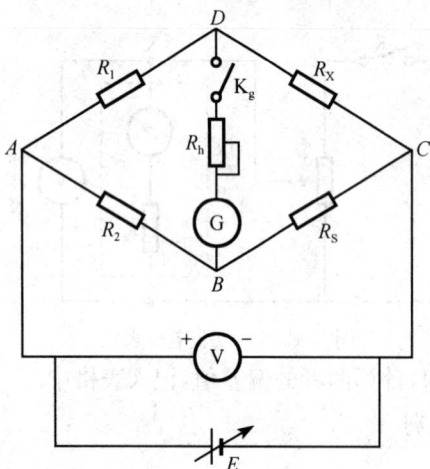

图 3.13.1 直流电桥原理图

2. QJ23 型箱式惠斯通电桥

本实验所使用的 QJ23 型箱式惠斯通电桥,其外观与内部线路如图 3.13.2 所示. 用一个步进旋钮 N 直接给出 R_1/R_2 的十进固定比值,从"×0.001"到"×1000"共分 7 挡,$k=R_1/R_2$ 称为倍率,电阻 R_S 为一个四位数字的电阻箱,当电桥平衡(即检流计 G 指针不动)时,把二者的数值相乘,即得待测电阻 R_X 的值.

QJ23 型箱式电桥的面板如图 3.13.2(a)所示. 待测电阻接到接线柱"R_X"两端,使用方法在实验步骤中详述.

3. 电桥的灵敏度

电桥的灵敏度定义如下:设电桥已达到平衡,若使电阻 R_S 改变一很小的值 δR_S 时,检流计指针偏离平衡位置的读数为 $\delta n = |n - n_0|$ 格,则

$$S = \frac{\delta n}{\delta R_S / R_S} \qquad (3.13.2)$$

称为电桥的灵敏度. 即 S 在数值上等于电桥臂有单位相对不平衡值 $\delta R_S / R_S$ 时所引起的检流计指针偏转格数. 显然,当电阻变化相同时,检流计指针偏转得越大,则电桥的灵敏度 S 也就越大,对电桥平衡的判断就越准确. 为了提高对 S 的测量精度,指针的平衡位置 n_0

图 3.13.2 直流箱式电桥

和偏离后的位置 n 应估读到 0.1 格位,而且应使 δn 不宜太小,如使 $\delta n \geqslant 5$ 格. 在高精度测量时,可由 n_0 对 R_X 作修正:

$$R_X = kR_S + \delta R_X \tag{3.13.3}$$

其中

$$\delta R_X = kR_S n_0 / S$$

4. 金属导线的电阻温度系数

导体的电阻 R 随温度 t 的升高而增大,R 与 t 之间的关系通常用经验公式(3.13.4)表示

$$R_t = R_0(1 + \alpha t + \beta t^2 + \gamma t^3 + \cdots) \tag{3.13.4}$$

式中,R_t 和 R_0 分别为 t℃ 和 0℃ 时电阻值;$\alpha, \beta, \gamma, \cdots$ 称为电阻温度系数,并有 $\alpha > \beta > \gamma > \cdots$ 对于纯金属,β 已经很小,所以在温度不太高时,金属的电阻与温度的关系可近似地认为是线性的,即

$$R_t = R_0(1 + \alpha t) \tag{3.13.5}$$

在实验中,由升温(或降温)过程中测出的一系列温度及对应的电阻值 (R_i, t_i) $(i=1, 2, \cdots, n)$,在直角坐标纸上画出 R-t 关系图线(一条直线). 用图解法或由最小二乘法原理,求出线性回归方程.

[实验仪器]

QJ23 型惠斯通电桥,电阻温度系数测量装置.

[实验步骤]

1. 测量固定电阻值

(1) 将检流计连接片从"外接"换到"内接",调节检流计指针指零.
(2) 将待测电阻接到接线柱"R_X"两端.
(3) 估计待测电阻近似值,选择适当的倍率.
(4) 先按下按钮 B(接通电源),再按下按钮 G(接通检流计),观察检流计指针偏转情况,若指针满偏须迅速松开按钮 G,以防烧毁检流计. 若检流计指针向"—"方向偏转,可适当调小 R_s 值;反之指针向"+"方向偏转时,应适当调大 R_s 值,直到按下 B、G 两个按钮时,指针指零为止. 记录下此时的倍率 k 和 R_s 值,其乘积即为被测电阻值.

2. 测量电桥的灵敏度 S

分别测量 $R_X = 5\Omega$ 和 $R_X = 2k\Omega$ 时电桥的灵敏度.

3. 测量铜导线的电阻温度系数

用电炉加热,从温度升至 30℃(夏季可适当提高)起,测量铜导线的电阻值,每升高 5℃测量一次,直至 80℃为止,将测量数据填入预先自行设计的表格中.
停止加热,测量降温过程中上述温度下的电阻值,并计算升温、降温时电阻的平均值.

4. 整理仪器

将检流计连接片从"内接"换到"外接",拔掉电炉电源插头,整理仪器和其他器具.

[数据处理]

(1) 计算灵敏度 S,并对 $R_X \approx 2k\Omega$ 的电阻测量值按式(3.13.3)作修正.
(2) 计算铜导线的电阻温度系数.
在根据各次测量值在坐标纸上画出 $R\text{-}t$ 关系图线后,在该直线上选取 P_1、P_n 两点(相应的 t_1、t_n 是最低和最高测量温度;R_1、R_n 均为直线上的相应点的纵坐标值). 代入

$$\alpha = \frac{R_n - R_1}{t_n R_1 - t_1 R_n}$$

和

$$R_0 = \frac{t_n R_1 - t_1 R_n}{t_n - t_1}$$

算出 α 和 R_0 的数值.
*(3) 用最小二乘法计算铜导线的电阻温度系数,并与图解法结果比较.

[误差分析]

ΔR 的确定既包含惠斯通电桥的测量不确定度,又包含图示不确定度(测量值与相应图线上值的偏差及坐标格值误差),应将它们按"方和根"法合成.

测量结果表示为

$$\alpha \pm \Delta\alpha, E_r(\alpha), \quad R_0 \pm \Delta R_0, \quad R_t = R_0(1 + \alpha t)$$

惠斯通电桥测量 R_X 时的仪器不确定度为

$$|\Delta R_X| \leqslant k(a\%R_S + b\Delta R_S)$$

式中，$k = \dfrac{R_1}{R_2}$ 为倍率，R_S 为电阻箱读数值，ΔR_S 为电阻箱最小步进值，a 为电桥精度级别，b 为固定不确定度系数. 例如，QJ23 型电桥，当取 k 为 0.01～10 时，$a=0.2$，$b=0.5$（若应用 S 对测量值作尾数修正后 b 为零），$\Delta R_S=1\Omega$，这时 $\Delta R_X \approx k(0.2\%R_S + 0.5) = 0.2\%R_X + 0.5k$.

[思考题]

(1) 当电桥达到平衡后，互换电源与检流计的位置，电桥是否仍保持平衡？试证明之.

(2) 测量带有电感的电阻（如本实验所测铜导线绕组）结束时，为什么必须先松开按钮 G，后松开按钮 B？

(3) 对几十万欧、几千欧、几欧的待测电阻，倍率 k 分别选取哪一挡？如果 k 选挡不当，将对测量结果产生什么影响，请举例说明.

(4) 图解时为何不用直接测量值而用图线上的值？

(5) 图解时，为什么 P_1 和 P_n 两点不宜选得相距太近？

3.14 灵敏电流计的性能与应用

[实验目的]

(1) 了解灵敏电流计的基本原理与性能.

(2) 测定灵敏电流计的临界阻尼电阻、内阻及灵敏度.

(3) 掌握灵敏电流计的使用方法.

[实验原理]

灵敏电流计是一种高灵敏度的仪表，可以用来测量微弱电流（$10^{-11}\sim10^{-6}$A）、微小电压（$10^{-7}\sim10^{-3}$V）或微电量. 例如，用于测量光电流、生理电流、温差电动势等等，更常常用做检流计. 现结合 AC15 系列直流复射式检流计对灵敏电流计介绍如下：

1. 基本结构

灵敏电流计的基本结构如图 3.14.1(a)所示，它由磁场、偏转线圈、光学读数装置三个主要部分组成.

1) 磁场部分

和磁电系电流计一样，永久磁铁 N、S 产生磁场，圆柱形软铁柱芯 F 使磁极与软铁柱缝隙间磁场分布大致呈均匀的辐射状，如图 3.14.1(b)所示.

2) 偏转线圈部分

一个用细导线绕制成的矩形线圈悬挂在磁场缝隙之中,可以自由转动,上下由导电的青铜薄丝带张紧.它既作为线圈的引线,又代替了普通电表的支持转轴与轴承,因而去掉了机械摩擦,极大地提高了旋转的灵敏度;同时因青铜丝带具有良好的弹性,从而省去了产生反作用力矩的外加弹簧游丝.

3) 光学读数装置

小镜 M 与偏转线圈固定在一起,它把光源射出来的光反射到标尺上,形成一个光标,如图 3.14.2 所示.当电流流过线圈时,线圈受磁力矩的作用而带动小镜转过 θ 角,因而反射光线随之偏转过 2θ 角,光标在圆弧形标尺上移动了弧长:

$$d = 2\theta L \tag{3.14.1}$$

图 3.14.1　灵敏电流计的基本结构与磁场　　　　图 3.14.2　镜尺读数原理

由此看出,L 越大,d 放大得越大.AC15 系列检流计特别设计了多次反射的光学放大系统.

如图 3.14.3 所示.采取了光标(光指针)代替普通电表的金属指针,相当于加长了指针的长度,进一步提高其灵敏度.

由于线圈与小镜的偏转角 θ 正比于电流,所以光标的位移 d 也就与电流 I_g 的大小成正比.在确定了相应的单位之后,可以由标尺读数得出电流值:

$$I_g = K_i d \tag{3.14.2}$$

式中,K_i 为比例系数,亦称为仪器的电流分度常数,其单位是 A/格.在数值上等于光标移动一格时通过电流计上的电流值,其大小由电流计的本身结构所决定,对每一台仪器是一个确定的常数.K_i 值越小,表示它的电流灵敏度越高(一般达 $10^{-11} \sim 10^{-7}$A/格).

2. 线圈运动特性

当外加电流刚刚接入灵敏电流计线圈时或通电电流刚刚切断时,电磁力矩和悬丝扭力矩失去平衡,使线圈发生转动.由于线圈具有的惯性,不可能立即停止在电磁力矩与悬丝扭力矩相平衡的位置上.若没有相应措施,它就会在平衡位置的两侧往复运动,一时停

图 3.14.3　检流计光学放大系统

不下来. 在一般磁电式电表中这种矛盾不突出,因其通常由空气阻尼使之迅速停下来. 为此,通常利用电流阻尼来控制线圈的运动.

线圈在偏转时,除受到外加电流 I 引起的电磁力矩 M_1 及悬线的扭转反力矩 M_2 外,还受到空气阻力矩 M_3 及电磁感应阻尼力矩 M_4,它们的大小分别为

$$M_1 = NBSI = \phi_0 I \tag{3.14.3}$$

式中,B 为磁感强度,S 为线圈面积,N 为线圈匝数,它是一个恒量.

悬丝抗扭力矩 M_2 与线圈偏转角成正比:

$$M_2 = -K\theta \tag{3.14.4}$$

式中,K 为抗扭强度系数,"$-$"号表示 M_2 与 θ 反向.

空气阻力矩与转动角速度有关. 在转速很小时,可以近似地看成与角速度 ω 成正比,即

$$M_3 = K_a\omega = -K_a \frac{\mathrm{d}\theta}{\mathrm{d}t} \tag{3.14.5}$$

电磁阻尼力矩是由于线圈闭合回路在磁场中运动所产生的感生电流 I_l 受磁场的作用引起的. 由于感生电动势 $\varepsilon = -NBS \frac{\mathrm{d}\theta}{\mathrm{d}t}$,因而

$$I_l = \frac{\varepsilon}{R_g + R_外} = -\frac{NBS}{R_g + R_外} \frac{\mathrm{d}\theta}{\mathrm{d}t} \tag{3.14.6}$$

它引起的阻尼力矩为

$$M_4 = NBSI_l = -\frac{\phi_0^2}{R_g + R_外} \frac{\mathrm{d}\theta}{\mathrm{d}t} \tag{3.14.7}$$

依据转动定律,得到线圈转动运动微分方程为

$$J \frac{\mathrm{d}^2\theta}{\mathrm{d}t^2} = \sum M = \phi_0 I - K\theta - \left(K_a + \frac{\phi_0^2}{R_g + R_外}\right)\frac{\mathrm{d}\theta}{\mathrm{d}t} \tag{3.14.8}$$

式(3.14.8)是一个二阶常系数微分方程,不难求解. 现着重讨论其运动特性.

由式(3.14.8)可见,运动状态的诸多量中,只有 $R_外$ 是便于调节改变的. 它的大小改变着电磁阻尼力矩的大小,从而可以改变线圈运动状态. 大体有下列 3 种状态(图 3.14.4)

（1）$R_外 > R_C$——欠阻尼状态.

（2）$R_外 = R_C$——临界阻尼状态，R_C 称为临界电阻.

（3）$R_外 < R_C$——过阻尼状态.

(a) 刚接通外电流过程　　　　(b) 切断外电流过程

图 3.14.4　阻尼特性曲线

　　当 $R_外$ 较大时，M_4 较小，线圈做振幅逐渐衰减的振动，需经过较长时间才能停在平衡位置上，$R_外$ 越大，M_4 越小，振动的时间越长. 这称做欠阻尼运动状态（图 3.14.4 中曲线 I）.

　　当 $R_外$ 很小时 M_1 较大，线圈只能缓慢运动，要花较长时间才能接近平衡位置，而且不会越过它，这称做过阻尼运动状态（图 3.14.4 中曲线 III）. 当 $R_外 = 0$（短路）时，阻尼最大，线圈运动特别缓慢. 在 AC15 系列电表内装有短路线路，只要将分流器旋钮旋到短路挡，就可使线圈停在零平衡位置，保护其免受强烈振动. 也可以在仪表外在其正、负极之间用导线联一个阻尼开关 K_3（图 3.14.5）. 在断开外电路电流时，光标点在零点左右反复摆动，当光点通过零点近旁时，迅速按下 K_3，使 $R_外 = 0$，线圈就会立即"停住"，慢慢地回到零平衡位置上，这极大地方便了我们的调节.

　　当 $R_外$ 适当时，线圈能很快地达到平衡位置而又不发生振动（即不越过平衡位置），这是前面 $R_外$ 两种状态的中间状态，称做临界阻尼状态（图 3.14.4 中的曲线 II）. 这时所对应的 $R_外$ 即临界电阻 R_C.

3. 调节系统及电源

AC15 型光点检流计是一种轻便的灵敏电流计，其面板布局如图 3.14.6 所示.

图 3.14.5　阻尼电键

图 3.14.6　AC15 检流计面板图

在检流计背后有两个插孔,分别适用于 220V 交流电源和 6V 直流电源.面板上电源定向钮应扳到相应电压值一边.在电源插孔旁有一接地接线柱.应将地线接上,以消除漏电和寄生电动势对测量的影响(机壳屏蔽).

检查、调零时一般采取"直接"挡,测量时应取"×1"挡,它们是高灵敏度的挡.实际检测时,为避免损坏仪器,应首先将分流器旋到最低灵敏度的"×0.01"挡.如果光标偏离很小,可逐步提高灵敏度,以便测量或检查调节,平时应旋到"短路"挡,短路阻尼作用可保护线圈避免振动损伤.

调零时应将分流器旋到"直接"挡.用零点调节旋钮进行粗调(注意:不可旋过太多,以免损伤悬丝),而标盘调零器则可以使光标在左右各 5 格的范围内调至零点(细调).

[实验仪器]

AC15/4 式光点检流计,电压表(0.5 级),滑线变阻器,标准电阻箱(0.1 级),定值电阻(约 5Ω、25kΩ 各一个),稳压电源,双刀双掷开关,单刀开关.

[实验方法]

1. 观察阻尼运动

(1) 按图 3.14.7 接好线路.K_1、K_2 应先断开;将滑线变阻器调至最小分压($r \approx 0$);稳压电源电压调到 6V 挡,电路中的定值电阻 R_0 在 10Ω 以下,R_2 值先取外临界电阻 R_C(由仪器铭牌上读取)的 3 倍左右(取整值);R_1 为定值电阻,为 R_0 的 5000 倍左右.经教师检查后,再接通电源 E 及检流计的照明电源.注意:在接通检流计 G 照明电源之前,应将面板上的电源扳钮扳到 220V 侧,并将 220V 交流电源线插头准确地插入背面 220V 插孔中,同时接好接地线.

图 3.14.7 实验线路图

(2) 将仪器倍率开关旋至"直接"挡,进行光标调零.

(3) 接通开关 K_1,调节滑线变阻器至 0,使电压表读数接近为 0.

(4) 接通双刀双掷开关 K_2,随之逐渐调大 r,增加电压 U,注视光标的移动,直到光标大约偏转到满刻度的一半左右(取 30.0 格).

(5) 断开 K_2,观察并记录光标回零时的阻尼振动情况.

(6) 再反向接通 K_2 观察光标振动的情况.待光标稳定后,又一次断开 K_2,继续观察光标的振动情况(并说明这是哪一种阻尼状态).

(7) 逐渐调小 R_2(直至 R_2 降至接近铭牌上的 R_C 值),重新对光标"调零";并调小 r,降低分压 U,在接通 K_2 后,使光标仍保持在满刻度的一半左右.然后断开 K_2,继续观察并记录光标回零偏转时的运动情况.

(8) 调节 R_2 的阻值,使光标运动处于临界阻尼状态,记下此时的 R_{2C} 值,即得电流计

的外监界电阻值 $R_C=R_{2C}+R_0 \approx R_{2C}$.

（9）继续降低 R_2，观察并记录光标回零与偏转时的过阻尼情况.

（10）注意观察 R_2 取何值时，光标稳定回到零点所花时间最少.

*2. 测检流计内阻 R_g

测定 K_i 时，必须用到检流计内阻 R_g. 测量过程如下：

（1）将 R_2 调节到某一数值 R_{21}（本实验取 $R_{21} \leqslant 1\text{k}\Omega$），调节零点后，接通开关 K_2 并调节滑线变阻器，使光标偏转 d_1 满刻度（本实验中取 50.0 格）.

（2）保持其他条件不变，仅仅增大 R_2，使光标偏转平均值 d_2 为原值 d_1 的一半（25.0 格），记下此时的 R_{22} 值（d_1、d_2 的测量均左、右各一次，取平均值）.

（3）由于 $U_0=\dfrac{R_0}{R_1}U$ 不变

第 1 次
$$I_{g1}=\frac{U_0}{R_{21}+R_g}=K_i d_1$$

第 2 次
$$I_{g2}=\frac{U_0}{R_{22}+R_g}=K_i d_2=\frac{1}{2}I_{g1}$$

由此可以导出

$$R_g=\frac{d_2 R_{22}-d_1 R_{21}}{d_1-d_2}=R_{22}-2R_{21} \tag{3.14.9}$$

3. 测定电流常数 K_i（电压表应改置于 3V 挡）

（1）将检流计分流器旋至 ×0.1 挡，R_2 调至 R_C（按仪表标牌上的数值）.

（2）调滑线变阻器，使电压表读数为 V_1（1.000V），读取此时的光标位移 d. 为消除零点不确定度，扳动双刀开关，左、右各测三次，取平均值.

（3）由式（3.14.10）

$$K_i=\frac{I_g}{d}=\frac{UR_0}{dR_1(R_2+R_g)} \tag{3.14.10}$$

计算出 $(K_i)_1$.

（4）改变电压为 U_2（2.000V）、U_3（3.000V）重复上述 2、3 步骤，计算出 $(K_i)_2$，$(K_i)_3$.

（5）计算出平均值 $\overline{K}_i$.

[注意事项]

（1）调节 U 时，不应使光标超出满刻度值，若要超出，应调小 U_3（如取 2.500V），进行测量，绝不允许以大电流通过检流计.

（2）实验结束，应将分流器旋至"短路".

[数据处理]

（1）R_g、K_i 的测量值可以与铭牌上的标定值比较，计算精度.

（2）K_g 的不确定度.

在式(3.14.9)中,R_{21}、R_{22}的精度远小于d_1、d_2,因而可以略去不计. 由

$$\frac{\partial R_g}{\partial d_1} = \frac{-d_2(R_{22}-R_{21})}{(d_1-d_2)^2}, \quad \frac{\partial R_g}{\partial d_2} = \frac{d_1(R_{22}-R_{21})}{(d_1-d_2)^2}$$

且设$\Delta d_1 = \Delta d_2 = \Delta d$得

$$\Delta R_g = \frac{R_{22}-R_{21}}{(d_1-d_2)^2}\sqrt{d_1^2+d_2^2}\,\Delta d \tag{3.14.11}$$

式中,Δd为光标位置的不确定度,通常可取仪表精度误差(1.0格).

(3) K_i的不确定度(只分析$U=U_2$时的情况).

由于R_1、R_2的精度较高,R_g对K_i的影响较小,因而它们的不确定度可以略去不计,即只分析由ΔR_0(由实验室给出)、ΔU(根据电压表量程与精度计算)及Δd引起K_i的不确定度.

[思考题]

(1) 灵敏电流计具有较高的灵敏度,是由于采取了哪些措施?

(2) 图3.14.7的实验电路图上,采取了几级分压,每级各起什么作用?

(3) 在实验线路中,二级分压后与R_2连线是由R_0一端的a点接出去的,为什么不从R_0另一端的b点接出? 它们有什么差别,有什么道理?

(4) 已知一个灵敏电流计G的内阻$R_g=1\text{k}\Omega$,$R_C=1.3\text{k}\Omega$,量程为I_{gm}. 用来测量一个真空光电管$F(R_F\approx\infty)$的光电流I. 采用图3.14.8三种接法,电流计分别处于哪一种阻尼状态? 它们能测量的最大光电流I_m是I_{gm}的几倍?

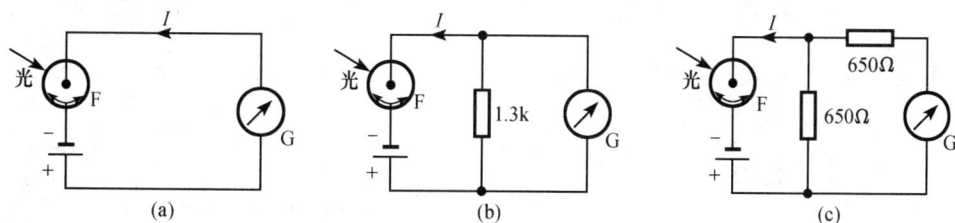

图3.14.8 测量光电流的线路图

(5) 电流计同(4)题,测温差电偶的温差电动势$\varepsilon(R_\varepsilon\approx 0)$,图3.14.9所示,下列3种情况下,电流计的阻尼情况如何及能测量的最大温差电动势ε_m是多少?

图3.14.9 测量温差电动势

(6) 总结本次实验的收获和体会.

3.15　用电势差计测量电动势

[实验目的]

(1) 掌握电势差计的工作原理和结构特点.

(2) 学会用电势差计测量电动势.

(3) 了解温差电偶测温原理,练习用箱式电势差计测量热电偶的温差电动势.

[实验原理]

1. 电势差测量原理

要测量电源的电动势 E,如果用电压表并联到电源两端(图 3.15.1),将有电流 I 通过电源内部,电表的指示值只是它的端电压,由于测量系统对被测量的干扰,产生了测量偏差. 在用伏安法测电阻时,电流表的分压与电压表的分流效应也是如此. 实验中消除附加偏差的办法是采用修正公式对测量值作出修正. 而在本实验中则介绍另一种有效的方法——补偿法:采用另一个附加系统,对被测量产生相反的作用以补偿原测量系统的干扰效应.

仍以测电源电动势为例. 如图 3.15.2 所示,附加一个电源 $E_0 > E$ 及相应电路,向被测系统提供补充能量.

图 3.15.1　对被测量量的干扰效应

图 3.15.2　补偿电路

合上 K_1(K_2 先打开),使 R 上有电流 I_0 通过,则在 AC 段(R_{AC})上测得的电势降 $U_{AC} = I_0 R_{AC}$.

合上 K_2,调节 R_P,可能出现下列 3 种情况:

(1) $E > U_{AC}$,G 中有电流正向通过;

(2) $E < U_{AC}$,G 中有电流反向通过;

(3) $E = U_{AC}$,G 中无电流通过,达到"补偿平衡"状态.

依据上述补偿原理,能够正确地测量电势差. 为提高测量精度,进一步使用一个标准电池(它有着十分精确、稳定的电动势)E_S,组成图 3.15.3 的电路,进行对比测量(比较法). 图中 AB 间是一条十分均匀的电阻丝(单位长度上的电阻值 r_0). 在调节好 R_P 之后,

则在 R_{AB} 上有稳定的电流 I_0 通过. 电阻丝上任一段
(长 L) 的电势降:

$$U_L = I_0 r_0 L$$

测量时, 先将开关 K_3 扳到 E_S 一侧, 移动活动触点
至 S, 使 G 中无电流通过, 这时有

$$E_S = U_{AS} = I_0 r_0 L_S$$

再将开关 K_3 扳到 E 一侧, 调整活动触点至 C, 使 G
中无电流通过, 则有

$$E = U_{AC} E = I_0 r_0 L_C$$

两相对比, 得

图 3.15.3　电势差计测电动势的电路

$$E = E_S L_C / L_S$$

这表明, 待测电源电动势 E 可用标准电池的电势 E_S 和处于同一工作电流 (I_0) 下的
电势差计处于补偿平衡状态测得的 L_S、L_C 数值来确定.

2. 热电偶测量温度的原理

把两种不同材料的金属焊接起来, 结成一个闭合回路, 构成温差电偶 (图 3.15.4).

图 3.15.4　温差电偶

实验发现: 在温差 $(T - T_0)$ 不太大的情况下, 温
差电动势 E 与 $(T - T_0)$ 成正比, 即

$$E = \alpha(T - T_0)$$

式中, T 为热电偶热端的温度, T_0 为冷端的温度, α 为
比例常数, 称做温差电动势系数. 可以利用这个原理
来测量温度.

[实验仪器]

UJ36 电势差计, 铜—康铜热电偶, 温差电实验装置.

[实验方法]

(1) 按图 3.15.5 连接好电路.

图 3.15.5　实验仪器图

注意：①热电偶的极性不允许接错.②低温端必须良好地浸没在冰水混合物中,保持稳定的 0℃.

(2) 按 UJ36 电势差计使用说明的规定,将倍率旋钮 K_1 旋至"×0.2"挡,再进行检流计调零和电流调节.

(3) 接通电炉,加热烧杯,使温度缓慢升高.

(4) 把电势差计电键开关扳向未知侧,对温差电动势进行测量.由 $T=40℃$ 开始记录,以后每上升 10℃ 作一次记录,直到 $T=100℃$ 为止.操作时,应一面观察 T 的上升情况,一面随时调节滑线盘,使检流计 G 的指针保持平衡.每当温度 T 与记录值还差 5℃ 时,应将电键 K 扳至"标准"一侧,检查电势差计的工作电流,如若此时检流计 G 的指针已偏离平衡位置,应立即调节 R_P(电流调节),使恢复平衡.再将电键 K 扳至"未知"一侧,并调节滑线盘,使检流计平衡.等到温度 T 达到所要求时,迅速调准滑线盘,使 G 指针准确对零,读取相应的 E 值.

当滑线盘旋过 10mV(盘值)时,应旋动步进旋钮顺时针前进一挡(增加 10mV).

(5) 停止加热,任其高温端自然冷却,并记录不同温差下的温差电势.T 由 100℃ 开始,每 10℃ 记录一次,直至降到 40℃ 时为止.这一过程中应适当搅拌杯中热水,以保证温度均匀.

(6) 记录完毕应及时断开电势差计电源("倍率"旋至"断"位置),电键 K 扳回中间位置,经教师检查同意后,拆除线路.

[数据处理]

(1) 记录表格自行设计.

记录升温、降温时对应于 T 的温差电动势 E_+ 与 E_-,并计算其平均值 $\bar{E}$(注意乘以倍率值 0.2).如果出现 E_+ 与 E_- 的差别超过 4 倍的仪器不确定度($4\Delta_仪$)就表明测量失准.对于这样的个别值可以当做坏值加以剔除.如若这样的点超过 3 个,就表明测量失败.

(2) 最小二乘法处理数据.

(3) 实验测量结果.

说明测量条件及将测量结果表示为 $\alpha\pm\Delta\alpha$ 及 $E_r(\alpha)$.

[思考题]

(1) 通常用电压表接在电源两端,所测的是它的什么量? 它与电动势有什么关系及差别?

(2) 在测量电动势时,如何使得没有电流通过被测电源?

(3) 标准电池在测量电源电动势中起什么作用?

(4) 升温过程中测得的 E_+ 与降温中测的 E_-,对于相同的温度下通常前者大于后者,这是为什么? 并由此说明取 $E=\dfrac{E_++E_-}{2}$ 的理由.

(5) 如果在实验中温差电偶与电势差计的极性接反了,你怎样由电势差计的不正常状态发现它是接错了?

UJ36电势差计简介

UJ36是一种携带式箱式直流电势差计.

1. 电路原理

如图3.15.6所示,其特点是固定R_S数值,调R_P,即调节分压电路的电流I,使之达到IR_S等于E_S,当将电键开关K扳到标准一侧时,电路正好处于"被补偿状态",G指针指零.而待测的"未知"电动势E_X所对应的"补偿电阻"R_X直接换算成电压数值.标示在面盘上,E_X值可以直接读出.

图3.15.6 UJ36电路原理图

面板如图3.15.7所示.

2. 使用说明

(1)把被测的未知电动势(电压)接在"未知"的两个接线柱上.注意:极性不允许接错.为此,可以先用毫伏表(或万用表)进行检验.

(2)根据所测电压的最大值把倍率旋钮K_1旋至所需的位置上(×1挡最大达120mV,×0.2挡最大达24mV),同时也就接通了电势

图3.15.7 UJ36电势差计面板图

差计的工作电源和检流计放大器电源.3min 以后,调节检流计右下角的调零旋钮,使检流计指针指零.

(3) 将电键 K 扳向"标准"一侧,调节(多圈)变阻器 R_P,使检流计达到平衡(检流计指零).

(4) 再将电键 K 扳向"未知"一侧,调节步进旋钮和滑线(读数)盘,使检流计再次达到平衡(指零),则未知电动势(电压)表示为

$$E_X(mV) = (步进盘读数 + 滑线盘读数) \times 倍率$$

(5) 仪器使用完毕,应将"倍率"旋钮旋至"断"的位置,电键 K 应扳回中间位置,以切断内部电源.

3. 仪器的技术指标

工作温度:5~45℃.当环境温度在 12~28℃时,仪器测量允许不确定度如表 3.15.1 所示(超过上述范围,而在允许工作温度内时,有附加不确定度:温度达下限时,不超过 $0.5\Delta_0$;达上限时,不超过 $1.0\Delta_0$).

表 3.15.1   测量范围及不确定度

倍 率	测量范围/mV	最小分度值/μV	工作电流/mA	仪器测量不确定度/mV
×1	0~120	50	50	$\Delta_0 < 0.1U_X + 0.050$
×0.2	0~24	10	1	$\Delta_0 < 0.01U_X + 0.010$

3.16 示波器的使用

示波器是一种用途非常广泛的电子测量仪器,它可以直接显示出电信号的电压波形,并能测量信号的电压幅值、频率、周期等.任何一个物理量,只要它是随时间变化的,并且可以通过某种方法转化成电压信号,就可以通过示波器,观察信号的波形,并能测量信号的一些特征量,如频率、上升时间等.

示波器的显示器件有液晶显示屏、阴极射线管(cathode ray tube,CRT)等方式.本实验采用阴极射线管方式的示波器.

[实验目的]

(1) 了解示波器的原理.

(2) 学习使用示波器.

(3) 观察交流正弦信号、整流及滤波后的波形.

(4) 观测李萨如图形,加深对相互垂直运动合成理论的理解.

[实验原理]

示波器的种类非常多,电路的组成也多种多样,性能也有很大的差别.就其组成原理而言是基本相同的,可用图 3.16.1 来说明.其主要包括 X、Y 放大电路,触发同步电路、扫描信号发生器和阴极射线管(CRT).CRT 是其核心器件.

图 3.16.1　示波器的原理

　　阴极射线管的构造如图 3.16.2 所示.阴极射线管是一个真空管器件,主要有三部分组成,即电子枪、偏转系统和荧光屏.

图 3.16.2　阴极射线管的构造

1. 电子枪

　　电子枪由灯丝、阴极、控制栅极、加速阳极构成.通过灯丝加热阴极,阴极受热后,在其表面产生自由电子,自由电子在阳极的加速电压作用下高速运动,通过控制栅极,可以调节、控制从阴极发射出来的电子.比如,可以调节栅极的电压大小,控制射向荧光屏的电子束密度,从而达到亮度调节的目的.

2. 偏转系统

　　偏转系统是由两对互相垂直的金属平板组成.一对称做竖直偏转板(Y 方向),另一对称做水平偏转板(X 方向).在偏转板上加上电压后,就可以控制电子束的运动方向,使电子束产生水平和竖直方向的偏转.

3. 荧光屏

　　在真空管屏幕的内侧涂有荧光粉,当电子打到荧光粉上时,荧光粉就会发光,形成光斑.光斑的颜色、亮度及持续显示时间(余辉时间)与荧光材料特性有关.
　　当将正弦信号加到竖直偏转板上,并保持水平方向的偏转板的电压为零.这时,射向

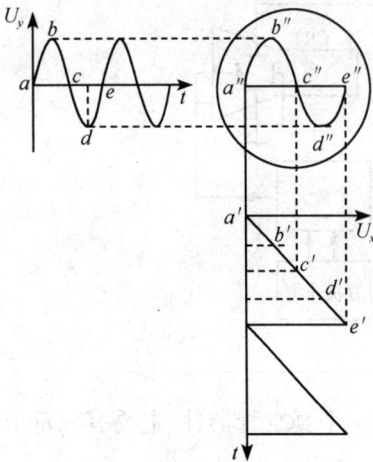

图 3.16.3 显示正弦波的原理

荧光屏的电子束只受到竖直方向（Y 方向）偏转电压（信号电压）的调制，将在荧光屏上留下一竖直的亮线段. 线段的长度是与调制电压幅值（信号的电压）成比例的.

当将信号加到水平偏转板上，保持竖直偏转板的电压为零，将观察到一段水平的亮线，线段的长度与信号的电压成比例.

同理，如果在 Y 方向偏转板加上正弦电压信号，在 X 方向偏转板加上锯齿波电压信号，如图 3.16.3 所示，且保证锯齿波信号与正弦信号同时过零点（同步），则可以显示正弦波的图形. 若锯齿波的周期与正弦波的周期相同时，在屏上将显示一个完整的正弦波信号，当锯齿波的周期是正弦波周期的 2 倍时，将显示两个完整的正弦波信号，依此类推.

如果锯齿波信号的周期 T_x 与信号的周期 T_y 稍有不同，这时信号是不稳定的. 当 T_x 稍大于 T_y 时，信号的图形向左移动；当 T_x 稍小于 T_y 时，信号的图形向右移动. 当 T_x 与 T_y 相差较大时，屏幕上的曲线变化较剧烈，看不清楚曲线的具体形状. 为了保证在屏上能观察到完整的稳定的波形，在示波器上都有一个"TIME/div"调节旋钮，称做时间分度旋钮，用来调节锯齿波信号的周期 T_x，使 T_x 与 T_y 成整数比，这时在屏上将观察到完整的信号波形.

在实际使用中，当把波形调稳定了（T_x 与 T_y 成整数比）后，过一会儿波形又开始左、右移动了，这是由待测信号与锯齿波信号的相互独立性造成的. 实际上，待测信号的周期和锯齿波信号的周期，由于环境的因素和其他原因的影响，常常有微小的变化. 在观察高频信号时，这种现象更加突出. 为解决这样的问题，在示波器面板上都设有"TRIGE LEVER"旋钮，称做触发电平或整定同步旋钮. 其作用是保证让锯齿波信号扫描起始点自动跟随待测信号的变化. 此时调整该旋钮，可使波形稳定. 与触发电平配合使用的还有触发方式选择开关. 一般都分成内触发（锯齿波信号来自示波器内）、外触发（锯齿波信号来自示波器外部，通常是由另一个通道输入的）. 另外还有正触发（用来检测脉冲信号的正跳沿）和负触发（用来检测脉冲的负跳沿）.

由以上讨论可以看出，在观察信号波形时，一个是待测信号，加在竖直偏转板上，也称 Y 通道. 一个是锯齿波信号，加在水平偏转板上，也称 X 通道. 示波器屏幕上光斑的运动，可以看成是两个互相垂直运动的合成. 如果在示波器的 X 通道和 Y 通道加上频率相同或频率成简单的整数比的两个正弦信号，这时在屏幕上将出现一些特殊形状的曲线，这种曲线称做李萨如图形，如图 3.16.4 所示.

例如，当两个信号的频率相同时，有

$$x = A_1 \cos(\omega t + \varphi_1)$$
$$y = A_2 \cos(\omega t + \varphi_2)$$

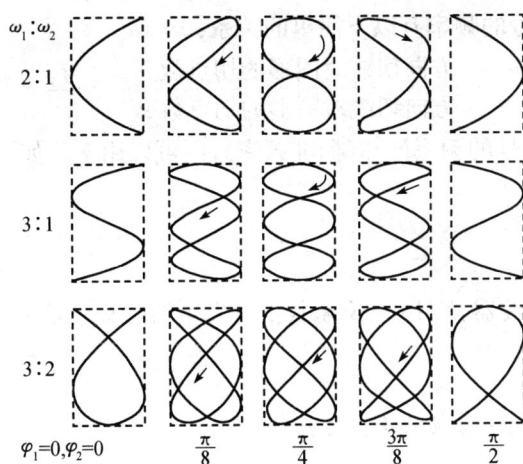

图 3.16.4 李萨如图形

因此

$$\frac{x^2}{A_1^2} + \frac{y^2}{A_2^2} - \frac{2xy}{A_1 A_2}\cos(\varphi_2 - \varphi_1) = \sin^2(\varphi_2 - \varphi_1) \qquad (3.16.1)$$

两个电信号的初位相 φ_1、φ_2 确定合成曲线的形状.

当 $\Delta\varphi = \varphi_2 - \varphi_1 = 0$ 时

$$y = \frac{A_2}{A_1}x$$

当 $\Delta\varphi = \varphi_2 - \varphi_1 = \frac{\pi}{2}$ 时

$$\frac{x^2}{A_1^2} + \frac{y^2}{A_1^2} = 1$$

可以通过图 3.16.5 来说明其规律.

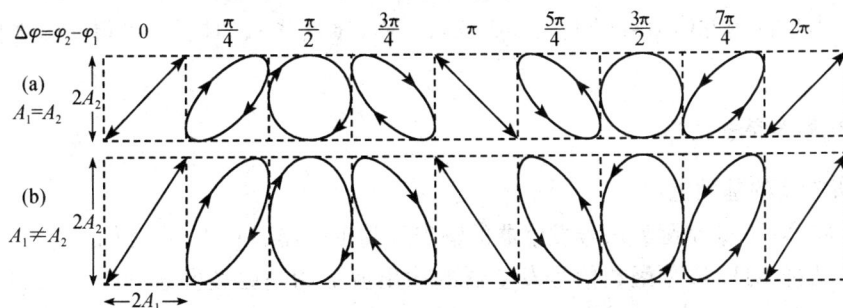

图 3.16.5 $f_y : f_x = 1 : 1$ 时图像与位相差的关系

在示波器上观察时,可通过改变触发电平来观察图形的变化. 实际上,输入信号自身的微弱变化,将导致示波器屏幕上的图形交替地变化着.

李萨如图形与信号的频率有以下简单的关系：

$$\frac{x\text{ 方向切线对图形的切点数 } N_x}{y\text{ 方向切线对图形的切点数 } N_y} = \frac{f_y}{f_x}$$

因此,如果一个信号的频率已知(标准频率),则可以用李萨如图形的切点数来计算另一个信号的频率.

[实验仪器]

XJ4328 型二踪示波器,XJ1630 型函数信号发生器,ZL-1 整流波形仪.

[实验方法]

1. 观察 ZL-1 整流波形仪的输出波形

(1) 按下示波器电源开关,预热 2~3min.

(2) 按下垂直方式开关,选择 CH₂.

(3) 调节辉度、聚焦、Y 方向位移和 X 方向位移旋钮,使水平扫描线显示在屏幕上合适的位置;此时选择时间分度(t/div)在 20ms 左右.

(4) 将 ZL-1 整流波形仪的输出接至 CH₂ 通道.

(5) 调节 CH₂ 通道的偏转因数开关⑧,(V/div),也称电压分度,微调⑨及时间分度旋钮,使波形稳定.

(6) 绘出波形曲线.

(7) 改变 ZL-1 整流方式,依次观察各种波形.

2. 测量交流信号的峰-峰电压

(1) 选择 ZL-1 整流波形仪输出波形为交流信号.

(2) 调节 CH₂ 偏转因数开关⑧,选择合适的挡位,将偏转因数微调旋钮⑨(在电压分度 V/div 开关的同轴中心部分)顺时针旋足,并接通开关.此时达到校准的位置.

(3) 测量交流信号的峰-峰位置对应的屏幕上的方格值(应估读),并记录.

(4) 由估读的方格值乘以电压分度值,即 V/div 所指示的挡位,可得交流电的峰-峰电压值.

3. 观察李萨如图形

在实验 2 的基础上:

(1) 将 XJ1630 型函数信号发生器的输出接到示波器的 CH₁ 通道上.

(2) 选择 XJ1630 型函数信号发生器的输出波形为正弦波并选择频率范围在 50Hz 左右.

(3) 选择触发方式开关为外触发.选择水平方式选择开关⑳为 X-Y 方式.

(4) 调节 CH₁ 通道的电压分度(V/div)开关及 XJ1630 型函数信号发生器的输出频率,直到在屏幕上能观察到 $f_y : f_x = 1:1$ 的李萨如图形.并记录其中的一种图形.

(5) 改变 XJ1630 信号发生器的输出频率,观察其他的李萨如图形,并记录观察结果.

课后在坐标纸上绘出观察到的各种图形.

[思考题]

（1）用示波器能否测量交流正弦信号的周期或频率？

（2）交流电的峰-峰值与有效值有什么关系？

（3）用示波器能否测量直流电的电压？如何测量？

（4）总结本次实验的体会.

XJ4328 型二踪示波器

1. 概述

XJ4328 型二踪示波器是一种便携式通用示波器，它具有两个独立 Y 通道，可同时测量两个信号，Y 放大器频带宽度为 0～20MHz，偏转因数 5mV/div，扫描时基系统最高扫速 0.5μs/div，仪器内附有约 1kHz，$0.2V_{p-p}$ 的探极校准信号，可供仪器内部校准.

2. 结构特征

1）外形图（图 3.16.6、图 3.16.7）.

图 3.16.6　前面板分布图

2）调节控制机构作用.

① 是指示灯. 当电源接通时，指示灯发红光.

② 电源开关. 仪器的电源总开关，按入接通.

③、⑦ 输入插座. 是 CH_1、CH_2 输入插座，作为被测信号的输入端.

④、⑩ DC、⊥、AC. 分别为 Y 放大器 CH_1 和 CH_2 两个通道的输入选择开关，可使输入端为直流耦合、接地、交流耦合.

⑤、⑧ 偏转因数开关. 改变输入偏转因数 5mV/div～5V/div，按 1—2—5 进制共分 10 个挡级.

图 3.16.7   后面板分布图

⑥、⑨ 微调. 调节显示波形的幅度,顺时针方向增大,顺时针方向旋足,并接通开关时是"校准"位置.

⑪ ⊥作为仪器的测量接地装置.

⑫ 微调、拉出.

微调——用以连续改变扫描速度的细调装置,顺时针方向旋足并接通开关时是"校准"位置.

拉出——改变水平放大器的反馈电阻使水平放大器放大量提高 10 倍,相应地也使扫描速度及水平偏转灵敏度提高 10 倍.

⑬ t/div 开关. 为扫描时间因数开关,从 $0.5\mu s/div \sim 0.2s/div$ 按 1—2—5 进制分 18 挡.

⑭ 电平、锁定. 调节触发点在信号上的位置,电平电位器逆时针方向旋至锁定位置,触发点将自动处于被测波形的中心电平附近.

⑮ 外触发输入插座. 当扫描开关置于扫描挡时,作为外触发输入插座.

⑯ X 位移. 控制光迹在荧光屏 X 方向的位置.

⑰ 触发方式选择开关.

＋——测量正脉冲前沿及负脉冲后沿宜用"＋";

－——测量负脉冲前沿及正脉冲后沿宜用"－";

内——内触发,触发讯号来自 CH_1 或 CH_2 放大器;

外——外触发,触发讯号来自外触发输入.

⑱ 水平方式选择开关. 选择扫描工作方式,置于"自动"扫描处于自激状态,置于"触发"则电路处于触发状态,置于 X-Y 配合垂直方式开关,处于 X-Y 状态.

⑲、㉑ Y 位移. 控制 CH_1、CH_2 光迹在荧光屏 Y 轴方向的位置,顺时针旋转时,光迹向上,逆时针旋转,光迹向下.

⑳ 垂直方式开关. 控制电子枪开关工作状态,可显示 CH_1、CH_2、交替、断续、相加五种工作方式.

CH$_1$——单独显示 CH$_1$ 输入信号.

CH$_2$——单独显示 CH$_2$ 输入信号.

交替——CH$_1$、CH$_2$ 两个信号交替显示,一般在信号频率较高时使用,因交替重复频率高,借助示波管的余辉在屏幕上能同时显示信号.

断续——CH$_1$、CH$_2$ 两个信号用打点的方法同时显示,一般在较低频率时使用,可避免两个信号不能同时显示的不足.

ADD——使 CH$_1$ 信号与 CH$_2$ 信号相加.

㉒ 聚焦.调节聚焦可使光点圆而小,达到波形清晰.

㉓ 辉度.控制荧光屏光迹的明暗程度,顺时针方向旋转为增亮,逆时针方向旋转为减弱.

㉔ 光迹旋转.使基线和水平坐标线平行.

㉕ 探极校准信号输出.输出 $0.2\mathrm{V_{P-P}}$方波,频率 1Hz.

㉖ 电源开关.当输入电源电压为交流 220V 时请拨至交流 220V 挡.

当输入电源电压为交流 110V 时请拨至交流 110V 挡.

㉗ 三线电源插座.输入交流 220V 或交流 110V 交流电源.

㉘ 外 Z 轴输入.当需要外调制时就输入信号.

㉙ 保险丝座.放入 1A 保险丝.

3.17　冲击法测螺线管磁场

[实验目的]

(1) 了解用冲击电流计测量磁场的基本原理.

(2) 学会用冲击法测直螺线管内部磁场.

[实验原理]

实验原理如图 3.17.1 所示,其中 M 是一个标准互感器,L$_1$ 是长直螺线管,L$_2$ 是探测线圈,G 为冲击电流计.

1. 螺线管内部的磁感应强度

如果螺线管足够长,根据理论分析在螺线管内部各点的磁场是均匀的,其磁感应强度为

$$B = \mu_0 nI$$

而在螺线管两端口的磁感应强度为

$$B = \frac{1}{2}\mu_0 nI$$

2. 冲击法测螺线管磁场的原理

冲击法测螺线管的磁场是利用磁通量迅速变化时,处在磁通变化区域内的探测线圈将产生感应电动

图 3.17.1　实验原理图

势这一原理来进行测量的.

把一匝数为 N 的探测线圈放在螺线管内部,当磁通量变化时,根据法拉第电磁感应定律,在线圈回路中产生感应电动势

$$\varepsilon = -\frac{\mathrm{d}\phi}{\mathrm{d}t}$$

引起感应电流

$$i = \frac{\varepsilon}{R} = -\frac{1}{R}\frac{\mathrm{d}\phi}{\mathrm{d}t} (R \text{ 为整个回路的电阻})$$

那么,通过线圈的总电量为

$$q = \int_0^t i\mathrm{d}t = \int_0^t \left(-\frac{1}{R}\frac{\mathrm{d}\phi}{\mathrm{d}t}\right)\mathrm{d}t = \frac{1}{R}(\phi_1 - \phi_2) \tag{3.17.1}$$

冲击电流计是测量瞬时脉冲电流所迁移电量的一种仪器,由于探测线圈与冲击电流计相连,则通过线圈的电量将直接由冲击电流计测出.

实验时,利用电键的提起、闭合,来实现磁通量变化.设探测线圈的匝数为 N,有效截面积为 S,则

变化前(K_2 打到螺线管一端)

$$\phi_1 = NBS$$

变化后(K_1 或 K_2 提起)

$$\phi_2 = 0$$

代入式(3.17.1),有

$$q = \frac{NBS}{R} \tag{3.17.2}$$

则

$$B = \frac{qR}{NS} \tag{3.17.3}$$

式中,$q = Kd$,K 为冲击电流计的冲击常数,表示单位偏转量时所需的电量,d 为冲击电流计光标的位移量.

3. 冲击常数 K 的测定

将 K_1 闭合,K_2 倒向标准互感器 M 一侧,使互感器的初级线圈通以电流 I',则次级线圈的磁通量 $\phi_1 = MI'$,将电键 K_1 或 K_2 提起时 $\phi_2 = 0$,磁通量变化量为 MI',则

$$q' = \frac{MI'}{R} = Kd' \tag{3.17.4}$$

所以冲击常数为

$$K = \frac{MI'}{Rd'} \tag{3.17.5}$$

式中,d 和 d' 为冲击电流计的位移量,用数字式冲击电流计,它可直接测出电量 q' 和 q. 由公式 $B = \frac{qR}{NS}$,$q' = \frac{MI'}{R}$ 得

$$B = \frac{MI'}{NS} \frac{q}{q'} \tag{3.17.6}$$

[实验仪器]

直流稳压电源,螺线管磁场装置,冲击电流计,滑线变阻器(电阻箱),电流表,双刀开关,标准互感器.

[实验方法]

(1) 按图连好电路,经教师检查合格后,打开电源 E.

(2) 将 K_1 闭合,K_2 打向标准互感器一侧,调节稳压电源与滑线变阻器,使电流表指示值 $I' = 10\text{mA}$.

(3) 将 K_1 不动,K_2 提起、闭合,分别记下两次冲击电流计测得的数值,再使 K_2 不动,K_1 提起、闭合,分别记下两次冲击电流测得的数值,求 4 次平均值

$$\bar{q} = \frac{1}{4}(\mid q'_1 \mid + \mid q'_2 \mid + \mid q'_3 \mid + \mid q'_4 \mid)$$

(4) 将 K_1 闭合,K_2 打到螺线管一侧,调节稳压电源与滑线变阻器,使 $I = 1\text{A}$.

(5) 将探测线圈放在距螺线管中心 0cm、5cm、10cm、12cm、14cm 处,重复步骤 3,求出螺线管各处的 q 值.

[实验数据]

螺线管长度 $L = 28\text{cm}$,螺线管匝数 $N' = 2800$ 匝,探测线圈匝数 $N = 1000$ 匝,探测线圈截面面积 $S = 27.31 \times 10^{-6} \text{m}^2$,标准互感系数 $M = 0.1\text{H}$.

(1) 将所测得的 q、q' 代入公式 $B = \frac{MI'}{NS} \frac{q}{q'}$,计算 B 值.

(2) 按公式 $B = \mu_0 nI$ 计算中心磁场的理论值,并与测量值进行比较,求出百分差.

(3) 在坐标纸上画出 $B\text{-}L$ 曲线图.

[思考题]

(1) 要使冲击电流计处于临界阻尼状态,应如何调节?

(2) 在实验过程中,通过螺线管的电流为什么应保持不变?

(3) 式(3.17.1)中的 R 包括哪几部分? 为什么在测 B 时,标准互感器的次级线圈需接在回路中?

(4) 分析影响测量精度的主要原因.

3.18　分光仪的调整与棱镜折射率的测量

许多光学量的测量都可以归结为对有关角度的测量,所以了解分光仪的基本结构,学习分光仪的调整及使用方法,是非常重要的.

[实验目的]

(1) 学会分光仪的调整与使用.

(2) 学会用分光仪测定三棱镜顶角的方法.

(3) 掌握用最小偏向角测定三棱镜的折射率.

[实验原理]

如图 3.18.1 所示,有一束波长为 λ 的单色平行光入射到 AB 面上,经棱镜折射后偏转一定角度射出,偏转的角度 δ 为入射光线与出射光线的夹角,这个夹角称为偏向角. δ 随入射角的改变而改变,可以证明当入射角等于出射角即 $i_1 = i_2$ 时,偏向角最小,记为 $\delta_{\min}$.

图 3.18.1   棱镜折射原理图

设棱镜的顶角为 α,光束的入射角和出射角分别为 i_1、i_2,由几何关系

$$\delta = (i_1 - \gamma_1) + (i_2 - \gamma_2) \tag{3.18.1}$$

而顶角 α 满足

$$\alpha = \gamma_1 + \gamma_2 \tag{3.18.2}$$

所以

$$\delta = (i_1 + i_2) - \alpha \tag{3.18.3}$$

由折射定律可知

$$\sin i_1 = n \sin\gamma_1$$
$$\sin i_2 = n \sin\gamma_2 \tag{3.18.4}$$

由式(3.18.2)~式(3.18.4)可以看出,偏向角 δ 是入射角 i_1 的函数. 偏向角最小时,应满足

$$\frac{\mathrm{d}\delta}{\mathrm{d}i_1} = 1 + \frac{\mathrm{d}i_2}{\mathrm{d}i_1} = 0 \tag{3.18.5}$$

分别对式(3.18.2)和式(3.18.4)求微分并代入式(3.18.5)可得

$$1 + \frac{\cos\gamma_2 \cos i_1}{\cos i_2 \cos\gamma_1} = 0$$

将上式移项,方程两边取平方可得

$$\cos^2\gamma_1(1 - \sin^2 i_2) = \cos^2\gamma_2(1 - \sin^2 i_1)$$

再利用式(3.18.4)可得

$$\cos^2\gamma_1(1 - n^2 \sin^2\gamma_2) = \cos^2\gamma_2(1 - n^2 \sin^2\gamma_1)$$

解之可得

$$\cos^2\gamma_2 = \cos^2\gamma_1$$

因此有 $\gamma_1 = \gamma_2$,或 $i_1 = i_2$,此时 $\delta = \delta_{\min}$,由此可计算出棱镜的折射率为

$$n = \frac{\sin i_1}{\sin\gamma_1} = \frac{\sin\frac{1}{2}(\alpha + \delta_{\min})}{\sin\frac{1}{2}\alpha} \tag{3.18.6}$$

这就是折射率 n 与棱镜顶角 α 及最小偏向角 δ_{min} 之间关系式.

因此,对某一波长的单色光而言,只要测出棱镜的顶角 α 及相应的最小偏向角 δ_{min},就可以计算出棱镜的折射率 n.

物质的折射率是与光的波长有关的,当入射光是复色光时,虽然入射角对各种波长的光都相同,但出射角并不相同,这表明折射率也不相同,对于一般的透明材料来说,折射率随波长的减小而增大,折射率大,光线偏折也大,折射率 n 随波长 λ 变化的现象称为色散.

[实验仪器]

分光仪,汞灯,钠光灯,竖直平面镜,三棱镜.

[实验方法]

1. 调整分光仪

(1) 为保证测量的准确性,首先要调整好分光仪. 调整的主要技术要求为:

① 平行光管能发出平行光.

② 望远镜能够接收到平行光. 并使之聚焦于分划板上,通常称为使望远镜聚焦于无限远处.

③ 望远镜和平行光管的光轴与分光仪的中心轴相垂直.

调节前,应对照实物和结构图熟悉仪器,了解各个调节螺钉与锁紧螺钉的位置和作用,调节时要先粗调,后细调.

a. 粗调. 用眼睛观察判断并通过调节螺钉 3、19,使望远镜的光轴和平行光管的光轴在一条直线上,并使它们与中心轴垂直. 调节小平台下螺钉 9(对等 3 个),使小平台与中心轴垂直.

b. 细调.

(2) 调节望远镜.

① 目镜调焦调节目镜与分划板的距离,直到双水平"十"字叉丝准线清晰为止(旋动目镜调焦鼓轮).

② 将平面反射镜放到载物台中间,平面镜的平面应对准平台下方其中一个调节螺钉,平面镜的平面应与其他两个调节螺钉的连线相垂直. 平面镜的摆放位置如图 3.18.2 所示.

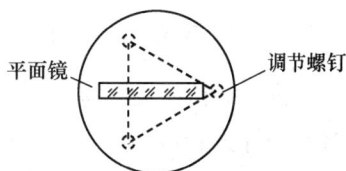

图 3.18.2 平面镜放置位置图

③ 接通分光仪电源,点亮照明灯泡. 通过望远镜寻找分划板上亮"十"字光源照到平面镜后反射回来的像. 先使望远镜与平面镜的平面相垂直,缓慢地左右转动平台,并用眼睛从望远镜中寻找"十"字光源的反射像. 如果找不到,说明望远镜的轴线与平面反射镜不够垂直,这时应在调整望远镜倾、仰角的同时,左右旋转望远镜(与平面镜相垂直的附近);上下、左右地搜索"十"字的反射像. 一般总可以在几次搜索后找到亮"十"字像,并把它调到视场的中心区域.

找到的"十"字像如不清晰,应调节望远镜的物镜调焦鼓轮 15,以调节"十"字光源与

图 3.18.3　二步靠拢法示意图

物镜间的距离,直到从目镜中看到清晰的"十"字形光源像为止.

④ 将"十"字像调到分划板上方并与上准线"十"字叉丝重合.

通常情况下,在目镜中看到的"十"字像不可能一步就达到上述要求,其位置不是偏高就是偏低,所以要采取"二步靠拢法"来进行渐近调节,如图 3.18.3 所示,即第一步调节平台下螺钉 9(靠望远镜最近的螺钉),使像向着上准线靠拢一半,达到 A 的位置;第二步调节望远镜螺钉 19 使之达到 B 的位置.

然后将载物平台旋转 180°,使平面镜的另一个平面(背面)对准望远镜,这时观察寻找亮"十"字像所在位置,并采用"二步靠拢法"将亮"十"字像调到双水平"十"字准线的上准线上.

重复上述步骤,如此反复几次,逐渐逼近,使平面镜正反面反射"十"字像都与上准线完全重合.再将平面镜相对平台转动 90°,并使平面镜的反射面与望远镜轴线相垂直.再继续观察寻找"十"字像,这时不允许再调整望远镜的高度,只需调整载物平台上离望远镜最近的螺钉 9 将"十"字像调到与上准线相重合的位置,此时望远镜光轴已垂直于分光仪中心轴.

(3) 调节平行光管.

① 打开汞灯,使平行光管正对着光源,取下载物平台上的平面反射镜,用已调整好的望远镜,正对着平行光管进行观察.打开锁紧螺钉 6,前后移动平行光管内套管,调节狭缝与透镜间的距离,使狭缝位于透镜的焦平面上,这时从望远镜中看到的是一清晰的狭缝像.

② 调节平行光管上螺钉 3,使竖直狭缝像的中心在中心水平线上,而狭缝像与竖准线重合,并读出此时望远镜的角度位置 $\theta_{0左}$、$\theta_{0右}$(初始方位角).

2. 测量三棱镜的顶角 α

将三棱镜放在载物平台上,使其两个光学表面 AB、AC 间的顶角 A 处于平台中央,正对着平行光管(图 3.18.4).转动望远镜,寻找棱镜两个侧面反射光束的方向,并记录下相应的方位角 θ_1、θ_2.显然这两侧反射光束方向之间的夹角为

$$\varphi = 2\alpha.$$

所以

$$\alpha = \varphi/2 = \frac{1}{4} \mid (\theta_{2左} - \theta_{1左}) + (\theta_{2右} - \theta_{1右}) \mid$$

为了提高测量精度,应对 θ_1、θ_2 各测 3 次,取平均值.

图 3.18.4　测棱镜顶角

3. 测量最小偏向角

不同波长的光线折射后的偏向角是有差别的,这反映了折射率的差别(波长愈长折射率愈小),因而相应的最小偏向角也不一样.

将三棱镜按图 3.18.5 所示放在载物平台上,让棱镜的 AB 侧面斜对着平行光源,使平行光束射入 AB 面,折射后由 AC 面射出.转动望远镜寻找折射偏向后的光束方向,一直到能清楚看到汞灯经棱镜色散所形成的光谱.将竖直准线对准明亮的绿谱线,轻缓地转动平台,使绿谱线向偏向角 δ 减小的方向移动,同时用望远镜跟踪这条绿谱线.当平台转到某一位置时,可以看到谱线不再移动,也就是说偏向角不再减小.超过这一位置时,谱线向反方向移动,这说明偏向角有一极小值.这条谱线开始反向移动极限位置就是棱镜对该谱线的最小偏向角的位置.反复调节确认这个位置,将载物台固定,并使望远镜竖准线对准该谱线,记下这时望远镜的角度位置 $\theta_{1左}$、$\theta_{1右}$. 则最小偏向角

图 3.18.5 测最小偏向角

$$\delta_{\min} = |\,\theta_1 - \theta_0\,| = \frac{1}{2}\,|\,(\theta_{1左} - \theta_{0左}) + (\theta_{1右} - \theta_{0右})\,|$$

对于绿光,重复测 3 次后取平均值.然后移动望远镜,测得其他几条谱线(蓝紫、黄)的最小偏向角(只测 1 次).

[注意事项]

(1) 分光仪的调整常常要多次反复才能成功,因而要耐心细致、掌握要领、动作稳慢,严禁随意扭动,猛力操作.

(2) 测顶角时,三棱镜顶点应放在靠近载物台中心,否则,棱镜两光学表面的反射光不能进入望远镜.

(3) 读数务必求精、求准.

[数据处理]

(1) 计算出不同谱线的最小偏向角、折射率.

(2) 只对绿光 $n_{绿}$ 进行不确定度分析.

由式(3.18.6)推导求得 Δn 及 $E_r(n)$,给出测量结果.

仪器不确定度:FGY-1 型分光仪测量精度不确定度 $\Delta_0 = 0.29 \times 10^{-3}$ 弧度. 棱镜顶角精度不确定度 $\Delta\alpha$ 由实验室给出.考虑到仪器精度与调整不确定度,取 $\Delta\delta \approx 4\Delta_0$.

[思考题]

(1) 用自准法调节望远镜时,如果发现有视差,应当如何消除它?

(2) 在找到平面镜正面反射亮"十"字像,要将它调到标准高度时,为什么要采取"二步靠拢"法? 单调望远镜或载物平台为什么不行?

(3) 在观察汞灯的折射光谱时,你看到是什么颜色光谱的偏向角大? 什么颜色光谱

的偏向角小? 这说明什么问题?

(4) 在测两个方向的最小偏向角 δ_1、δ_2 时,测得折射光束相应的方位角 $\theta_1(\theta_{1左}$、$\theta_{1右})$, $\theta_2(\theta_{2左}$、$\theta_{2右})$,以及光束入射时的方位角 $\theta_0(\theta_{0左}$、$\theta_{0右})$ 你是怎样判断测量是基本正确的?

分光仪简介

分光仪是应用几何光学的原理制造的光学仪器. 从它的结构来说,主要部分是由透镜、棱镜、球面镜或平面镜组成的. 分光仪是用来精确测量角度的仪器,如三棱镜的棱角、最小偏向角、衍射角和布儒斯特角等. 在分光仪的载物平台上放置棱镜或光栅,可以组成一台简单的光谱仪;通过测量相关角就可以计算相关的光学量;利用最小偏向角法计算棱镜的折射率;利用掠入射线法测定固体和液体的折射率;利用衍射光栅测量光栅常数或光波的波长. 另外也可以用来观察一些基本光学现象,如光在介质中的色散、光的单缝衍射、双缝干涉和光栅衍射等. 还可以观察和分析光的偏振现象,例如,线偏振光、椭圆偏振光、圆偏振光的产生和检验以及它们与部分偏振光、自然光的区别等.

1. 分光仪的结构

分光仪是由平行光管、望远镜、载物平台和刻度盘系统等 4 大部分所组成(如图 3.18.6).

图 3.18.6　分光仪

1. 电源开关;2. 平行光管转角锁定螺钉;3. 平行光管倾角调整螺钉;4. 平行光管倾角锁定螺钉;5. 狭缝宽度调节螺钉;6. 狭缝套管锁紧螺钉;7. 平行光管定位螺母;8. 平台锁定螺钉;9. 平台调节螺钉;10. 载物平台升降杆锁紧螺钉;11. 压杆;12. 压杆锁定螺钉;13. 望远镜定位螺母;14. 望远镜焦距锁定螺钉;15. 物镜调焦鼓轮;16. 目镜调焦鼓轮;17. 分划板照明灯;18. 望远镜倾角锁定螺钉;19. 望远镜倾角调节螺钉;20. 望远镜转角锁定螺钉;21. 望远镜支架锁定螺钉;22. 望远镜方位角微调旋钮;23. 望远镜方位角锁紧螺钉;24. 度盘系统锁定螺钉;25. 度盘系统微调旋钮

1) 平行光管

平行光管是产生平行光的装置,由狭缝、内套管、物镜和镜筒组成,如图 3.18.7 所示.

图 3.18.7 平行光管原理图

狭缝的一个活动边刃依靠螺钉 5 及压紧的弹簧可以精确地调节缝宽.狭缝连着内套管靠螺钉 6 固定,松开螺钉,可以前后推移套管,狭缝与物镜之间的距离可以通过伸缩狭缝套管来调节,使狭缝正好处在物镜的焦平面上.这样,外来的光源透过狭缝变成线光源进入镜筒,经透镜会聚后成为平行光.狭缝的刃口是经过精密研磨制成的,为避免损伤狭缝,只有在望远镜中看到狭缝像的情况下才能调节狭缝宽度,一般缝宽调节在 0.50mm 左右.

2) 望远镜

分光仪采用的是阿贝目镜式自准直望远镜,用来观察和接受平行光.它由目镜、全反射小棱镜、叉丝分划板和物镜组成,分别装在三个套筒中,彼此可相对调节(图 3.18.8).物镜固定在镜筒前部,旋转镜筒上的调焦鼓轮 15,可以改变物镜与分划板的距离,使物镜接受到的平行光线聚焦在分划板上.中间套筒装有分划板,其上刻有双水平"十"字叉丝准线,分划板下方与 45° 小棱镜和一个直角面紧贴着,直角面上刻有一个"十"字形透光的叉丝,套筒上正对棱镜的另一直角面处开有小孔,装有灯泡.打开它,灯光进入小孔后经棱

图 3.18.8 望远镜原理图

镜照亮"十"字叉丝,如果叉丝平面正好处在物镜的焦平面上,那么从目镜中可以同时看到双水平"十"字叉丝准线,"十"字叉丝的反射像,并且不应有视差.

通过螺钉 19、20 调节镜筒的仰俯角度与水平方位,使望远镜的轴线与载物平台的中心轴相垂直,螺钉 18 的作用是将镜筒锁定在支架上.

3) 载物平台

载物平台用来放置待测元件.它安装在度盘系统之上与其同轴,并能绕分光仪中心轴旋转、靠螺钉 8 锁定.台面下有三个调整螺钉,各自相差 120°,用来调整台面与中心轴的垂直度及小平台高度.松开螺钉 12,可调节(带有弹簧片的)压杆的高度.

4) 度盘系统

该系统同轴地安装主刻度盘和游标盘(图 3.18.9).游标盘与望远镜联动,可绕主轴转动.锁紧螺钉 23,则可通过旋动螺钉 22 对游标盘系统相对于度盘进行角度微调.锁紧螺钉 8,松开螺钉 24,可使度盘与载物平台联动.

注意:工作时应锁紧螺钉 24,不允许旋动它侧面的度盘系统微调旋钮.

2. 分光仪的读数

度盘表面镀有金属薄膜,按圆周均匀等分刻有 1080 条透光线条,按顺时针方向标记

图 3.18.9　度盘系统示意图

角度值. 每度均分为三格,格值 $20'$. 游标盘表面镀有金属薄膜,在 $13°$ 的范围内等分 40 条透光线条,格值为 $19'30''$,与度盘格值相差 $30''$.

1) 读数原理

当度盘和游标重叠时,每一对准线条格值为 $30''$. 因度盘刻线间距与游标盘间距不等,其他线条由于相互阻挡光线无法透过而看不到. 刻度盘的结构和读数方法与游标卡尺相同,"0"刻度对准的数为度盘读数,游标盘与度盘线条联通的位置读游标盘数值,如相邻两条刻线同时联通则取中间值. 然后度盘与游标盘两读数相加即为角位置读数. 分光仪的读数原理如图 3.18.10 所示.

(a) $\theta = \theta_A + \theta_B = 134°20' + 8'30''$
$\qquad = 134°28'30''$

(b) $\theta = \theta_A + \theta_B = 352°40' + 14'45''$
$\qquad = 352°54'45''$

图 3.18.10　分光仪读数原理

2) 读数精度

读数时,若水平地移动眼睛就会看到贯通的亮条纹随之串跳,这是由视差引起的. 度盘和游标盘表面是真空镀铬,在观察窗中会同时有数字标记的反射像. 为了增加观察精度,利用反射原理,使眼睛、透过的亮条纹和反射像在一个垂直平面上,就可以准确读数了.

3) 仪器偏心差

为了提高测量精度,消除仪器偏心误差,在仪器相对 $180°$ 的方向上设置两个读数系统,取两边读数的 $\theta_{左}$ 和 $\theta_{右}$ 的平均值作为测量值:

$$\theta = \frac{1}{2}(\theta_{左} + \theta_{右})$$

注意:当游标盘基准 0 线转过度盘 $360°$ 刻度线时,应将小于 $90°$ 的角度值加上 $360°$.

3.19 牛 顿 环

在实验室中,常用牛顿环测定光波的波长或平凸透镜的曲率半径,在工业上利用牛顿环检查透镜的质量,还可以测量油膜的折射率等.

[实验目的]

(1) 观察了解牛顿环的干涉现象.
(2) 学习用观察到的干涉圆环测量透镜球面的曲率半径.
(3) 熟悉读数显微镜的使用.

[实验原理]

如图 3.19.1 所示,牛顿环仪是由一块平凸透镜和一块平玻璃板构成的.平凸透镜的球面与平板玻璃之间形成薄薄的气隙.该气隙厚度在中心处(接触点)为零,趋向边缘则逐渐增加,而且同一圆环上是等厚的.当以单色平行光垂直入射时,入射光将在此空气薄膜的上、下两表面分别反射,形成两束相干光.在读数显微镜中可以明显地观察到它的干涉图样——以接触点为中心的一系列明暗相间的同心圆环.两束反射光的光程差 Δ 与反射处的气隙厚度 e 的关系式是

$$\Delta = 2e + \lambda/2 \tag{3.19.1}$$

式(3.19.1)中增加了一项 $\lambda/2$,是因为在气膜的下表面反射时有"半波损失";λ 为入射单色光的波长.由几何关系可以找出气隙厚度 e 与其位置 r 的关系:

$$r^2 = R^2 - (R-e)^2 = 2eR - e^2 \approx 2eR$$

这是由于 $e \ll R$,所以 e^2 项可略去.

(a) 观察牛顿环的仪器示意图   (b) 牛顿环半径的计算

图 3.19.1 观察牛顿环的实验装置及其产生的干涉图像

从而

$$e = \frac{r^2}{2R} \tag{3.19.2}$$

由光的干涉原理,当光程差满足

$$\Delta = (2k+1)\frac{\lambda}{2}, \quad k = 0,1,2,\cdots \tag{3.19.3}$$

干涉形成暗条纹,由式(3.19.1)～式(3.19.3)可见,对应于 k 级暗纹处的 r 有

$$r_k^2 = kR\lambda, \quad k = 0,1,2,\cdots \tag{3.19.4}$$

在 $r_k = 0$ 处,对应于 $k=0$ 的零级暗斑. 这从干涉图像中可以清楚看出. 然而,由于接触处有局部变形,不只是一个点相接触,而是形成一个小圆接触面. 因而式(3.19.1)应给予修正,即取 $e \rightarrow e + \delta_0$,可得

$$r_k^2 = kR\lambda + 2R\delta_0, \quad k = 0,1,2,3,\cdots$$

现取不同级次 m、n 暗纹处的 r_m 与 r_n,则分别有

$$r_m^2 = mR\lambda + 2R\delta_0, \quad r_n^2 = nR\lambda + 2R\delta_0$$

其差值为

$$r_m^2 - r_n^2 = (m-n)R\lambda \tag{3.19.5}$$

这就与局部形变 δ_0 无关了.

在测量中,暗环的中心点很难确定,因而须以暗环直径 D 代替半径 r:

$$D_m^2 - D_n^2 = 4(m-n)R\lambda \tag{3.19.6}$$

从而得到透镜球面的曲率半径 R 与入射的单色光波长 λ,干涉暗环直径 D_m、D_n 之间的关系式:

$$R = \frac{D_m^2 - D_n^2}{4(m-n)\lambda} \tag{3.19.7}$$

[实验仪器]

牛顿环仪,钠光灯,读数显微镜.

[实验方法]

1. 调节仪器

(1) 点燃钠光灯,等待它发出强烈的黄色光束.

(2) 初步调整读数显微镜的方位与高度,使其镜筒下的 45°反射镜正对着钠光灯. 转动读数鼓轮,使镜筒水平位置处于 20～30mm. 从镜筒中观察、调节目镜,使"十"字叉线达到最清晰的程度;并将其一条线转到垂直于镜筒水平运动的方向,另一条线也就平行于"水平"方向了.

(3) 放置好牛顿环仪,使接触点基本处于显微镜筒之下. 从镜筒中观察并适当调整镜筒上下位置,使能看清圆环形的干涉条纹,仔细调整显微镜的目镜与物镜,以消除干涉条纹像与"十"字叉线的视差. 适当移动牛顿环仪,使干涉圆斑的中心处于"十"字叉丝位置上.

2. 测量干涉圆环直径 D_m、D_n

(1) 沿一个确定方向平稳地旋动读数鼓轮,同时注意观察条纹的移动,以中央暗斑为

0 级,逐个地查数"十"字叉线竖线所对的干涉条纹级数 k;并且每 4 级记录一次坐标位置 $Y'_{k左}(k=4,8,\cdots,36,40)$.

(2) 在消除"空程"之后,倒过来重测 $Y''_{k左}(k=40,36,\cdots,8,4)$.

(3) 继续沿逆行方向,越过 Y_0、测取 $Y''_{k右}(k=4,8,\cdots,36,40)$.

(4) 再一次在消除了"空程"之后,顺行测读 $Y'_{k右}(k=40,36,\cdots,8,4)$.

(5) 检查 Y'_k 与 Y''_k 之差值 $\Delta Y_k(=Y'_k-Y''_k)$,它主要是"空程"及条纹对准不确定度所致,"空程"接近一个定值,条纹对准不确定度也很小. 如若诸 ΔY_k 的差别过大($>0.05\text{mm}$),就是测量失准,应当重测.

[注意事项]

(1) 调节读数显微镜筒向下运动时应缓慢、稳当,勿使其下端的 45° 反射镜架碰到牛顿环仪的透镜上.

(2) 测牛顿环时,级数不能查错.

(3) 测量时防止由于推进螺旋间隙引起的"空程". 旋进必须平稳,且只能沿着一个方向而不"过头". 万一过了头,就必须多倒退一些,再重新旋进,以消除"空程"影响.

[数据处理]

(1) 自行设计记录表格. 要求既便于记录,又便于计算.

(2) 不确定度分析

① 确定 k 级暗环左、右坐标值
$$Y_{k左}=(Y'_{k左}+Y''_{k左})/2,\quad Y_{k右}=(Y'_{k右}+Y''_{k右})/2$$

② 计算 k 级圆环直径
$$D_k=(Y_{k左}-Y_{k右})$$

③ 计算凸透镜曲率半径 R. 先后取 $n=4,8,\cdots,20$ 且取 $m-n=20$,依次代入式(3.19.7),算得 5 个 $R_{m.n}$ 及其平均值 $\bar{R}$.

④ 依据式(3.19.7),对 R 进行不确定度分析:a. 略去 λ 的不确定度,推导 R 的不确定度公式;b. 对 D_m 及 D_n 的测量不确定度采取读数显微镜的不确定度 $\Delta D_m=\Delta D_n=6\times10^{-3}\text{mm}$;c. 条纹不确定度 $\Delta_m\approx\Delta_n=0.1$;d. 对 $m=32,n=12$ 计算 ΔR,并将测量结果表示为
$$R=\bar{R}\pm\Delta R$$

[思考题]

(1) 牛顿环干涉条纹是同心圆环,环间隙为什么不相等?

(2) 如果入射光不是从上面射向牛顿环仪,而是从下面射入,形成透射式干涉,那么干涉图样应有什么变化?

(3) 测量凸透镜曲经半径,为什么不用式(3.19.4)而用式(3.19.7)?

(4) 为了提高测量精度,采取了哪些措施? 你认为应如何进一步提高测量精度?

3.20　多用表的使用

多用表亦称万用表,它是把多量程的交、直流电流、电压以及欧姆表组合在一起的电工仪表.由于它的功能较多使用方便,是电路检测、调试及诊断故障时所不可缺少的常备工具.常见的多用表有指针式多用表和数字式多用表.指针式多用表是一表头为核心部件的多功能测量仪表,测量值由表头指针指示读取.数字式多用表的测量值由液晶显示屏直接以数字的形式显示,读取方便,有些还带有语音提示功能.掌握万用表的使用方法是电子技术的一项基本技能.

[实验目的]

(1) 初步了解多用表的结构和原理.

(2) 掌握多用表的使用方法,特别是欧姆挡的使用方法.

[实验原理]

1. 直流电流挡

如图 3.20.1 所示,系采用闭路抽头转换式分流电路来改变电流的量程.测量电流从"+"、"-"两端进出,分流电阻与表头组成一闭合电路.改变转换开关的位置,就改变了分流器的电阻,从而也就改变了电流量程.

图 3.20.1　直流电流的测量

2. 直流电压挡

如图 3.20.2 所示,被测电压加在"+"、"-"两端.各分压电阻采用串接抽头方式,量程越大,分压器电阻也越大.

图 3.20.2　直流电压的测量

伏特计的内阻愈高,从被测电路取用的电流愈小,对被测电路的影响也就愈小.电表的灵敏度,就是用电表的总内阻除以电压量程来表明这一特征的.如500型万用表在直流电压50V挡上,电表的总内阻为1000kΩ,则该挡的灵敏度为$\dfrac{1000\text{k}\Omega}{50\text{V}}=200\text{k}\Omega/\text{V}$.

3. 交流电压挡

如图3.20.3,由于磁电式仪表只能测量直流,测量交流时,则必须附有整流元件,即图中的半导体二极管D_1和D_2.二极管只允许一个方向的电流通过,反方向的电流不能通过.被测交流电压也是加在"＋"、"－"两端.在正半周时,设电流从"＋"端流进,经二极管D_1部分电流经表头流出;在负半周时,电流直接经D_2从"＋"端流出.可见,通过表头的是半波电流,读数应为该电流的平均值.为此表中有一交流调整电位器(图3.20.3的2.2kΩ电阻),用来改变表盘刻度.这样,指示读数便被折换为正弦电压的有效值.至于量程的改变,则和测量直流电压时相同.R_1,R_2…是分压器电阻.

图3.20.3 交流电压的测量

万用表交流电压挡的灵敏度一般比直流电压挡的低. 500型万用表交流电压的灵敏度为4kΩ/V.

普通万用表只适于测量频率为45～1000Hz的交流电压.

4. 直流电阻挡

当转换开关置于Ω挡时,多用表可用来测量电阻,它共有×1、×10、×100、×1k、×10k五挡量程,测量结果用指针读数乘以所用倍率,即为被测电阻.

图3.20.4 电阻的测量

欧姆计的原理线路图如图3.20.4所示.根据全电路欧姆定律,有

$$I_X = \frac{\varepsilon}{R_g + R + R_X} \tag{3.20.1}$$

由于ε,R_g,R为定值,故

$$I_X = f(R_X) \tag{3.20.2}$$

这样,只要将表头刻度盘电流读数改标成相应的电阻 R_X 的数值,就可以来测量电阻了. 当 $R_X=0$ 时,通过电流为最大;当 $R_X=\infty$ 时,电流为零. 因此欧姆表的刻度同直流电流刻度方向是相反的. 又由于工作电流 I 与被测电阻 R_X 不成比例关系,所以就造成了欧姆表的刻度是不均匀的特点.

从图 3.20.4 分析,R_g+R' 实际上是从测量端子看进去的电表的等效内阻. 将表测量棒短路调 R' 作"Ω校正"即指针指满度,简称"校零". 如果被测电阻刚好等于这个电路的等效内阻时,电路的总电阻就比"校零"时增加 1 倍,所以通过表头的电流刚好是"校零"时的一半,即指针指在表面的正中,这就是表面的中心阻值,亦称为欧姆中心. 因此,欧姆计的某挡总内阻即为该挡的欧姆刻度中心值. 在设计和制作欧姆计时,它是一个关键数值.

[实验仪器]

500 型指针式万用表,直流电源,滑线变阻器,变压器,电阻和导线若干.

图 3.20.5 500 型万用电表面板图
1、2. 电流、电压、电阻测量挡选择旋钮;
3. 仪表指针零位调整器;4. 电阻挡零位调整器;5、6. 测量表棒插孔;5、7. 音频电平专用表棒插孔;5、8. 交、直流 2500V 高电压专用插孔

本实验中采用的 500 型指针式万用表,是一种高灵敏度、多量程携带式整流系仪表,它共有 24 个测量量限,能分别测量交、直流电压,直流电流,直流电阻及音频电平,适宜于无线电、电信及电工中的测量、维修之用. 它主要由表头、转换开关、测量电路三部分组成. 外形如图 3.20.5 所示.

使用方法介绍

1) 零位的调整

使用之前应注意指针是否指在零位,若不指在零位时,应调整零位调节器使指针指零.

2) 直流电压测量

将测量杆红色短杆插在正插口,黑色短杆插在负插口,将选择旋钮旋至对应的位置上,即功能选择置于"V",量程选择到"V",并选择合适的量程. 如果不能确定被测电压的大概值,应先将量程选择旋至最大量限上,根据电表指针的偏转情况,再选择合适的"V"挡.

3) 交流电压测量

将功能选择置于"V",量程选择拨到"V",其余同(2). 除 10V 挡用专用刻度 10V 读数外,其余均用 ≃ 标记的刻度线读数.

4) 电阻测量

将功能选择置于"Ω",量程选择拨到适当位置. 先将测量杆两端短路,调节电位器(即电阻挡零位调整器)使指针在 0Ω 位置上,再将测量杆分开,测量未知电阻值,用 Ω 标记的刻度线读数,被测值为读数乘以所选量程的数量级. 为了提高测量的准确度,指针最好指在中间一段刻度位置,即全刻度的 20%~80% 弧度. 每次改变量程时,都要重新"校零".

本仪器适合在室温 $0 \sim 40℃$,相对湿度为 85% 以下的环境中工作. 主要性能如表 3.20.1 所示.

表 3.20.1

量 程	测量范围	灵敏度	精度等级	基本误差
直流电压	$0 \sim 2.5V \sim 10V \sim 50V \sim 250V \sim 500V$	$20k\Omega/V$	2.5	$\pm 2.5\%$
	$2500V$	$4k\Omega/V$	4.0	$\pm 4\%$
交流电压	$0 \sim 10V \sim 50V \sim 250V \sim 500V$	$4k\Omega/V$	4.0	$\pm 4\%$
	$2500V$	$4k\Omega/V$	5.0	$\pm 5\%$
直流电流	$0 \sim 50\mu A \sim 1mA \sim 10mA \sim 100mA \sim 500mA$	—	2.5	$\pm 2.5\%$
电阻	$0 \sim 2k\Omega \sim 20k\Omega \sim 200k\Omega \sim 2M\Omega \sim 20M\Omega$	—	2.5	$\pm 2.5\%$
音频电平	$-10 \sim +22dB$	—	—	—

[实验内容]

1. 测量直流电压

按图 3.20.6 接好线路,将多用表功能选择置于"V",量程选择拨到 V,分别用 $10V$ 和 $2.5V$ 量程挡测量 $U_{db}, U_{bd}, U_{ad}, U_{bc}$ 和 U_{ad} 5 个电压并与理论值比较,将数据记入表 3.20.2 中.

2. 测量电阻

如图 3.20.7 所示,将图 3.20.6 所示线路电源断开并取下电阻元件接线板(注意不能在不断电不拆线的情况下测量电阻),将多用表功能选择置于"Ω",量程选择用 $\times 100$, $\times 1k$, 和 $\times 10k$ 挡分别测量标称值为 2k, 24k 和 100k 的 3 个电阻,结果记入表 3.20.3 中.

图 3.20.6 测量直流电压线路图

图 3.20.7 被测电阻图

3. 校准欧姆计

多用表的功能选择同步骤 2,量程选择用 $\times 100$ 挡,将多用表的两测量棒分别于电阻箱上标有"0"和"99999.9Ω"字样的两接线柱连接,按表 3.20.4 中所列数据进行校准,并对该挡位的中值电阻校准之.

4. 测量交流电压

将小型变压器初级接在 $220V$ 交流电源上,多用表功能选择置于"V",量程选择拨到

"V",并用 10V 挡,将多用表两测量棒插入小型变压器次级输出的两插孔内,测出次级线圈的输出电压,结果记入表 3.20.5 中.

5. 数据记录与处理

表 3.20.2　直流电压的测量

单位:V

测量对象	U_{ad}	U_{bd}	U_{cd}	U_{bc}	U_{ab}
多用表量程					
理论值					
测量值					

表 3.20.3　电阻测量

单位:Ω

测量对象	R_1	R_2	R_3
欧姆计量程			
标称值			
测量值			

表 3.20.4　校准欧姆计

单位:Ω

欧姆计刻度	500	600	700	800	900	1k	2k	3k	4k
电阻箱的标准值									

中值电阻标称值 1kΩ,电阻箱校准中值电阻值＝_____ kΩ

表 3.20.5　交流电压的测量

单位:V

变压器次级电压标称值	
测量值	

[注意事项]

(1) 多用表正在测量时,不能转动量程、功能转换旋钮,以免产生电弧烧坏开关触头.

(2) 500 型万用表系采用左、右(即图 3.20.5 中 1,2)两只选择旋钮交替选择功能和量程,容易弄错,故使用时要小心、谨慎.若测量交流电压时将选择旋钮选在"Ω"挡,就会立即烧坏仪表.

(3) 电压、电流刻度在某些挡位需要折算,使用时要弄清其最小分度值表示的读数.

(4) 测量电阻时,必须将被测电路中的电源切断,切勿带电测量电阻.

(5) 使用交、直流 2500 V 量程进行测量时,应采用单手操作的方式进行,严防触电、电击事故发生.

（6）仪表用完后,应将选择旋钮 1,2 转到"•"位置上,使仪表测量偏转线圈短路,形成阻尼.

[思考题]

（1）使用多用表欧姆挡测电阻时,两只手握住表笔的金属部分再与电阻两端接触进行测量时,对结果有无影响? 为什么?

（2）用多用表测电阻时,通过电阻的电流由什么电源供给的? 万用表的红表笔和黑表笔哪一个电位高?

（3）在用欧姆挡测量一个电阻的阻值时,为减小测量误差往往要选择合适的倍率挡,使得表的指针指向中央附近. 为什么?

3.21 光 栅 衍 射

光的衍射现象是光的波动性的一种表现,研究光的衍射不仅有助于加深对光的波动特性的理解,也有助于进一步学习近代光学实验技术,如光谱分析、晶体结构分析、全息照相、光学信息处理等.

[实验目的]

（1）进一步熟悉分光仪的调整与使用.
（2）观察光栅的衍射现象,理解光栅的分光特性.
（3）掌握光栅常数、光波长的测定方法.

[实验仪器]

分光仪,透射光栅,钠光灯,汞灯.

[实验原理]

光栅是在其表面上具有大量等宽度、等间距平行刻痕的光学元件,它具有较高的分辨本领,不仅适用于可见光波,还能用于红外光波和紫外光波,常应用在光谱仪上.

光栅在结构上分为透射光栅和反射光栅,本实验选用的是透射式平面光栅.每条透光狭缝的宽度为 a、遮光部分宽度为 b、两数之和为光栅常数 d.

$$d = a + b$$

在实际应用中,常用每毫米刻线数 $N = 1/d$（条/mm）来表示.

一束波长为 λ 的单色平行光垂直照射在光栅平面时,光通过光栅上每一条缝就像通过单缝一样要发生衍射,由于光栅上各缝的宽度 a 相同,所以各缝的衍射图样相同,又由于各缝衍射图样的平行光线都经过透镜 L 聚焦,所以所有各缝的衍射图样是彼此重合的.正如两相干光波在相遇区域要发生干涉一样,来自各缝的光在相遇区域,即在单缝衍射的各级明条纹区域要发生干涉,形成光栅的衍射图样.如图 3.21.1 所示,光经过透镜后,由于各狭缝所发出的光互相干涉的结果,在其焦平面（分划板）上呈现出各级衍射干涉条纹——分离的狭窄明条纹. 明纹与明纹之间是一片暗区.

图 3.21.1 光栅衍射原理

根据光栅衍射理论,产生衍射明条纹的条件是

$$d\sin\phi_k = k\lambda, \quad k = 0, \pm 1, \pm 2, \cdots \tag{3.21.1}$$

式(3.21.1)称为光栅方程. 其中, d 为光栅常数, k 为光谱级数, ϕ_k 为衍射角, λ 为入射光波长.

由式(3.21.1)可以看出,如果入射光波长 λ 已知,第 k 级谱线相对应的衍射角 ϕ_k 由分光仪测出,就可计算光栅常数 d;反之,若已知光栅常数 d,则可以计算出入射光的波长 λ.

如果入射光是复色光,则由于光的波长不同,对非零的同一级上其衍射角 ϕ_k 也各不相同,于是复色光将被分开,在中央 $k=0$, $\phi_k=0$ 处,各色光仍重叠在一起,形成与复色光颜色相同的中央明条纹. 在中央明条纹两侧对称地分布着 $k=1,2,\cdots$ 级光谱,各级光谱都按波长大小的顺序依次排列成一组彩色谱线,形成光谱图,如图 3.21.2 所示.

图 3.21.2 光栅光谱图

[实验内容]

1. 调整分光仪

具体要求和调整方法参照实验 3.18.

2. 调整光栅

要求光栅平面与平行光管的光轴垂直.

调整时用光栅片代替平面镜,但由于光栅的正、反两面都反射光线且不严格平行,因而在望远镜中出现两个反射的"十"字像.这时,应以光栅面的反射像为准.

在调整好平行光管后,应将光栅正面旋转到正对着望远镜,使它反射的亮"十"字像、狭缝像与望远镜竖准线一道对齐(即三线重合).随即拧紧螺钉 8,锁定载物平台(即光栅)的方位,再也不允许移动它了,这时光栅平面与望远镜光轴垂直,也就与平行光管光轴垂直,从而保证平行光垂直照射到光栅平面上.

3. 测光栅常数 d 及每毫米条纹数 N

(1) 点燃钠光灯,经过几分钟后,钠光灯才能发出耀眼的黄光.

已知钠光的波长为 $\lambda_0 = (589.3 \pm 0.3)\text{nm} = (0.5893 \pm 0.0003)\mu\text{m}$(实际上是十分相近的 588.995nm 及 589.592nm 两条黄色光谱线,只是由于差别较小,通常就取平均值).

(2) 读取光栅衍射光谱的中央明条纹所在基准角度值 $\theta_{0左}$、$\theta_{0右}$ 以及 $k = \pm 2$ 时明纹所对应的角度值 $\theta_{k左}$、$\theta_{k右}$.

(3) 为保证读数正确,应反复测读 3 次以上.

钠光衍射条纹出现双线时,取其中间平均位置为测量线.

4. 测定汞灯可见光谱线波长

将钠光灯换成汞灯,使之对准分光仪平行光管狭缝,读取光栅衍射光谱的中央明纹所对应的角度值 $\theta_{0左}$、$\theta_{0右}$,再转动望远镜,分别对准 $k = \pm 1$ 的蓝紫光、绿光、黄光$_1$、黄光$_2$,读取相应的方位角数值.

[数据处理]

记录数据表格参考如表 3.21.1 所示.

表 3.21.1 记录数据表

k	$\theta_左$	$\theta_右$	θ	ϕ_k	$\bar{\phi}_k$
+					
θ_0					
−					

数据计算

1）衍射角计算公式

$$\theta = \frac{1}{2}(\theta_{左} + \theta_{右}) \tag{3.21.2}$$

$$\phi_k = |\theta_k - \theta_0| \tag{3.21.3}$$

$$\phi_{-k} = |\theta_0 - \theta_{-k}| \tag{3.21.4}$$

$$\bar{\phi}_k = \frac{1}{2}(\phi_k + \phi_{-k}) \tag{3.21.5}$$

2）光栅常数

$$d = \frac{k\lambda}{\sin\bar{\phi}_k} \tag{3.21.6}$$

3）波长

$$\lambda = \frac{d\sin\bar{\phi}_k}{k} \tag{3.21.7}$$

4）测量精度

将测得的光波长与标准波长相对比，给出测量精度. 相对应的汞标准谱线见书后附录.

[思考题]

（1）本实验对分光仪的调整为什么必须做到"三线对齐"?

（2）复色光（例如汞灯光）的光栅光谱，零级条纹与其他各级条纹有何区别?

（3）观察汞灯光谱时，二级与一级有何差别?

3.22 单缝和单丝衍射光强分布

光的衍射现象是光的波动性标志之一，单缝、单丝衍射是典型的衍射实验. 通过这一实验，既能直观地观察到光的衍射现象，又能通过简单的测量获得衍射的光强分布，从而加深对衍射本质的理解.

[实验目的]

（1）观察单缝、单丝、小孔的夫琅禾费衍射现象.

（2）了解缝宽、线径、孔径变化引起衍射图样的变化规律，加深对光的衍射理论的理解.

（3）利用衍射图样测量单缝的宽度和单丝的宽度.

[实验原理]

光作为一种电磁波，在传播过程中经过障碍物时，如不透明物体的边缘、小孔、细丝、狭缝等，一部分光会传播到几何阴影中去，产生衍射现象. 如果障碍物的尺寸与波长相近，那么，衍射现象就比较容易观察到.

依照光源、障碍物及屏的位置关系，可将衍射分成菲涅尔衍射和夫琅禾费衍射. 菲涅尔衍射是光源、屏与障碍物之间的距离为有限远，或者说入射波和衍射波至少有一个是球面波;夫琅禾费衍射是光源、屏和衍射物体相距无限远或相当于无限远,入射波和衍射波都可看做是平面波.用惠更斯-菲涅尔原理,能较好地解释光的衍射现象.

1. 单缝衍射

在用散射角极小的激光器(< 0.002rad)产生的激光束,通过一条很细的狭缝($0.1 \sim 0.3$mm),在狭缝后面较远处(> 0.5m)放观察屏,就可看到衍射条纹,这实际上就是夫琅禾费衍射条纹,如图 3.22.1 所示.

图 3.22.1　衍射原理图

当激光照射在单缝上时,根据惠更斯-菲涅耳原理,单缝上每一点都可看成是向各个方向发射球面子波的子波源.由于子波干涉叠加的结果,在屏上可以得到一组平行于单缝的明暗相间的条纹.理论上可以定量地求出单缝衍射的光强分布规律.

$$I_\theta = I_0 \frac{\sin^2 u}{u^2}, \qquad u = \frac{\pi d \sin\theta}{\lambda} \qquad (3.22.1)$$

式中,d 为狭缝宽度,λ 为单色光波长,θ 为衍射角.由式(3.22.1)可以看出,当 $\theta = 0$ 时,$I = I_0$,光强最强,该条纹称做中央明条纹.当 $\sin\theta = k\lambda/d$ 时,其中 $k = \pm 1, \pm 2, \cdots$ 是暗条纹中心,在暗条纹中心处,光强 $I = 0$.通常情况下 θ 很小,故 $\sin\theta \approx \theta$,所以近似认为暗条纹中心出现在 $\theta = k\lambda/d$ 处.中央亮条纹的角宽度 $\Delta\theta = 2\lambda/d$,其他任意两条相邻暗条纹之间夹角 $\Delta\theta = \lambda/d$,即暗条纹以 $x = 0$ 处为中心,等角间距地左右对称分布.图 3.22.2 给出单缝衍射的光强分布.

图 3.22.2　单缝衍射光强分布

由单缝衍射图可以看出,衍射光的能量大部分都集中在中央明条纹内,各次极大条纹的相对光强为

$$\frac{I_\theta}{I_0} = 0.047, 0.017, 0.008, \cdots \qquad (3.22.2)$$

当单缝与屏距离 $D \gg d$ 时,θ 很小,此时 $\sin\theta \approx \tan\theta = \dfrac{x_k}{D}$,所以各级暗条纹衍射角应为

$$\sin\theta \approx \frac{k\lambda}{d} = \frac{x_k}{D} \qquad (3.22.3)$$

单缝的宽度为

$$d = \frac{k\lambda D}{x_k} \tag{3.22.4}$$

式中,k 为暗条纹级数,D 为单缝与屏之间的距离,x_k 为第 k 级暗条纹距中央主极大中心位置距离. 因此,如果测量了第 k 级暗条纹的位置、单缝和屏之间的距离 D,用光的衍射方法可以测量狭缝的宽度. 同理,如果已知单缝的宽度,可以测量未知的光波长.

2. 单丝衍射

根据互补原理,光束照射在细丝上时,其衍射效应和狭缝一样,在接收屏上得到同样的明暗相间的衍射条纹. 于是,利用上述原理也可以测量单丝尺寸,如图 3.22.3 所示.

图 3.22.3　单丝衍射与单缝衍射互补图

3. 光电检测

光强的相对大小常用光功率计来测量,其核心部件是光电池. 根据光电池的光电特性可知:只要工作电压不太小,光电流与工作电压无关,短路电流和入射光能量成正比,光电特性是线性关系,光电池的开路电压与入射光的能量之间呈非线性关系. 因此,负载电阻越小,光电流与入射光的能量之间的线性关系越好. 光功率计的内部电路,在测量范围内其等效输入电阻达到规定的要求. 所以,用光功率计可以测量入射光的相对强度,并直接显示出来.

由于硅光电池的受光面积较大,所以在硅光电池前安装一个狭缝光栏(0.5mm),用以控制光电池的受光面积. 把硅光电池安装在带有螺旋测微装置的底座上,可沿横向方向移动,这样就可以检测不同衍射角的光强.

[实验仪器]

(1) FD-OD-1 型单缝、单丝衍射光强分布仪.

激光器波长——650.0nm;

功率——2mW.

(2) 读数显微镜.

[实验方法]

实验装置如图 3.22.4 所示.

图 3.22.4   实验装置

1. 激光器；2. 单缝；3. 光导轨；4. 屏；5. 光电探头；6. 一维测量装置；7. 光功率计

1. 观察夫琅禾费单缝衍射、单丝衍射、圆盘衍射、小孔衍射现象

将半导体激光器、单缝、屏通过滑块和支架放置于光具座上，屏与单缝的间距大于 1m，屏和缝之间的距离可以由滑块下面对应的直尺测量. 观察狭缝宽不同时，屏上衍射图样的变化，试解释其变化的原因；再用单丝和小孔替代单缝，观察不同宽度细丝或不同大小孔径时，屏上观察到衍射图样的变化，说明衍射图样变化原因.

2. 测量一维光强分布

调整好光路，保证光电池在移动的范围内，能正确地检测到衍射光. 选择一个恰当的起始位置，沿着一个固定方向，每隔一定的距离（如 0.5mm）检测、记录一组坐标值和光强值. 在坐标纸上绘制出单缝衍射光强分布图.

3. 测量某一单丝宽度

测量屏与细丝的间距 D. 测量第 k 级暗条纹中心与第 $-k$ 级暗条纹中心的距离 $2\overline{X}_k$，测量 6 次，求平均值 $\overline{X}_k$. 已知激光器波长 $\lambda = 650.0$nm，求单丝宽度 d，并与读数显微镜测量的值进行比较，或与标准尺寸（实验室给出）进行比较，给出实验结果. 测量时应单向旋转手轮，以消除回程不确定度.

*4. 测量单缝宽度

用上述相似的方法，测量单缝宽度 d，并与读数显微镜测量结果或实验室给出的结果比较.

*5. 观察双缝、双丝干涉现象

观察双缝、双丝干涉现象，并与单缝衍射现象比较，说明其异同点.

注意：①不要正对着激光束观察，以免损坏眼睛. ②半导体激光器工作电压为直流电压 3V，用专用 220V/3V 直流电源工作（该电源可避免接通电源瞬间由电感效应产生高的电压），以延长半导体激光器的工作寿命.

[思考题]

（1）什么叫光的衍射？试说明衍射有哪些种类？

（2）夫琅禾费衍射应符合什么条件？本实验为什么可认为是夫琅禾费衍射？

（3）如果激光器输出的单色光照射在一根头发丝上，将会产生怎样的衍射图样？

（4）利用激光衍射测量细丝直径，它与普通物理实验中的其他测量细丝直径方法相比较有何不同？试举例说明.

（5）实验中如何判断激光束垂直入射在单缝上？

（6）当缝的宽度满足什么条件时光的衍射现象明显？在什么条件下衍射现象不明显？

（7）若环境背景光对实验有干扰，将采取什么方法消除其影响？

（8）在实验过程中，如激光输出光强有变动，对于单缝衍射图样和相对光强分布曲线有无影响？为什么？

（9）硅光电池前的缝宽对测量是否有影响？

（10）为什么要单向移动光电池？

（11）干涉与衍射有何不同？

3.23   迈克耳孙干涉仪

迈克耳孙干涉仪是 100 多年前迈克耳孙设计制成的分波振幅法产生双光束干涉的仪器. 它可以产生等倾干涉和等厚干涉. 干涉仪具有广泛的用途，如用于测量长度、测折射率和检查光学元件的质量等.

[实验目的]

（1）观察干涉现象.

（2）掌握用单色光源调整迈克耳孙干涉仪的方法.

（3）测量氦氖激光器输出的激光波长.

[实验仪器]

迈克耳孙干涉仪，扩束透镜，支架，氦氖激光器.

[实验原理]

迈克耳孙干涉仪结构如图 3.23.1 所示，G_1、G_2 为两块平行平面玻璃板，分别称为分光板 G_1 和补偿板 G_2，并 45°角固定，M_1、M_2 是两块平面反射镜，M_2 是固定的，M_1 是可移动的，其背面各有 3 个调节螺钉，用来调节镜面方向. L_1、L_2 是微调 M_2 方位的. M_1 镜通过精密导轨，由大小两轮操纵，转动大轮 M_1 镜在导轨上进行粗动，轮转小轮进行微动. M_1 镜在导轨上做微小移动的距离，可由导轨上的标尺和大轮、小轮上的刻度读出.

图 3.23.2 是迈克耳孙干涉仪的光路. 从单色光源发出的一束光射向分光板 G_1，因 G_1 板后面镀有半透膜，光束被镀有半透膜的分光板分成两部分，图中光束 I 是反射部分，光束 II 是透过的部分，然后两束光分别垂直入射 M_1、M_2，再经 M_1、M_2 反射后沿原路返回. 在 E 处相遇形成干涉条纹. G_2 是补偿板，它的作用是补偿光束 II 少走的光程. G_1、G_2 的材料、厚度相同.

图 3.23.1 GS-1 迈克耳孙干涉仪的结构

1. 底座；2. 导轨；3. 拖板；4. 精密丝杆；5. 调节螺丝；6. 可移
动反射镜 M_1；7. 固定反射镜 M_2；8. 调节螺丝；9. 补偿板 G_2；
10. 分光板 G_1；11. 水平拉簧螺丝 L_1；12. 读数窗口；13. 粗调
手轮；14. 微调螺丝；15. 垂直拉簧螺丝 L_2；16. 水平调节螺丝；
17. 传动盒盖

图 3.23.2 迈克耳孙干涉仪的光路

观察到的干涉现象，可以等效地看作光源 M_1、M_2 两个反射镜中的虚光源 S_1' 和 S_2' 发出的光相干涉的结果. M_2' 是 M_2 的像，S_1'、S_2' 是光源 S 的等效光源.

图 3.23.3 中如果 M_1 和 M_2' 之间的距离为 d，当观察者的视角和轴线 Oz 成 θ 角时，光程差：

$$\Delta = n_0 2d\cos\theta \approx 2d\cos\theta$$

$n_0 \approx 1$ 为空气的折射率，相应的相位差为

$$\varphi = \frac{2\pi}{\lambda}\Delta = \frac{4\pi}{\lambda}d\cos\theta$$

在远离 S_1'、S_2' 的观察屏 $X'X$ 上，$\Delta = k\lambda$（k 为整数）的各点光强加强为亮条纹，在 $\Delta = \left(k+\frac{1}{2}\right)\lambda$ 的各点，光强相消成为暗条纹. 从图上可见，在 X' 和 X 的连线上的 O 点，$\theta = 0$，$\cos\theta = 1$，因而两束光的光程差最大（$\Delta = 2d$），随着 $|OP|$ 的增加，θ 增大，$\cos\theta$ 减小，光程差减小. 因此，屏上的干涉条纹是一些环绕着 O 的相互不相交的环形条纹，若 P 点远离观察屏的中心，则在屏上看到的是一些不很弯曲，相互平行的圆弧状条纹. 由于这种干涉条纹是从虚光源发出的倾角相同的光线干涉的结果. 因此，称为"等倾干涉条纹".

因为产生明暗条纹的条件为

$$2d\cos\theta = \left(k+\frac{1}{2}\right)\lambda, \quad k = 0,1,2,\cdots \quad 暗纹$$

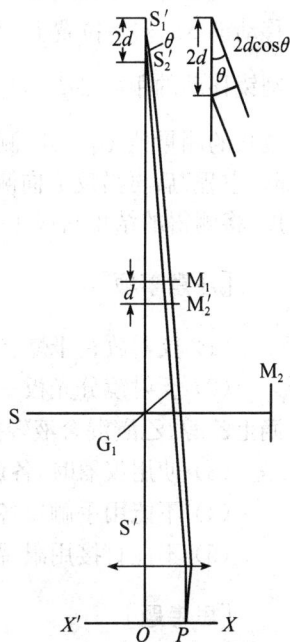

图 3.23.3 干涉光路

$$2d\cos\theta = k\lambda, \quad k = 0,1,2,\cdots \quad \text{明纹}$$

所以当 d 增加时,对于观察屏上某干涉点,相当于增加 k 级所对应的角(或圆锥角)θ. 因此,条纹沿半径向外移动,有条纹从圆心"涌出"的现象. 每当 d 值改变 $\pm\dfrac{\lambda}{2}$,就从圆心($\theta=0$)处"涌出"或"陷入"一个暗(或明)条纹.

如果转动微动手轮使 M_1 镜移动的距离为 Δd,"涌出"或"陷入"的圆环数目为 N 则 $\Delta d = \dfrac{1}{2}N\lambda$,从仪器上可读出 Δd,并数出相应的 N,便可计算出波长 λ.

[实验内容]

1. 仪器调节

(1) 转动粗动手轮,使 M_1、M_2 反射镜处在相对于 G_1 板大致相等的距离上.

(2) 开启氦氖激光器,调节激光器高低,左右位置,使光束垂直地射向 G_1 板的中心,观察光束是否落在 M_1、M_2 两平面反射镜的中心.

(3) 移去观察屏,使 I、II 光束射向墙面,可看到两排亮点,调节 M_1、M_2 后螺钉,使两排中最亮光点大致重合,则 M_1、M_2 大致垂直.

(4) 在氦氖激光器前放一扩束透镜(短焦距透镜),在观察屏上可看到干涉条纹,然后慢慢调节 M_2 镜旁水平微调螺钉 L_1 和垂直 L_2 螺钉,使条纹成圆形,即为等倾干涉圆条纹.

2. 测量氦氖激光器输出激光波长

观察屏上出现等倾干涉条纹后,转动微动手轮,使圆条纹"陷入"或"涌出",这时记下移动镜 M_1 初始位置 L_0,继续转动微动手轮,当条纹变化 N 时,记下移动镜 M_1 位置 L_N,则镜移动的距离 $\Delta d = |L_N - L_0|$,根据公式 $\Delta d = \dfrac{1}{2}N\lambda$,则 $\lambda_{测} = 2\Delta d/N$,由此可算出激光波长的测量值 $\lambda_{测}$. 实际测量时,取 $N=50$,并沿一个方向连续测 $2P(P\geqslant 4)$ 个 L_N 值,在消除"空程"后再沿反方向测一遍,然后用逐差法算出距离 $\Delta \bar{d}$,再算出 $\bar{\lambda}_{测}$,分析测量不确定度,将测得的结果写成 $\lambda = \bar{\lambda} \pm \Delta\lambda$,并与波长标准值 λ_0(632.8nm)相比较.

[注意事项]

(1) 仪器放在干燥、清洁的房间内,防止振动.

(2) 反射镜分光板一般不允许擦拭,必要时需先用毛刷小心擦去灰尘,再用脱脂棉球滴上乙醇、乙醚混合液轻拭.

(3) 使用仪器时,各调整部分用力要适当,不要强旋、硬拔.

(4) 不能用手触摸各镜的光学面.

(5) 不能直接用眼观察激光器输出的激光,以免损伤眼睛.

[思考题]

(1) 在实验中怎样调节迈克耳孙干涉仪,说明它的调节要点?

（2）什么是"等倾干涉"？

（3）用迈克耳孙干涉仪能否产生"等厚干涉"？

3.24 蔗糖的旋光度测量

法国物理学家阿喇果（Arago）在 1811 年首先发现，当偏振光沿石英的光轴方向传播时，偏振光的振动平面会发生旋转，这种现象称做旋光性. 具有旋光性的物质称做旋光物质. 石英、松节油、糖溶液都是旋光物质，许多高分子有机化合物都具有旋光性. 物质的旋光性揭示了分子空间结构的异构现象，不仅在光学上有特殊意义，而且在化学、生物学上也有较为广泛的应用.

偏振光在国防、科研和生产中有着广泛的应用：海防前线用于瞭望的偏光望远镜，偏光显微镜，立体电影中的偏光眼镜，分析化学和工业中用的偏振计和糖量计都与偏振光有关. 随着科学技术的飞跃发展，偏振光成为研究晶体、表面物理的重要手段之一.

测量旋光本领的仪器称做旋光计. 旋光计经常被用来测量糖溶液的浓度，因此有时也称这种仪器为糖量计.

[实验目的]

（1）熟悉光偏振的基本规律.

（2）了解旋光物质的旋光性质.

（3）理解糖量计工作原理.

[实验原理]

光是电磁波，它的电场矢量 E 和磁场矢量 H 互相垂直，且又垂直于光的传播方向. 其中电场矢量 E 具有生理作用，通常称做光矢量，并将该矢量与光的传播方向所构成的平面称为光振动面. 在与传播方向垂直的平面内，光矢量可能有各种各样的振动状态，被称为光的偏振态. 若光矢量方向是任意的，且各方向上光矢量大小的时间平均值是相等的，这种光称为自然光. 若光矢量可以采取任何方向，但不同的方向其振幅不同，某一方向振动的振幅最强，而与该方向垂直的方向振动最弱，则称这种光为部分偏振光. 若光矢量的方向始终不变，只是它的振幅随位相改变，光矢量的末端轨迹是一条直线，则称为线偏振光.

当线偏振光通过旋光物质（如糖溶液）后，偏振光的振动面将以光的传播方向为轴线旋转一定角度 φ，旋转的角度 φ 称为旋光度. 不同的旋光性物质可使偏振光的振动面向不同方向旋转. 如果面对光线，使振动面顺时针旋转的物质称为右旋物质；使振动面逆时针旋转的物质称为左旋物质. 如蔗糖（比旋光度为 $[\alpha]_D^{20} = +66.5°$）、葡萄糖（比旋光度为 $[\alpha]_D^{20} = +52.3°$）是右旋物质，果糖（比旋光度为 $[\alpha]_D^{20} = -92.3°$）是左旋物质. 其中的 D 代表钠黄光.

旋光现象是与分子空间构像有关的. 例如，丁醇就有左旋和右旋两种结构，它们的结构如按照平面来书写，很难看出有什么两样，可是原子在空间排列上是不同的，它们互成

图 3.24.1 丁醇分子的
空间构像

镜像,不重合. 它们的物理性质和化学性质基本上相同,只是在对偏振光的作用上有差异:一个是右旋物质;另一个是左旋物质. 它们旋光度也相同,分别是$[\alpha]_D^{25℃}=+13.52°$和$[\alpha]_D^{25℃}=-13.52°$,如图 3.24.1 所示.

实验证明,对某一旋光溶液,当给定入射光的波长时,旋光度与偏振光通过溶液的长度 l、溶液的浓度 c 成正比,即

$$\varphi = [\alpha]_\lambda^1 cl \tag{3.24.1}$$

式中,旋光度的单位为"度",偏振光通过溶液的长度 l 的单位为 dm,溶液浓度的单位为 g/mL,$[\alpha]_\lambda^1$ 为该物质的比旋光度,它在数值上等于偏振光通过单位长度(dm)、单位浓度 (g/mL)的溶液后引起的振动面的旋转角度. 其单位为:$(°)\cdot mL/(dm\cdot g)$. 由于测量时的温度及所用波长对物质的比旋光度都有影响,因而应当标明测量比旋光度时所用波长及测量时的温度. 例如$[\alpha]_{589.3nm}^{50℃}=66.5°$,它表明在测量温度为 50℃,所用光源的波长为 589.3nm 时,该旋光物质的比旋光度为 66.5°.

在糖溶液浓度 c(以每 100mL 溶液中溶质克数表示)已知的情况下,测出溶液试管的长度 l 和旋光度,就可以计算出该溶液比旋光度,即

$$[\alpha]_\lambda^1 = \frac{\varphi}{cl} \times 100 \tag{3.24.2}$$

若已知某溶液的比旋光度,且测出溶液试管的长度 l 和旋光度,可根据式(3.24.1)求出待测溶液的浓度,即

$$c = \frac{\varphi}{l[\alpha]_\lambda^1} \tag{3.24.3}$$

通常溶液的浓度用每 100mL 溶液中的溶质克数来表示,此时式(3.24.3)改写成

$$c = \frac{\varphi}{l[\alpha]_\lambda^1} \times 100 \tag{3.24.4}$$

用人工的方法,使物质处于外场的作用下,也可以产生旋光现象. 法拉第在 1845 年发现,磁场可以使磁性介质产生旋光性,这种现象称做磁致旋光,为了纪念法拉第的贡献,有时也称做法拉第旋光. 能产生磁致旋光的介质称做磁光介质. 实验表明,对于给定的磁光介质,光振动面的转角与样品的长度 L 及外加的磁感应强度 B 成正比,即

$$\varphi = VLB \tag{3.24.5}$$

式中,比例系数 V 称做韦尔代常量,一般都很小.

对于自然的旋光物质,左旋和右旋的特性取决于物质本身的分子空间结构,与光的传播方向无关. 因此,若线偏振光通过自然旋光物质,再经过反射镜反射,沿原光路返回时,光的偏振面又回到原来的方向. 而对于磁致旋光来说,左旋和右旋都与光的传播方向有关. 当线偏振光沿着磁场方向通过磁光介质时,迎着光线观察,光振动面是右旋的. 当线偏振光逆着磁场方向通过磁光介质时,迎着光线观察,光振动面是左旋的. 所以,当线偏振光沿着磁场方向透过磁光介质,再经过反射镜反射,沿原光路返回时(线偏振两次通过磁光介质),光振动面总共转过 2 倍的角度. 利用这一特点可以制成光隔离器. 光隔离器可以使光从一个方向通过,而不能从反方向通过. 光隔离器在激光的多级放大装置中有重要的应

用,它可以消除光学放大器中光学界面的多次反射,这种反射往往会对前级的装置造成干扰和损害.

[实验仪器]

(1) 实验仪器,WXG-4 圆盘旋光仪.

主要技术指标:

旋光度测量范围——$-180°\sim+180°$;

度盘游标读数值——$0.05°$;

放大镜倍数——$\times4$;

单色光源波长——589.44nm;

试管长度——100mm±1mm、200mm±1mm.

(2) 仪器测量原理.

见本节附录.

[实验方法]

1. 调整旋光仪

(1) 接通电源,开启电源开关,约 5min 后,钠光灯发光正常,便可使用.

(2) 调节旋光仪调焦手轮,使其能观察到清晰的三分视场.

(3) 转动检偏镜,观察并熟悉视场明暗变化的规律,掌握零度视场的特点是测量旋光度的关键. 所谓的零度视场是指三分视界线消失,三部分亮度相等,且视场较暗.

(4) 测量仪器零位置.将试管注满蒸馏水,轻轻拧上螺帽,擦拭干净,放入镜筒盒内,并盖上镜盖.试管有圆泡的一端应朝上,以便气泡存入圆泡中,不致影响观察和测试.调节物、目镜组,以便清楚地看到三分视场分界线.然后转动检偏器,在暗视场条件下使三个区域亮度相等(零度视场),记录左右刻度盘上的读数,重复 6 次.记录表格见表 3.24.1,计算平均值,作为旋光仪的零点位置.

表 3.24.1 测量仪器零位偏差

单位:(°)

n	1	2	3	4	5	6
$\varphi_{左}$						
$\varphi_{右}$						
$\overline{\varphi}_i$						
$\overline{\varphi}_0$						

2. 测定旋光溶液的比旋光度

(1) 将试管中蒸馏水倒入水桶中.用少量的待测标准溶液清洗试管,并将清洗后的废液倒入废液桶中,重新注满该标准溶液.

实验室提供已配制好的标准溶液(0.100g/mL,0.125g/mL,0.150g/mL,0.175g/mL,0.200g/mL,0.250g/mL).实验时应注意记录所选的溶液浓度,不要弄混了.

表 3.24.2 测量标准溶液的比旋光度

温度：_____℃

$c/(g/mL)$							
1	$\varphi'_{左}$						
	$\varphi'_{右}$						
	$\bar{\varphi}_1$						
2	$\varphi'_{左}$						
	$\varphi'_{右}$						
	$\bar{\varphi}_2$						
3	$\varphi'_{左}$						
	$\varphi'_{右}$						
	$\bar{\varphi}_3$						
$\varphi=\bar{\varphi}_i-\bar{\varphi}_0$							
$l(dm)$							
α_i							
$\bar{\alpha}$							

(2) 轻轻拧上试管的螺帽，擦拭干净，将试管放入旋光仪镜筒盒内，并盖上镜盖. 调节物、目镜组，以便清楚地看到三分视场分界线. 转动度盘，再次观察到零度视场时，读取 φ'，重复3次求出平均值 $\bar{\varphi}_i$. 算出旋光度 $\varphi=\bar{\varphi}_i-\bar{\varphi}_0$.

(3) 将 φ、l、c 代入式(3.24.2)，计算出标准溶液的比旋光度. 并注意标明测量时所用的波长和测量时的温度. 数据记录见表 3.24.2.

3. 测量未知糖溶液的浓度

方法同2，只是用未知浓度的同种溶液. 将测得的旋光度 φ、溶液试管长度 l 和前面测出的比旋光度 $[\alpha]^t_\lambda$ 代入式(3.24.4)中，求出该溶液的浓度 c. 记录表格见表 3.24.3.

表 3.24.3 测量未知糖溶液的浓度

$t/℃$						
l/dm						
$[\alpha]^t_\lambda$						
n	1	2	3	4	5	6
$\varphi_{左}$						
$\varphi_{右}$						
$\bar{\varphi}_i$						
$\varphi=\bar{\varphi}_i-\bar{\varphi}_0$						
$c_i/(g/mL)$						
$\bar{c}/(g/mL)$						

[注意事项]

(1) 溶液注满试管，旋上螺帽，两端不能有气泡，螺帽不宜拧得太紧，以免玻璃窗受力而发生双折射，引起测量不确定度.

（2）试管应擦拭干净，尤其是试管两端应擦拭干净方可放入旋光仪.

（3）在测量中应维持溶液温度不变.

（4）更换溶液时，应清洗试管，并保持测试溶液的浓度不变.

（5）试管中溶液不应有沉淀，否则应更换溶液.

[思考题]

（1）测量糖溶液浓度的基本原理是什么？

（2）什么叫左旋物质和右旋物质？如何判断？

（3）振动面旋转的角度与哪些因素有关？

（4）罗兰片的作用是什么？

（5）为何要选择亮度相等的暗视场进行读数？

（6）测量不同浓度的溶液时需要将物、目镜调至不同状态，这是为什么？

（7）为什么不能将试管的螺帽拧得太紧？会有什么现象？

圆盘旋光仪

WXG-4 圆盘旋光仪的光路如图 3.24.2 所示.

图 3.24.2　旋光仪的光学系统

1. 光源；2. 毛玻璃；3. 聚光镜；4. 滤色镜；5. 起偏镜；6. 半波片；7. 试管；8. 检偏镜；9. 物、目镜组；
10. 读数放大器；11. 调焦手轮；12. 度盘与游标；13. 度盘转动手轮

物质的旋光性测量的简单原理如图 3.24.3 所示. 首先将起偏镜与检偏镜的偏振化方向调到正交，观察到视场最暗. 然后装上待测旋光溶液的试管，因旋光溶液的振动面的旋转，视场变亮，调节检偏镜，再次使视场调至最暗，这

图 3.24.3　物质的旋光性测量简图

时检偏镜所转过的角度，即为待测溶液的旋光度. 若检偏器向右（顺时针方向）转动，表示旋光液体将偏振光的偏振面向右（顺时针方向）旋转了，该溶液称做右旋液体. 反之，称做左旋液体.

由于人的眼睛很难准确地判断视场是否全暗（人眼对亮度变化不敏感，原因是人眼有较强的调节能力），因而会引起测量不确定度. 但是，人眼对"亮度"的"比较"较为敏感. 为此，常采用一种称做半荫法的方法来进行测量，以提高测量的准确度. 这种方法不是用亮

图 3.24.4　二分视场和三分视场

和暗来确定其振动面,而是通过对比观察两个区域的亮度是否相同来进行测量,从而大大提高人眼的判断精度.

半荫法的方法是在起偏器后面加一个石英半波片(仪器中 6).随半波片放置的位置不同,可将视场分成两部分或三部分,称做二分视场或三分视场,如图 3.24.4 所示.

为消除石英半波片对入射光的吸收损耗,在石英半波片旁边装上一定厚度的玻璃片,使玻璃片吸收和反射光的强度与石英半波片的吸收和反射光的强度相同.这种装置常称做罗兰片.石英半波片的主截面(由晶体光轴和入射光线组成的平面)与起偏器的偏振化方向成一个较小角度 θ.线偏振光通过半波片时,o 光(寻常光,其光矢量振动方向垂直于主截面)和 e 光(非寻常光,其光矢量在自己的主截面内)产生大小为 π 的位相差,所以,通过石英半波片后,仍然为线偏振光,不过其偏振面转过 2θ 角度.线偏振光通过玻璃时,其偏振化方向不变.若以 A 表示透过石英半波片的光矢量,A' 表示透过玻璃的光矢量,则 A 和 A' 夹角为 2θ.A、A' 光矢量通过旋光液体时,都将转过相同的角度,因此 A、A' 的夹角保持不变.若以 OP 表示检偏器的偏振化方向,偏振光与检偏器偏振化方向将有如下 4 种特殊组合方式,分别对应视场中的 4 种不同的图像,如图 3.24.5 和图 3.24.6 所示.

图 3.24.5　四种特殊组合的光矢量图

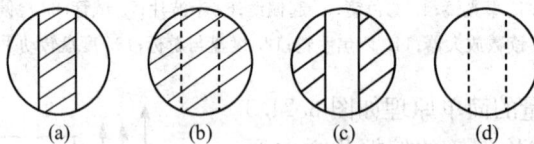

(a) 中间为暗区两边为亮区;(b) 视界消失视场较暗;
(c) 中间为亮区两边为暗区;(d) 视界消失视场较亮
图 3.24.6　转动检偏镜时,目镜中视场明暗变化

　　WXG-4 圆盘旋光仪采用了三分视场的方法来测量旋光溶液的旋光度.从旋光仪目镜中观察到的视场分为三个部分,一般情况下,中间部分和两边部分的亮度不同.当转动检偏镜时,中间部分和两边部分将出现明暗交替变化.图 3.24.6 中列出 4 种典型情况,即:①中央为暗区,两边为亮区;②三分视界消失,视场较暗;③中间为亮区,两边为暗区;④三分视界消失,视场较亮.

　　由于在亮度不太强的情况下,人眼辨别亮度微小差别的能力较大,所以常取图 3.24.6(b)

所示的视场为参考视场.并将此时检偏镜的位置作为刻度盘的零点,故称该视场为零度视场.

当放进了待测旋光液的试管后,由于溶液的旋光性,使线偏振光的振动面旋转了一定角度,使零度视场发生了变化,只有将检偏镜转过相同的角度,才能再次看到图 3.24.6(b)所示的视场,这是检偏器转过的角度就是旋光度,它的数值可以在刻度盘和游标上读出.

为了操作方便,整个仪器的光学系统以 50°倾角安装在基座上.光源为 50W 钠光灯,波长为 589.44nm.检偏镜与刻度盘连接在一起,利用手轮可做精细转动.WXG-4 旋光仪采用的是双游标读数,以消除刻度盘的中心偏差.刻度盘分度 360 格,每格 1°,游标分 20格,它和刻度盘 19 格等长,故仪器的精密度为 0.05°.度盘和检偏器固定在一起,通过手轮能做粗、细调节.目镜片旁边装有两块 4 倍的放大镜,正对着游标卡尺,供读数使用.

第 4 章　综合性实验

4.1　用动力学法测量金属材料的杨氏模量

杨氏模量与切变模量统称为弹性模量. 弹性模量反应材料抵抗形变的能力,是进行热应力计算、选择构件材料的主要依据. 精确测量弹性模量对强度理论和工程技术都具有重要意义. 实验 3.3 中采用的拉伸法(属静态法)测量杨氏模量,通常适用于常温条件金属材料大形变状态下的测量. 该方法载荷大、加载速度慢并伴有弛豫过程,不适用于脆性材料,也不能完成高温状态下的测量. 本实验用支撑、悬挂的方法测量弯曲(横向)共振频率进而计算出动态杨氏模量. 此方法设备易得,理论与实践吻合度好,适用于各种金属与非金属(如石墨、玻璃、陶瓷等脆性材料)材料,也是我国国家标准 GB2105—80、GB/T2105—91所采用的测量方法.

［实验目的］

(1) 了解用动力学法测量杨氏模量的原理,掌握实验方法.

(2) 学习用内插法测量、处理实验数据.

(3) 培养综合运用知识、使用实验仪器的能力.

［实验原理］

1. 杨氏模量与细长棒弯曲振动共振频率的关系

如图 4.1.1 所示,当一细长直棒(长度 $L \gg$ 径向尺寸 d)在竖直面内做与其长度方向相垂直的微小振动(称为弯曲振动)时,棒上任一位置 x 处截面在竖直方向(Z 方向)的位移 η 满足如下动力学方程

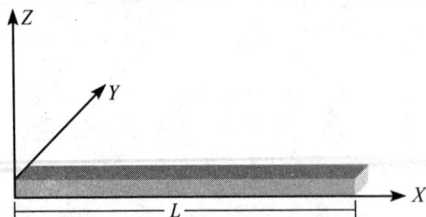

图 4.1.1　弯曲振动

$$\frac{\partial^2 \eta}{\partial t^2} + \frac{EI}{\rho S} \frac{\partial^4 \eta}{\partial x^4} = 0 \qquad (4.1.1)$$

式中,E——棒的杨氏模量;

ρ——棒的质量密度;

S——棒的横截面积;

I——棒横截面的惯性矩 $\left(I = \iint_s z^2 \mathrm{d}s \right)$.

可用分离变量法求方程的解. 令

$$\eta(x, t) = X(x) T(t)$$

代入式(4.1.1),得

$$\frac{1}{X} \cdot \frac{\mathrm{d}^4 X}{\mathrm{d}x^4} = -\frac{\rho S}{EI} \cdot \frac{1}{T} \cdot \frac{\mathrm{d}^2 T}{\mathrm{d}t^2}$$

令两边都等于同一任意常数 k^4,得

$$\frac{\mathrm{d}^4 X}{\mathrm{d}x^4} - k^4 X = 0$$

$$\frac{\mathrm{d}^2 T}{\mathrm{d}t^2} + k^4 \cdot \frac{EI}{\rho S} \cdot T = 0$$

设棒中每点都做简谐振动,得此两方程的通解

$$X(x) = B_1 \mathrm{ch}kx + B_2 \mathrm{sh}kx + B_3 \cos kx + B_4 \sin kx$$

$$T(t) = A\cos(\omega t + \varphi)$$

则式(4.1.1)的通解为

$$\eta(x,t) = (B_1 \mathrm{ch}kx + B_2 \mathrm{sh}kx + B_3 \cos kx + B_4 \sin kx)A\cos(\omega t + \varphi) \quad (4.1.2)$$

式中

$$\omega = \left(\frac{k^4 EI}{\rho S}\right)^{1/2} \quad (4.1.3)$$

ω 为棒振动的圆频率,式(4.1.3)称为频率公式,式(4.1.3)对任意形态截面,不同边界条件的试样均成立. 只要根据特定的边界条件确定常数 k,代入特定的截面惯性矩 I,便可以得到具体条件下频率与杨氏模量的关系式.

若将细棒支撑(或悬挂)在节点(即处于共振状态时棒上位移恒等于零的位置)时,细棒两端都处于自由状态,则两端的作用力和力矩均为零. 即

$$F = -\frac{\partial M}{\partial x} = -EI \frac{\partial^3 \eta}{\partial x^3} = 0, \quad M = EI \frac{\partial^2 \eta}{\partial x^2} = 0$$

则边界条件为

$$\left.\frac{\mathrm{d}^3 X}{\mathrm{d}x^3}\right|_{x=0} = 0, \quad \left.\frac{\mathrm{d}^3 X}{\mathrm{d}x^3}\right|_{x=L} = 0$$

$$\left.\frac{\mathrm{d}^2 X}{\mathrm{d}x^2}\right|_{x=0} = 0, \quad \left.\frac{\mathrm{d}^2 X}{\mathrm{d}x^2}\right|_{x=L} = 0$$

将通解代入边界条件得到

$$\cos kL \cdot \mathrm{ch}kL = 1 \quad (4.1.4)$$

由数值解法可求得满足式(4.1.4)的一系列根 $k_n L = 0, 4.730, 7.583, 10.996, 14.137, \cdots$
其中 $k_n L = 0$ 的根,对应静止状态,因此将 $k_1 L = 4.730$ 记做第一个根,其对应的振动频率称为基振频率.

表 4.1.1 给出了 $n = 1, 2, 3$ 时的节点位置和振幅分布

表 4.1.1   节点位置与振幅分布

n	共振频率	节点位置	振幅分布图
1	基频 f_1	0.224L 0.776L	(a)
2	$f_2 \approx 2.76 f_1$	0.132L 0.500L 0.868L	(b)
3	$f_3 \approx 5.40 f_1$	0.094L 0.356L 0.644L 0.906L	(c)

将 $k_1 = \dfrac{4.730}{L}$ 代入式(4.1.3)，得到棒作基频振动的固有频率

$$f_1 = \frac{\omega_1}{2\pi} = \frac{1}{2\pi} \left(\frac{4.730^4 I}{\rho L^4 S} E \right)^{1/2}$$

解出杨氏模量

$$E = 1.9978 \times 10^{-3} \frac{\rho L^4 S}{I} \omega_1^2 = 7.8870 \times 10^{-2} \frac{L^3 m}{I} f_1^2 \tag{4.1.5}$$

对于直径为 d 的圆棒，惯性矩 $I = \iint_s z^2 \mathrm{d}s = \dfrac{\pi d^4}{64}$，代入式(4.1.5)，得

$$E = 1.6067 \frac{L^3 m}{d^4} f_1^2 \tag{4.1.6}$$

在推导式(4.1.6)的过程中，没有考虑试样任一截面两侧的剪切作用和试样在振动过程中的回转作用. 所以式(4.1.6)只适用于试样直径与长度之比(径长比)趋于零时的情形. 而实际测量时，如果径长比过小，会因为试样易于变形而增大实验结果的不确定度. 因此，精确测量时需要根据试样的径长比对式(4.1.6)作出修正，即乘上一修正系数 R，实际测量计算杨氏模量的公式为

$$E = 1.6067 \frac{L^3 m}{d^4} f_1^2 R \tag{4.1.7}$$

表 4.1.2 列出了泊松比在 0.25~0.35 内材料不同径长比对应的 R 值.

表 4.1.2 R 与 d/L 的对应关系

d/L	0.01	0.02	0.03	0.04	0.05	0.06	0.08	0.10
R	1.001	1.002	1.005	1.008	1.014	1.019	1.033	1.051

2. 试样共振频率的测量

图 4.1.2 是测量试样共振频率所用实验装置示意图. 被测试样可以用支撑法放在激

发换能器(也称激振器)和接收换能器(也称拾振器)上,也可以用细线悬挂在两换能器下面. 由函数信号发生器输出的等幅正弦信号加在激振器上,把电振动转变为膜片的机械振动. 膜片的振动激发试样在竖直面内做弯曲受迫振动. 试样的振动传给拾振器,将机械振动又转变成电信号. 同时,将函数信号发生器的输出信号直接输入示波器的 X 轴,拾振器信号输入示波器的 Y 轴,使两电振动信号叠加合成为李萨如图形.

(a) 动态支撑法

(b) 动态悬挂法

图 4.1.2 动态法测量杨氏模量实验装置示意图

当信号发生器输出频率不等于试样的共振频率时,试样不发生共振,示波器 Y 轴信号幅度很小,屏幕上图形如图 4.1.3(a),当信号频率逐渐接近试样共振频率时,屏幕上的图形由图 4.1.3(a)逐渐变化为图 4.1.3(b),当频率非常接近共振频率时,示波器上呈现如图 4.1.3(c)、图 4.1.3(d)所示的李萨如图形. 因在共振点会发生相位突变,当输入频率等于共振频率时,椭圆主轴在 Y 轴方向,幅度达最大如图 4.1.3(e),由合成图形便可以确定共振频率.

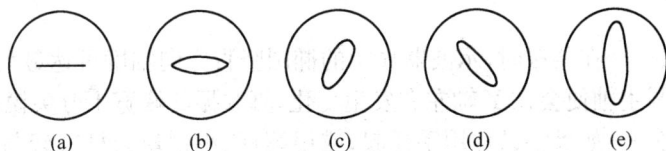

(a)   (b)   (c)   (d)   (e)

图 4.1.3 示波器屏幕上的合成图形

[实验仪器]

DCY-3 动态弹性模量测定仪(由一对换能器、功率函数信号发生器、示波器组成),天平,直尺,螺旋测微计.

[仪器简介]

1. 功率函数信号发生器

输出正弦波、方波、三角波信号. 输出频率范围 5Hz～500kHz；正弦波输出衰减范围 -40～+10dB，有分挡及功率输出专用挡，并设有 0～10dB 细调；工作环境为 0～40℃，相对湿度＜85％；工作电源交流 220V，50Hz.

2. 换能器

本实验采用压电式换能器. 压电陶瓷圆片通常用锆钛酸铅做成. 在陶瓷圆片的上下表面镀上极薄的银电极. 经过处理后具有压电效应. 压电陶瓷用胶粘在圆形薄铜片上，该铜片四周固定，当陶瓷片两极间加有交变电压时，铜片将产生弯曲形变；反之，当外界周期运动传到压电陶瓷片上时，在其两极之间将有交变电压信号产生，信号大小与振动幅度有关.

3. 示波器

本实验采用 XJ4328 型二踪示波器，其原理及使用方法见说明书. 本实验采用 X-Y 工作方式.

[实验内容]

1. 用支撑法练习调节出共振频率并学习判断真假共振的方法

（1）按仪器上的标示连接好线路. 打开信号发生器预热 15min. 打开示波器.

（2）调整换能器底座、支架，使其处于水平、稳定状态.

（3）将试样按支撑法放在换能器上，两支点对称，频率范围置 2.5kHz. 由小到大连续调节并观察示波器屏幕上图形的变化，确定共振频率.

（4）由于换能器、底座、支架、悬丝等部件都有自己的共振频率，都可能以其自身的基频或高次谐波频率发生共振. 信号过强还可以直接通过空气或支架传递给拾振器. 因此可采用下面的方法进行判断：

共振频率预估法——由理论公式估算出共振频率的大致范围，然后在此频率附近仔细寻找；

峰宽判别法——在共振时，示波器显示的椭圆竖直方向幅度可达最大，只要稍改变激振信号频率，椭圆主轴便会在 Y 轴左右发生变化，真共振的峰宽十分尖锐；

撤耦判别法——如果将试样用手托起，或用笔杆、小螺丝刀杆轻轻与试样中点接触，则示波器的图形闭合成 X 轴上的一条直线；

耳听判别法——用胶管沿试样纵向移动能听出波腹处声音大，波节处声音小；

改变温度法——用打火机烧试样，试样共振频率会发生变化，示波器图形发生偏移.

为尽量减小产生虚假共振信号的可能性，测试时激振信号不要过强. 测试样品材质应均匀. 用悬挂法测量时吊扎必须牢靠，两根悬丝必须在通过试样直径的铅垂面上.

2. 用支撑法测样品的弯曲振动基振频率

理论上，测量要求试样两端自由，支点应置于基振时两节点处. 但节点静止，棒的振动无法被激发. 激发棒的振动,支点只能取在节点以外. 这样测得的共振频率与理论条件不一致,势必导致系统误差,可采用内插测量法测出支撑点在节点时试样的共振频率. 具体的测量方法是逐步改变两支撑点的位置 x 和 $L-x$,测出相对应的共振频率. 以 $\frac{x}{L}$ 为横坐标,共振频率 f 为纵坐标作图,从图中可准确求出支点在节点位置的基频共振频率. 由于试样材质内部可能不均匀,试样径向放置方向不同,测得的 f 值不同. 在每个支点测过之后,将试样绕轴转 $90°$ 再测一遍,f 取两次测量的平均值(表 4.1.3 供参考).

表 4.1.3　共振频率与支撑点位置的关系

室温:＿＿＿时间:＿＿＿

x/L $(L-X)/L$	0.05	0.10	0.15	0.20	0.21	0.24	0.25	0.30	0.35
f_{i1}/Hz									
f_{i2}/Hz									
$\bar{f}_i$/Hz									

3. 用天平测量试样质量

用交换称衡法测量试样质量;用直尺测量棒长,测量一次;用螺旋测微计测量直径,测量 6 次.

*4. 用悬挂法测量棒的基振频率

用不同的悬丝进行实验,分析测量结果与测量条件的关系确定最佳实验条件.

5. 计算杨氏模量 E

将测量结果代入式(4.1.7),计算杨氏模量 E.

[注意事项]

(1) 样品要轻拿轻放,以免损毁换能器.
(2) 交变电信号及相应测量仪器均有地线,接线时注意要共地.

[数据处理]

(1) 计算 $\bar{d}$、Δd,给出 $d=\bar{d}\pm\Delta d=$＿＿＿＿ mm.
(2) 计算 E,推导 $E_r(E)$ 公式或 ΔE 公式,计算 $E_r(E)$、ΔE,给出 $E=\bar{E}\pm\Delta E=$＿＿＿＿ N/m².

[思考题]

(1) 为什么要采用内插法测量样品基振频率?
(2) 如何判断示波器上显示的信号是否为试样真正共振信号,为什么?
(3) 如何提高测量精度,减小不确定度?

4.2　超声光栅实验

[实验目的]

(1) 了解超声致光衍射的原理.

(2) 利用声光效应测量声波在液体中的传播速度.

[实验原理]

压电陶瓷片(PZT)在高频信号源(频率约 10MHz)所产生的交变电场的作用下,发生周期性的压缩和伸长振动,其在液体中的传播就形成超声波,当一束平面超声波在液体中传播时,其声压使液体分子作周期性变化,液体的局部就会产生周期性的膨胀与压缩,这使得液体的密度在波传播方向上形成周期性分布,促使液体的折射率也做同样分布,形成了所谓疏密波,这种疏密波所形成的密度分布层次结构,就是超声场的图像,此时若有平行光沿垂直于超声波传播方向通过液体时,平行光会被衍射.以上超声场在液体中形成的密度分布层次结构是以行波运动的,为了使实验条件易实现,衍射现象易于稳定观察,实验中是在有限尺寸液槽内形成稳定驻波条件下进行观察,由于驻波振幅可以达到行波振幅的两倍,这样就加剧了液体疏密变化的程度.驻波形成以后,某一时刻 t,驻波某一节点两边的质点涌向该节点,使该节点附近成为质点密集区,在半个周期以后,$t+T/2$ 这个节点两边的质点又向左右扩散,使该波节附近成为质点稀疏区,而相邻的两波节附近成为质点密集区.

图 4.2.1 为在 t 和 $t+T/2$(T 为超声振动周期)两时刻振幅 y、液体疏密分布和折射率 n 的变化分析.由图 4.2.1 可见,超声光栅的性质是,在某一时刻 t,相邻两个密集区域的距离为 λ,为液体中传播的行波的波长,而在半个周期以后,$t+T/2$.所有这样区域的位置整个漂移了一个距离 $\lambda/2$,而在其他时刻,波的现象则完全消失,液体的密度处于均匀状态.超声场形成的层次结构消失,在视觉上是观察不到的,当光线通过超声场时,观察驻波场的结果是,波节为暗条纹(不透光),波腹为亮条纹(透光).明暗条纹的间距为声波波长的一半,即为 $\lambda/2$.由此我们对由超声场的层次结构所形成的超声光栅性质有了了解.当平行光通过超声光栅时,光线衍射的主极大位置由光栅方程决定.

$$d\sin\phi_k = k\lambda \quad (k=0,1,2,\cdots) \tag{4.2.1}$$

光路图如图 4.2.2 所示.

实际上由于 ϕ 角很小,可以认为:

$$\sin\phi_k = l_k/f \tag{4.2.2}$$

其中 l_k 为衍射零级光谱线至第 k 级光谱线的距离,f 为 L_2 透镜的焦距,所以超声波的波长

$$d = k\lambda/\sin\phi_k = k\lambda f/l_k \tag{4.2.3}$$

超声波在液体中的传播速度:

图 4.2.1

图 4.2.2 超声光栅实验光路图

$$\upsilon = \lambda\nu \qquad\qquad (4.2.4)$$

式中 ν 为信号源的振动频率.

[实验仪器]

实验装置主要由控制主机(超声信号源)、低压钠灯、光学导轨、光学狭缝、透镜、超声池、测微目镜以及高频连接线组成,如图 4.2.3 所示.

[实验过程]

(1) 将器件按图 4.2.3 放置. 低压钠灯与超声光栅实验仪相连.

(2) 调节狭缝与透镜 L1 的位置,使狭缝与载物台分光计垂直,狭缝中心法线与透镜

图 4.2.3 超声光栅实验装置

L1 的光轴(即主光轴)重合,且与载物台分光计平行.二者间距为透镜 L1 的焦距(即透镜 L1 射出平行光).

(3) 调节透镜 L2 与测微目镜的高度,使二者光轴与主光轴重合.调节目镜,使十字丝清晰.

(4) 开启电源.调节钠灯位置,使钠灯照射在狭缝上,并且上下均匀,左右对称,光强适宜.

(5) 将待测液体(如蒸馏水、乙醇或其他液体)注入液槽,将液槽放置于载物台上,放置时,使液槽两侧表面基本垂直于主光轴.

(6) 将高频连接线的一端接入液槽盖板上的接线柱,另一端接入超声光栅仪上的输出端.

(7) 调节测微目镜与透镜 L2 的位置.使目镜中能观察到清晰的衍射条纹.

(8) 前后移动液槽,从目镜中观察条纹间距是否改变,若是,则改变透镜 L1 的位置,直到条纹间距不变.

(9) 微调超声光栅仪上的调频旋钮,使信号源频率与压电陶瓷片谐振频率相同,此时,衍射光谱的级次会显著增多且谱线更为明亮.微转液槽,使射于液槽的平行光束垂直于液槽,同时观察视场内的衍射光谱亮度及对称性.重复上述操作,直到从目镜中观察到清晰而对称稳定的 2~4 级衍射条纹为止.

(10) 利用测微目镜逐级测量各谱线位置读数,测量时单向转动测微目镜鼓轮,以消除转动部件的螺纹间隙产生的空程误差(例如:从 -3、…、0、…、$+3$).

(11) 自拟数据表格,记录各级各谱线的位置读数,计算各谱线衍射条纹平均间距,并计算液体中的声速 V.

[实验数据]

单色光源波长 $\lambda = (589.3 \pm 0.3)\mathrm{nm}$

透镜 L2 焦距　　　　　$f=$　　　　mm, $\Delta f=0.4$mm

被测液体　　　　　　普通水

液体温度　　　　　　$t=$＿＿＿＿＿℃

$$V_t=V_0+\alpha(t-t_0)$$

信号频率 $\nu=$＿＿＿＿MHz

表 4.2.1　衍射级次 k 和衍射谱线位置

k	L_k	$L_{|k|}-L_{|k|-1}$(mm)	$(L_{|k|}-L_{|k|-2})/2$(mm)	$(L_{|k|}-L_{|k|-3})/3$(mm)
-3				
-2				
-1				
0				
1				
2				
3				

$$\Delta l_k=\frac{1}{12}\sum\left[L_{|k|}-L_{|k|-1}+(L_{|k|}-L_{|k|-2})/2+(L_{|k|}-L_{|k|-3})/3\right]$$

$$V=\frac{\lambda f\nu}{\Delta l_k}\quad(\text{m/s})$$

$$E=\frac{|V_t-V|}{V_t}\times100\%$$

[注意事项]

（1）调节器件时，注意保持其同高共轴.

（2）液槽置于载物台上必须稳定，在实验过程中应避免震动，以使超声在液槽内形成稳定的驻波. 导线分布电容的变化会对输出信号频率有影响，因此不能触碰连接液槽和信号源的导线.

（3）压电陶瓷片表面与对面的液槽壁表面必须平行，此时才会形成较好的驻波，因此实验时应将液槽的上盖盖平.

（4）在稳定共振时，数字频率计显示的频率应是稳定的，最多只有最末尾有 1～2 个单位数的变动.

（5）实验时间不宜过长，因为声波在液体中的传播与液体温度有关，时间过长，液体温度可能有变化. 实验时，特别注意不要使频率长时间调在高频，以免振荡线路过热.

（6）提取液槽应拿两端面，不要触摸两侧表面通光部位，以免污染，如已有污染，可用酒精清洗干净，或用镜头纸擦净.

（7）实验时液槽中会产生一定的热量，并导致媒质挥发，槽壁可见挥发气体凝聚，一般不影响实验结果，但须注意若液面下降太多致使压电陶瓷片外露时，应及时补充液体至正常液面线处.

（8）实验完毕应将被测液体倒出，不要将压电陶瓷片长时间浸泡在液槽内.

（9）计算时，透镜焦距 f 为透镜 L2 的焦距.

（10）传声媒介在含有杂质时对测量结果影响较大，建议使用纯净水（市售饮用纯净水即可）、分析纯酒精、甘油等，对某些有毒副作用的媒质（如苯等），不建议学生实验使用，教师教学或科研需要时，应注意安全.

（11）仪器长时间不用时，请将测微目镜收于原装小木箱中并放置干燥剂. 液槽应清洗干净，自然晾干后，妥善放置，不可让灰尘等污物侵入.

[思考题]

（1）为什么声光器件可相当于相位光栅？

（2）怎样判断平行光束垂直入射到超生光栅面？怎样判断压电陶瓷片处于共振状态？

（3）从实验数据去检验声光衍射条件是否满足.

4.3　金属电阻温度系数的测定

物质的电阻率随温度而变化的物理现象称为热电阻效应. 大多数金属导体的电阻随温度的升高而增加，电阻增加的原因可用其导电机理说明，在金属中参加导电的为自由电子，当温度升高时，虽然自由电子数目基本不变（当温度变化范围不是很大时），但是，每个自由电子的动能将增加，因此，在一定的电场作用下，要使这些杂乱无章的电子作定向运动就会遇到更大的阻力，导致金属电阻随温度的升高而增加.

[实验目的]

（1）了解和测量金属电阻与温度的关系.

（2）了解金属电阻温度系数的测定原理.

（3）掌握测量金属电阻温度系数的方法.

[实验原理]

1. 电阻温度系数

各种导体的电阻随着温度的升高而增大，在通常温度下，电阻与温度之间存在着线性关系，可用下式表示

$$R = R_0(1 + \alpha t) \tag{4.3.1}$$

式中 R 是温度在 t℃时的电阻, R_0 为 0℃时的电阻, α 为电阻温度系数. 严格来说, α 和温度有关, 但在 0~100℃范围内, α 的变化很小可以看作不变.

2. 铂电阻

导体的电阻值随温度变化而变化, 通过测量其电阻值推算出被测环境的温度, 利用此原理构成的传感器就是热电阻温度传感器, 能够用于制作热电阻的金属材料必须具备以下特征.

(1) 电阻温度系数要尽可能大和稳定, 电阻值与温度之间应具有良好的线性关系.

(2) 电阻率高, 热容量小, 反应速度快.

(3) 材料的复现性好和工艺性好, 价格低.

(4) 在测量范围内物理和化学性质稳定.

目前, 在工业应用最广的材料是铂铜, 铂电阻与温度之间的关系, 在 0~630.74℃范围内用下式表示

$$R_t = R_0(1 + At + Bt^2) \tag{4.3.2}$$

在 -200~0℃的温度范围内为

$$R_t = R_0[1 + At + Bt^2 + C(t - 100)t^3] \tag{4.3.3}$$

式中, R_0 和 R_t 分别为在 0℃和温度 t 时铂电阻的电阻值, A, B, C 为温度系数, 由实验确定, $A = 3.9802 \times 10^{-3}$℃$^{-1}$, $B = -5.80195 \times 10^{-7}$℃$^{-2}$, $C = -4.27350 \times 10^{-12}$℃$^{-4}$. 由式(4.3.2)和式(4.3.3)可见, 要确定电阻 R_t 与温度 t 的关系, 首先要确定 R_0 的数值, R_0 值不同时, R_t 与 t 的关系不同. 目前国内统一设计的一般工业用标准铂电阻 R_0 值有 100Ω 和 500Ω 两种, 并将电阻值 R_t 与温度 t 的相应关系统一列成表格, 称其为铂电阻的分度表, 分度号分别用 P_t100 和 P_t500 表示.

铂电阻在常用的热电阻中准确度较高, 国际温标 ITS-90 中还规定, 将具有特殊构造的铂电阻作为 -259.66~961.78℃标准温度计使用, 铂电阻广泛用于 -200~850℃范围内的温度测量, 工业中通常在 600℃以下.

[实验仪器]

KD-WT-I 物质温度特性综合实验仪(见图 4.3.1), 数字万用表.

[实验内容]

(1) 测 P_t100 的 R-t 曲线.

调节"设定温度粗选"和"设定温度细选", 选择设定所需的温度点, 打开"加热开关", 将 P_t100 插入恒温腔中, 待温度稳定在所需温度(如 50℃)时用数字多用表 200Ω 挡测出此温度时 P_t100 的电阻值, 并记于表 4.3.1 中.

(2) 重复以上步骤, 设定温度为 60.0℃, 70.0℃, 80.0℃, 90.0℃, 100.0℃, 测出 P_t100 在上述温度点时的电阻值.

图 4.3.1 KD-WT-I 物质温度特性综合实验仪

表 4. 3. 1

$t/℃$	50. 0	60. 0	70. 0	80. 0	90. 0	100. 0
R/Ω						

根据上述实验数据,绘出 R-t 曲线.

(3) 求 P_t100 电阻温度系数.

根据 R-t 曲线,从图上任取相距较远的两点(t_1,R_1)级(t_2,R_2),根据式(4.3.1)有

$$R_1 = R_0 + R_0\alpha t_1, \quad R_2 = R_0 + R_0\alpha t_2$$

联立两式求解得到金属电阻的温度系数为

$$\alpha = \frac{R_2 - R_1}{R_1 t_2 - R_2 t_1} \tag{4.3.4}$$

[注意事项]

(1) 必须在连接完实验装置后,才能打开电源开关.

(2) 适当选择欧姆表挡位.

[思考题]

(1) 用于制作热电阻的金属材料必须具备哪些特征?

(2) 根据 R-t 曲线求电阻温度系数 α 时,为什么从图上取相距较远的两点?

4.4 原子光谱的研究

光谱仪是利用折射或衍射产生色散的一类光谱测量仪器. 光栅光谱仪是光谱测量中最常用的仪器. WDS 光栅光谱仪的主要功能是将入射的复合光变成单色光射出,再通过

光电采集送入计算机进行数据分析.也可以选加样品进行精度要求不高的样品透过、反射率测量.

光栅单色仪入射狭缝宽度和出射狭缝宽度调节(0.01~2.0mm 连续可调),可根据接收单元特性设定相关高压、增益、积分时间等测量参数.

[实验目的]

(1)了解光栅光谱仪的结构与工作原理.
(2)理解原子发光机理及光谱分析的基本方法.
(3)掌握利用光栅光谱仪进行测量的技术.

[实验原理]

光栅光谱仪的基本结构如图 4.4.1 所示.它由入射狭缝 S_1、准直球面反射镜 M_1、光栅 G、聚焦球面反射镜 M_2 以及输出狭缝 S_2 构成.

图 4.4.1 光栅光谱仪光路示意图

衍射光栅是光栅光谱仪的核心色散器件.它是在一块平整的玻璃或金属材料表面(可以是平面或凹面)刻画出一系列平行、等距的刻线,然后在整个表面镀上高反射的金属膜或介质膜,就构成一块反射式光栅.相邻刻线的间距 d 称为光栅常数,通常刻线密度为每毫米数百至数十万条,刻线方向与光谱仪狭缝平行.入射光经光栅衍射后,相邻刻线产生的光程差

$$\Delta s = d(\sin\alpha \pm \sin\beta) \tag{4.4.1}$$

α 为入射角,β 为衍射角,则可导出光栅方程

$$d(\sin\alpha \pm \sin\beta) = m\lambda \tag{4.4.2}$$

光栅方程将某波长的衍射角和入射角通过光栅常数 d 联系起来,λ 为入射光波长,m 为衍射级次,取 $0,\pm1,\pm2,\cdots$ 等整数.式中的"±"号选取规则为:入射角和衍射角在光栅法线的同侧时取正号,在法线两侧时取负号.如果入射光为正入射 $\alpha=0$,光栅方程变为

$$d\sin\beta = m\lambda \tag{4.4.3}$$

衍射角度随波长的变化关系,称为光栅的角色散特性,当入射角给定时,可以由光栅方程导出

$$\frac{\mathrm{d}\beta}{\mathrm{d}\lambda} = \frac{m}{d\cos\beta} \tag{4.4.4}$$

复色入射光进入狭缝 S_1 后,经 M_2 变成复色平行光照射到光栅 G 上,经光栅色散后,形成不同波长的平行光束并以不同的衍射角度出射,M_2 将照射到它上面的某一波长的光聚焦在出射狭缝 S_2 上,再由 S_2 后面的光电探测器记录该波长的光强度.光栅 G 安装在一个转台上,当光栅旋转时,就将不同波长的光信号依次聚焦到出射狭缝上,光电探测器记录不同光栅旋转角度(不同的角度代表不同的波长)时的输出光信号强度,即记录了光谱.这种光谱仪通过输出狭缝选择特定的波长进行记录,称为光栅单色仪.

图 4.4.2 光栅转动系统

在使用单色仪时,对波长进行扫描是通过旋转光栅来实现的.通过光栅方程可以给出出射波长和光栅角度之间的关系(如图 4.4.2 所示)

$$\lambda = \frac{2d}{m}\cos\psi\sin\eta, \tag{4.4.5}$$

其中,η 为光栅的旋转角度,ψ 为入射角和衍射角之和的一半,对给定的单色仪来说 ψ 为一常数.

[实验仪器]

WDS 多功能光栅光谱仪的操作由计算机操作和手工操作来完成.单色仪的入射狭缝宽度、出射狭缝宽度和负高压(光电倍增管接收系统)不受计算机控制用手工设置外,其他的各项参数设置和测量均由计算机来完成. WDS 系列多功能光栅光谱仪结构框图如图 4.4.3 所示.

图 4.4.3 WDS 多功能光栅光谱仪结构图

[实验内容]

WDS 系列组合式多功能光栅光谱仪的控制操作由计算机操作和手工操作共同来完成.单色仪的入射狭缝宽度、出射狭缝宽度和负高压(光电倍增管接收系统)不受计算机控制,需用手工设置,其他的各项参数设置和测量均由计算机来完成.实验操作步骤如下.

1. 开机准备

开机之前,请认真检查 WDS 系列组合式多功能光栅光谱仪的各个部分(单色仪主机、电控箱、接收单元、计算机)连线是否正确,保证准确无误.

为了保证仪器的性能指标和使用寿命,在每次使用完毕,将入射狭缝宽度、出射狭缝宽度分别调节到 0.1mm 左右. 在仪器系统复位完毕后,根据测试和实验的要求分别调节入射狭缝宽度、出射狭缝宽度到合适的宽度.

2. 狭缝调节

仪器的入射狭缝和出射狭缝均为直狭缝,宽度范围 0~2mm 连续可调,顺时针旋转为狭缝宽度加大,反之减小. 每旋转一周狭缝宽度变化 0.5mm,最大调节宽度为 2mm. 为延长使用寿命,狭缝宽度调节时注意最大不超过 2mm. 仪器测量完毕或平常不使用时,狭缝最好调节到 0.1~0.5mm 左右.

3. 电控箱使用

电控箱包括电源、信号放大、控制系统和光源系统(氘灯和钨灯为可选件,不包括在光谱仪的标准配置中). 在运行仪器操作软件前,一定确认所有连接线正确连接且已经打开电控箱的开关.

4. 程序安装(如已安装好,则跳过)

仪器的参数设置和测量均由计算机来完成. 因此在使用前必须先安装 WDS 系列组合式多功能光栅光谱仪中文操作软件.

将随仪器配备的 WDS 系列组合式多功能光栅光谱仪操作软件系统安装光盘放入光驱中,执行其中的 SETUP 程序,即开始进行安装,安装过程大约一分钟.

系统安装结束后,将自动在 WINDOWS 系统的"开始"-"程序"中建立"WDS 系列组合式多功能光栅光谱仪"一项. 执行其中的可执行程序即可运行操作系统.

5. 采用标准光谱灯进行波长校准

光栅光谱仪由于运输过程中震动等各种原因,可能会使波长准确度产生偏差,因此在第一次使用前用已知的光谱线来校准仪器的波长准确度. 在平常使用中,也应定期检查仪器的波长准确度.

检查仪器波长准确度可用钠灯(标准值为 589.0nm 和 589.6nm)、汞灯以及其他已知光谱线的来源来进行.

用钠灯谱线校准. 利用钠灯的两根谱线的波长值(标准值为 589.0nm 和 589.6nm)来进行校准仪器. 根据能量信号大小手工调节入射狭缝和出射狭缝,扫描钠灯光谱. 如果波长有偏差,用"零点波长校正"功能进行校正.

用汞灯谱线校准. 利用汞灯的五根谱线的波长值(标准值为 404.7nm,435.8nm,546.1nm,577.0nm,579.0nm)来进行校准仪器. 根据能量信号大小手工调节入射狭缝和出射狭缝,扫描汞灯光谱.如果波长有偏差,用"波长线性校正"功能进行校正.

6. 分别扫描不同光源的光谱

调节光源,使其在单色仪的波长范围内有最大的输出.根据测量对系统参数进行相应的设置.根据测量学要对出射、入射狭缝宽度进行相应的设置.按"软件系统"进行操作.

WDS 系列组合式多功能光栅光谱仪系统操作软件根据仪器型号不同和接收器的不同配有 PMT 操作系统或 CCD 操作系统.每一系统均可采用系统操作软件来进行仪器操作,下面分别进行说明.

一、PMT 操作系统

1) 开机与系统复位

确认 WDS 系列组合式多功能光栅光谱仪已经正确连接并打开电源.在 WINDOWS 操作系统中,从"开始"-"程序"-"WDS 系列组合式多功能光栅光谱仪"中执行相应的 PMT 可执行程序,或双击桌面上的快捷方式,启动系统操作程序.

若光出现图 4.4.4 画面,请检查电控箱电源开关与 USB 接线,确认开关打开接线正常后,单击"确定"按钮,出现图 4.4.5 画面,提示进行系统复位.根据提示,按"确定"按钮,即进入仪器系统复位,如图 4.4.6 所示.

图 4.4.4 检测光谱仪

图 4.4.5 系统复位提示

图 4.4.6 系统复位

系统复位完成后即可进入系统操作主界面如图 4.4.7 所示.

图 4.4.7 系统操作界面

在系统初始化过程后应有波长复位正确的提示,然后按"确定"进入系统操作主界面. 若不成功,仔细检查系统连接是否正确可靠,在复位过程中是否打开了电源开关.确认一切连接正常但仍然出现错误提示,请与厂家联系.

2) 菜单栏的使用

系统菜单栏中包括文件、测量方式、数据处理、系统操作和帮助五项内容.文件菜单中包括新建、打开、存盘、参数设置、打印和退出系统等项.其中:

新建,即清除当前图谱文件并重新建立一个图谱文件.

打开,即打开已存图谱文件,可根据系统提示选择文件所在路径.

存盘,即保存当前图谱文件,可根据系统提示选择文件保存路径.

参数设置,即根据测量需对系统参数进行相应的设置,参数设置界面如图 4.4.8 所示,在测量模式一栏中,可选择能量或透过率测量,并在系统允许的范围内,对起始刻度和终止刻度进行设置. 能量($0\sim4095$),透过率($0\sim100$).

图 4.4.8　参数设置

在扫描速度一栏中,可对扫描记录数据的速度进行相应的设置,当样品未知时,一般可选择快速或中速. 对于不同型号的仪器,扫描间距会稍有所不同.

在扫描方式一栏中,可选择测量为连续方式或重复方式,或在当前波长对时间进行记录.

在波长范围一栏中,可根据需要在系统允许的波长范围内对其进行相应的设置. 系统允许的波长范围根据仪器型号的不同有所不同.

在光谱带宽一栏中,系统设置为手动,即根据测量需要对出射、入射狭缝宽度进行相应的设置.

系统默认增益为 1,若信号较弱,可适当选择增益($1\sim4$).

打印,即根据提示对话框,打印当前图谱.

退出系统,当结束系统测量,选择此项,根据提示退出光栅光谱仪操作系统.

测量方式菜单中包括光谱扫描、基线扫描和时间扫描等项.

数据处理菜单中包括刻度扩展、局部放大、峰值检索、峰值显示、读取数据、光谱平滑、光谱微分和光谱运算等项.

系统操作菜单中主要包括波长检索、波长校正、系统复位和系统设置等项.

3）工具栏的使用

工具栏中主要包括新建、打开、保存、打印、光谱扫描、参数设置、波长检索、读取数据、峰值检索、刻度扩展、屏幕刷新和停止等项.其中：

新建 `新建`、打开 `打开`、保存 `保存`、打印 `打印` 和参数设置 `参数设置` 等项包含于菜单栏的"文件"菜单中；光谱扫描 `光谱扫描` 包含于菜单栏的"测量方式"菜单中；波长检索 `波长检索` 包含于菜单栏中的"系统操作"菜单中；读取数据 `读取数据`、峰值检索 `峰值检索` 和刻度扩展 `刻度扩展` 包含于菜单栏中的"数据处理"菜单中.

屏幕刷新 `屏幕刷新`，即刷新当前图谱屏幕显示以清除数据标注的字符.

停止 `停止`，点击此项，系统将停止当前操作.

4）退出系统与关机

当系统测试结束后，将出射、入射狭缝调节至 0.1mm 左右，若有负高压系统，则将负高压调节至零.点击菜单栏中"文件\退出系统"，按照提示关闭电源退出仪器操作系统.

二、CCD 操作系统

1）开机与系统复位

确认光栅光谱仪已经正确连接并打开电源.

在 WINDOWS 操作系统中，从"开始"—"程序"—"WDS 系列组合式多功能光栅光谱仪"中执行相应的 CCD 可执行程序，或双击桌面上的快捷方式，启动系统操作程序.

若光出现图 4.4.9 画面，请检查电控箱电源开关与 USB 接线，确认开关打开接线正常后，单击"确定"按钮，根据提示，按"确定"按钮，即进入仪器系统复位.

图 4.4.9 系统复位

系统复位完成后即可进入系统操作主界面如图 4.4.10 所示.

图 4.4.10   系统操作界面

在系统初始化过程后应有波长复位正确的提示,然后按"确定"进入系统操作主界面.若不成功,仔细检查系统连结是否正确可靠,在复位过程中是否打开了电源开关.

2) 菜单栏的使用

系统菜单栏中包括文件、采集、数据处理、系统操作和帮助五项内容.

文件菜单中包括新建、打开、存盘、测量参数、打印和退出系统等项.其中:

新建,即清除当前图谱文件并重新建立一个图谱文件.

打开,即打开已存图谱文件,可根据系统提示选择文件所在路径.

存盘,即保存当前图谱文件,可根据系统提示选择文件保存路径.

测量参数,即根据测量对系统参数进行相应的设置,通常情况下采取默认值即可.

打印,即根据提示对话框,打印当前图谱.

退出系统,当结束系统测量时,选择此项,根据提示退出光栅光谱仪操作系统.

采集菜单中包括一次采集、连续采集和门值设置等项.其中:

图 4.4.11   指定观测区间

一次采集,即在当前中心波长对当前光谱进行一次性记录.

连续采集,即在当前中心波长对当前光谱进行连续性记录,时时刷新.

分段采集,即一次性显示指定光谱区间的整体谱线状态,如图 4.4.11.

数据处理菜单中包括读取数据、光谱平滑、峰值检索、刻度扩展、显示光谱参数、像元波长转换和谱线运算等项.

系统操作菜单中主要包括检索仪器中心波长、

检索谱线中心波长、零点波长校正、系统参数设置和系统复位等项.其中:

检索仪器中心波长,即将操作系统界面显示的中心波长检索至目的波长处.

检索谱线中心波长,即若当前显示的图谱文件中心波长非仪器当前中心波长时,用此项功能将仪器中心波长检索值谱线中心波长.

零点波长校正,当对该仪器系统检测发现系统波长值与准确波长不对应时,可通过此项对系统波长进行校正,在对话框中输入系统值与实际波长值的差值,点击确定即可.

系统参数设置,即系统调试时用到的一些数据,用户不可更改.

系统复位,当仪器在运行过程中发现有不正常现象出现时,可点击此项对系统进行重新复位,以消除影响.

3) 工具栏的使用

工具栏中主要包括新建、打开、保存、打印、波长检索、参数设置、读取数据、峰值检索、刻度扩展、放大、缩小和屏幕刷新等项.其中:

新建 [新建]、打开 [打开]、保存 [保存]、打印 [打印] 和参数设置 [参数设置] 等项包含于菜单栏的"文件"菜单中;波长检索 [波长检索] 包含于菜单栏中的"系统操作"菜单中;读取数据 [读取数据]、峰值检索 [峰值检索] 和刻度扩展 [刻度扩展] 包含于菜单栏中的"数据处理"菜单中;一次采集 [⌒] 和连续采集 [〰] 包含于"采集"菜单中.

屏幕刷新 [屏幕刷新],即刷新当前图谱屏幕显示以清除数据标注的字符.

停止 [■],点击此项,系统将停止当前操作.

4) 退出系统与关机

当系统测试结束后,将入射狭缝调节至 0.1mm 左右,点击菜单栏中"文件\退出系统",按照提示关闭电源退出仪器操作系统.

[注意事项]

(1) WDS组合式多功能光栅光谱仪系统的接收器和操作软件均配有 PMT 操作系统和 CCD 操作系统,测量时光谱仪系统的接收器的接收方式和操作软件的操作方式要一致.

(2) 在系统初始化过程后应有波长复位正确的提示,然后按"确定"进入系统操作主界面.若不成功,仔细检查系统连结是否正确可靠,在复位过程中是否打开了电源开关.

(3) 如果接收系统为光电倍增管,则一定不要在光电倍增管加有电源和高压的情况下,暴露于自然光或任何强光下,否则将使倍增管寿命减小、灵敏度降低,甚至损坏倍增管.

[思考题]

(1) 光栅有几种类型,本实验所用的光栅是何种类型的光栅?

(2) 请简述光电倍增管的工作原理.

(3) 光谱线的各个峰值高度不同说明了什么.

4.5 弗兰克-赫兹实验

1914 年,弗兰克(J. Frank)和赫兹(G. Hertz)用慢电子轰击稀薄气体原子的方法,使汞原子从低能级激发到高能级,通过测量发现,电子和原子碰撞时交换的能量是一确定的值.该实验直接证明了原子能级的存在,同时也证明了原子发生能级跃迁时吸收和发射的能量是完全确定的、不连续的,实验为玻尔的氢原子模型理论提供了直接而独立的证据,这一实验至今仍是科研中探索原子结构的重要手段之一,弗兰克和赫兹也由此获得 1925年诺贝尔物理学奖.

[实验目的]

(1) 理解弗兰克-赫兹管的工作原理.

(2) 观察实验现象,加深对玻尔氢原子理论的理解.

(3) 通过测定氩原子的第一激发电势 U_0,证实原子分立能级的存在.

[实验原理]

根据玻尔的氢原子理论,在原子内部存在一些稳定状态(即定态),处于稳定状态的原子不辐射能量.每个定态都具有确定的能量,其数值是彼此分立的,称为能级.最低能级所对应的状态称为基态,其他能级的状态称为激发态.原子只能从一个定态跃迁到另一个定态,同时吸收或辐射一定份额的能量,此能量大小取决于原子所处两定态能级间的能量差

$$\varepsilon = h\nu = E_m - E_n \tag{4.5.1}$$

在正常情况下,绝大部分原子处于基态,当原子吸收电磁波或受到其他具有足够能量的粒子的碰撞时,可由基态跃迁到能量较高的激发态.弗兰克及赫兹就是利用了低能电子和原子碰撞时交换能量的规律来研究原子的能级结构的.

本实验用电场加速电子,并使之与稀薄气体的氩原子发生碰撞.初速度为零的电子在电势为 U 的加速电场作用下将获得能量 eU,当此能量小于氩原子激发的临界能量时,电子与氩原子的碰撞为弹性碰撞.由于电子的质量远小于氩原子的质量,故碰撞后,电子的能量几乎没有损失.如果碰撞时电子的能量大于等于氩原子激发所需的临界能量,氩原子就会以一定的概率从电子那里获得能量,并从基态 E_1 跃迁到第一激发态 E_2,即电子和氩原子发生了非弹性碰撞,电子损失特定大小的能量

$$eU_0 = E_2 - E_1 \tag{4.5.2}$$

氩原子获得此能量并跃迁到高一能级,这个电势差 U_0 称为氩原子的第一激发电势,测出 U_0 就可以求出氩原子的基态和第一激发态之间的能量差.

弗兰克-赫兹实验仪的核心部件为弗兰克-赫兹管(F-H 管),F-H 管由加热式阴极、双栅极和板极等四极组成,其工作原理如图 4.5.1 所示.

充氩气的 F-H 管中电子由热阴极 K 发出,阴极 K 和第一栅极 G_1 间加有电压 V_{G_1} 用

于控制进入 G_1G_2 空间的电子数,第二栅极 G_2 与阴极 K 之间加有 V_{G_2} 电压,电子在 V_{G_2} 电压作用下获得一定能量向 G_2 方向做加速运动,只有当到达 G_2 的电子能量大于等于 eV_P 时,电子才可能克服拒斥电场的作用到达板极 P,形成板极电流 I_P,可由微电流计测出.

实验时使 V_{G_2} 电压逐渐增加,观察板极电流 I_P 随 V_{G_2} 变化的情况. 如果原子确实只具有分立能级,且基态与第一激发态之间有着确定的能量差的话,就应观察到如图 4.5.2 所示的 I_P 与 V_{G_2} 之间规则起伏的特征曲线.

图 4.5.1 F-H管工作原理图　　　图 4.5.2 充氩 F-H 管的 $I_P \sim V_{G_2}$ 特征曲线

图 4.5.2 所示的曲线反映了氩原子在 K-G_2 空间与电子进行能量交换的情况. 当 V_{G_2} 电压逐渐增加时,电子在其间被加速而获取越来越大的能量. 但起始阶段(oa 段),由于电压较低,电子所获得的能量较少,尚不足以激发氩原子,即使在运动过程中它与氩原子发生碰撞也只是弹性碰撞,因此,I_P 将随 V_{G_2} 的增大而增大. 当达到氩原子的第一激发电位时,电子在第二栅极 G_2 附近与氩原子相撞,可将自己从加速电场中获得的能量($eV_{G_2} = eU_0$)传递给后者,使后者从基态跃迁到第一激发态. 而电子本身失去能量,即使穿过栅极 G_2 后也不能穿过 G_2 与 P 间的拒斥电场,而只能折回到栅极,所以板极电流将显著减少. a 点之后,随着 V_{G_2} 的继续增加,电子的能量在失去 eU_0 后尚有剩余,但在 ab 段获得的能量还不足以克服拒斥电场的作用,I_P 继续下降. 只有当 V_{G_2} 进一步增加,使电子在碰撞中失去 eU_0 后仍剩余足够的能量冲到板极 P,这时 I_P 又开始回升(bc 段),直到 V_{G_2} 达到 $2eU_0$ 时,电子又会在 G_2 与 K 间与氩原子发生两次碰撞而失去能量,造成 I_P 的再次下降(cd 段),以后又会在 d 点之后再次上升. 同理,凡满足式(4.5.3)的地方,I_P 都相应的开始下降,形成规则的起伏变化的 I_P-V_{G_2} 特征曲线. 而各次板极电流 I_P 下降(或回升)时所对应的 V_{G_2} 电压的增量 $U_{n+1} - U_n$ 都应该是氩原子的第一激发电势 U_0.

$$V_{G_2} = nU_0, \quad n = 1, 2, 3, \cdots \tag{4.5.3}$$

处于激发态的原子是不稳定的,总要迅速跳回基态. 在进行跃迁时,就以光子的形式向外辐射 eU_0 大小的能量. 这种光辐射的波长为

$$eU_0 = h\nu = \frac{hc}{\lambda} \tag{4.5.4}$$

$$\lambda_{氩} = hc/eU_0 = 108.1 \text{nm}$$

从光谱分析中确实观察到了这条谱线.

[实验仪器]

FD-HZ-1 弗兰克-赫兹实验仪.

[实验方法]

(1) 熟悉实验装置结构和使用方法.

(2) 逆时针调节 V_{G_2},V_{G_1},V_P,V_F 电压旋钮至最小,扫描开关置于"手动"挡,打开主机电源.

(3) 选取合适的实验条件,置 V_{G_1},V_P,V_F 于适当值,用手动方式逐渐增大 V_{G_2},同时观察 I_P 变化.适当调整预置 V_{G_1},V_P,V_F 值,使 V_{G_2} 由小到大能够出现 6 个峰(谷).

(4) 设置好参数后,仪器预热 15min.缓慢调节 V_{G_2} 电压旋钮,使 V_{G_2} 电压值在 $0.0\sim90.0$V 按步长 0.5V 变化,逐点记录相应的 I_P 值.

[注意事项]

(1) 仪器应该检查无误后才能接电源,开关电源前应先将各电位器逆时针旋转至最小值位置.

(2) 灯丝电压 V_F 不宜放得过大,一般在 2V 左右,如电流偏小再适当增加.

(3) 要防止 F-H 管击穿(电流急剧增大),如发生击穿应立即调低 V_{G_2} 以免 F-H 管受损.

(4) F-H 管为玻璃制品,不耐冲击,应重点保护.

(5) 实验完毕,应将各电位器逆时针旋转至最小值位置.

[数据处理]

(1) 在坐标纸上按一定比例画出 I_P-V_{G_2} 特征曲线,并确定 I_P 的各个峰、谷对应的电压值.

(2) 用逐差法对由板极电流的峰、谷对应的 U_i 计算出氩原子的第一激发电位 $U_{0峰}$、$U_{0谷}$ 的平均值,并与公认值相比较,计算测量精度.

[思考题]

(1) 当电子与氩原子发生碰撞时会产生什么现象?

(2) 为什么 I_P-V_{G_2} 曲线上的各谷点电流随 V_{G_2} 的增大而增大?

(3) 分析 V_{G_1},V_P,V_F 电压对 I_P-V_{G_2} 特征曲线的影响?

4.6　光电效应测普朗克常量

[实验目的]

(1) 通过光电效应实验了解光的量子性.

(2) 测定不同频率入射光所对应的遏止电压 U_s.

(3) 验证爱因斯坦方程,并由此求出普朗克常量.

[实验原理]

1887 年赫兹在验证电磁波存在时意外发现,一束入射光照射到金属表面,会有电子从金属表面逸出,这个物理现象被称为光电效应.用经典理论无法解释光电效应实验,1905 年爱因斯坦把 1900 年普朗克在进行黑体辐射研究过程中提出的辐射能量不连续观点应用于光辐射,提出"光量子"概念,从而给光电效应以正确的理论解释.光电效应实验原理如图 4.6.1 所示.

图 4.6.1　光电效应实验原理图

研究光电效应现象,得到如下规律:

(1) 光电响应时间 $<10^{-9}$ s.

(2) 光电流 I 与极间电压 U 的关系如图 4.6.2 所示.饱和光电流 I_c 与入射光的强度成正比.如果反接电极,光电子将受到反向电场的遏阻,直到此反向电压达到 U_s 时光电流才完全被遏止.此 U_s 称为遏止电压.它与光电子的初动能 E_k 的关系为

$$E_k = \frac{1}{2}mv^2 = eU_s \tag{4.6.1}$$

(3) 光电子的初动能随入射光频率 ν 的增加而线性地增加,而与入射光强无关(图 4.6.3),即

$$E_k = eU_s = eK(\nu - \nu_0) \tag{4.6.2}$$

可见遏止电压 U_s 与 ν 的关系为

$$U_s = K(\nu - \nu_0) \tag{4.6.3}$$

(4) 对不同的电极材料,U_s-ν 图线的斜率 K 是相同的,差别只是 ν_0(图 4.6.3).

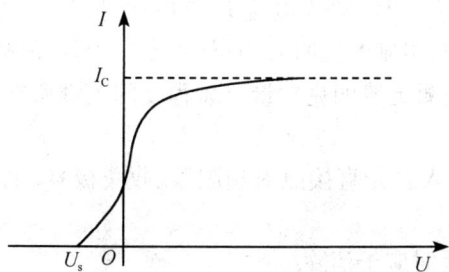

图 4.6.2　光电流 I-U 关系曲线　　　图 4.6.3　遏止电压 U_s 与入射光频率 ν 之间的关系

对每一种电极材料来说,只有当入射光的频率大于某一频率 ν_0 时,才能出现光电流,这个频率 ν_0 称做截止频率(也称做红限频率).当入射光频率小于此频率时,无论光强多强,也不会发生光电流,反之,入射光频率大于 ν_0 时,无论光多弱,也都会有光电流出现.

1905年爱因斯坦研究了这些规律,提出了光子假说:光本身是由光子流构成的.光子以光速前进着.对于频率为 ν 的光束,光子的能量为

$$\varepsilon = h\nu \tag{4.6.4}$$

式中,h 为普朗克常量.光电效应是电子吸收光子获得能量而激发所致,关系式为

$$h\nu = E_k + W \tag{4.6.5}$$

这就是著名的爱因斯坦方程.式中,W 为与光电管阴极材料有关的电子逸出功,而 h 与 K 的关系可由式(4.6.1)~式(4.6.5)解得

$$h = eK \tag{4.6.6}$$

[实验内容]

本实验是用比较简单的装置,进行光电效应实验,并测定普朗克常量.

*1. 观察光电效应现象

对某一频率(如波长 $\lambda = 577\text{nm}$)的入射光,观察当极间电压 U 改变时,光电流 I 的变化情况.

2. 测定不同频率入射光所对应的遏止电压 U_s

由于光电管的结构特点,在测试中,不可避免地存在反向电流(图4.6.4).这是因为:①在制造过程中,无法避免阴极材料溅射到收集极丝上,因而在光照射时它也会有光电子发射.形成所谓"阳极电流",尤其当加上负的极间电压时,加速电场对"阳极电流"有利.它与正常的"阴极电流"方向相反,光电流是其代数和,所以,当"阴极电流"已遏止住时,还有一定的反向电流.②电极都存在热电子发射,即使在没有光照的情况下,也会有电流——"暗电流".③极间电阻不可能无限大,它们之间总会有漏电流——与极间电压成正比关系的"暗电流".由此可见,所谓外加遏止电压 U_s 并不是光电流 $I = 0$ 时所对应的外电压值(图4.6.4上 A 点),而是曲线上电流刚刚开始明显增长的 B 点(转折点)所对应的外电压.准确找出每种频率 ν 入射光所对应的 U_s,是测定普朗克常量可靠程度的关键所在.为此,在实验中必须做到:

图 4.6.4　暗电流及截止电压的确定

(1) 尽量减小光电管反向电流,一方面,避免入射光直接照射到阳极(收集极)丝上;另一方面,尽量保持管壁的清洁与干燥.

(2) 测出光电管的"暗电流",在处理 I-U 关系时应予消除.

(3) 操作必须细致、认真,尤其是在 B 点附近应多测一些数据,以利于判断.

3. 计算普朗克常量

根据上述测定的一系列 $U_s(\nu)$ 值,计算普朗克常量实验值 $h_{实}$.

4. 截止频率的确定

由 $U_s=0$,确定截止频率(红限) ν_0.

[实验仪器]

1. 光源

GGQ-50WHg 高压汞灯及电源. 谱线范围 302.3～612.3nm. 其主要谱线 λ 有:
365.01nm、404.66nm、435.84nm、491.60nm、546.07nm、576.96nm、579.07nm 等.

2. 滤光片

滤光片一组(5 片),允许通过的光频率如表 4.6.1 所示.

表 4.6.1　滤光片型号

型　号	365	405	436	546	577
光频率/$10^{14}\,s^{-1}$	8.2108	7.4065	6.8767	5.4884	5.1947

3. 光电管

GBh-1 专用光电管装在暗盒内,暗盒受光孔平时用遮光罩罩上,以避免光电管经常受到光照射,影响其寿命. 使用时,应除下遮光罩,装上滤光片和孔径 ϕ5mm 的光阑,管架的高度可以调节.

4. GB-Ⅱ型光电效应测试仪

GB-Ⅱ型光电效应测试仪由微电流放大器和直流稳压电源两部分组成,微电流放大器可测 $10^{-7}\mu A$ 微小电流,直流稳压电源提供 2V 和 3V 两种电压,稳定度<1%,本仪器既能够验证光电效应的基本定律,又能测普朗克常量,还可测红限频率.

[实验方法]

1. 实验前的准备

(1) 将光电管暗盒上 A 端和地端分别接在光电效应测试仪的背板电压输出红、黑两接线柱上,光电流端接背板电流输出端子.

(2) 接通交流 220V 电源线,打开总开关,预热 20min 左右. 电流正负换挡开关打至负,把电流换挡开关拨到调零,然后调节调零旋钮至电流表指针为零,接着把电流换挡开关拨到满度,调整满度旋钮使电流表指针正好满刻度. 这样反复几次,使电流换挡开关切换至调零和满度时,电流表分别指示为零和满度.

＊2. 观察测量暗电流

用遮光罩罩住光电管暗盒的光窗,将测量放大器"倍率"旋钮旋到"10^{-6}"挡,顺时针缓慢旋转"电压调节"旋钮,并适当地改变"电压量程"和"电压极性"开关.仔细记录在不同电压下的相应电流值(电流值＝倍率×电流表读数),单位为 A,此时所读得的即为光电管的暗电流.

3. 测量光电流

(1) 盖上汞灯的遮光罩,取下光电管暗盒的遮光罩,迅速装上 365 号滤光片.注意:一切涉及光电管的操作都必须先盖上汞灯的遮光罩,以避免灯光对它的直接强烈照射.打开汞灯遮光罩,使其对准光电管暗盒入射窗口.如果照射偏斜,将出现较大的光电流.这时应适当调整暗盒方位,使其对正光源(光电流将降到适当数值).

(2) 依据教师的指示,从某一电压最低值开始,逐渐增大电压.每 0.10V 作一次电压与光电流的记录,直到光电流为 0 时止.在观察到光电流由缓慢变化转到迅速变化的转变点时,应在这前后各 0.1V 的区间内重新做仔细观测——每 0.02V 测一个值.

(3) 依次调换滤光片型号:405、436、546、577,重复上述的测量步骤(注意测量区间的改变),并作出详细记录.

[数据处理]

(1) 在坐标纸上画出各个光频率 ν 下的 I-U 曲线,并由此分别确定相应的 $U_s(\nu)$ 值.列成表格.

(2) 图解:画出 U_s-ν 图线.依式(4.6.3)的关系,K 是线性方程中的斜率,而 ν_0 对应于 x 轴截距 a.再用式(4.6.6)求得普朗克常量实测值 $h_实$.

U_s 的测量不确定度 ΔU_s 一般可确定为约 0.03V,而图示不确定度应取实测值与 U_s-ν 直线上对应值差数的平均值.将它们合成作为 ΔU_s(一般应不小于 0.04V),ν 的"测量不确定度"极小,略去不计,而只以图示格值作为它的不确定度 $\Delta\nu$.按照图解法原则求得 ΔK 与 $\Delta\nu.e$ 的不确定度极小,则 $h_实$ 的不确定度就等于 K 的不确定度.

将 $h_实$ 与公认值 h 相比较,计算相应的测量精度.

[思考题]

(1) 什么是光电效应?
(2) 光电效应的基本实验规律是什么?
(3) 光电效应实验揭示了什么现象?

4.7 核 磁 共 振

核磁共振系指受电磁波作用的原子核系统在外磁场中磁能级之间发生共振跃迁的现象.1939 年 I. I. Rabi 首次在高真空中的氢分子束实验中观察到核磁共振现象,并用于测量核磁矩,1946 年 E. M. Parcell 和 F. Bloch 分别应用射频技术简化了实验设备和方法,观察到了氢核(^{1}H)的核磁共振. 20 世纪 50 年代初,N. D. Knight、W. G. Proctor 和虞福春等发现了化学位移和自旋耦合,打开了测定分子化学结构的重要应用领域.

近年来,随着实验技术的发展,核磁共振技术已广泛应用于固体物理、分析化学、分子生物学、医药学等科学领域. 它可以直接测定原子核磁矩,并且通过对样品核磁共振谱线的研究,可以获得物质结构的情况. 因此核磁共振实验已成为高等院校近代物理实验必做内容.

[基础知识]

核磁共振的物理基础是原子核的自旋. 早在 1924 年,泡利就提出核自旋的假设,I. Esterman 于 1930 年在实验上给予证实. 1932 年发现中子后,人们认识到核自旋是质子自旋和中子自旋之和. 故只有质子数和中子数两者或其一为奇数时,核才有非零核磁矩,正是这种磁性核才能产生核磁共振.

1. 经典理论

原子核具有自旋,其自旋磁矩在外磁场中会做进动. 若将一个具有磁矩的原子核看成一个磁陀螺,就可以应用经典陀螺旋进理论来分析单个核在磁场中的运动规律.

现将一磁矩为 $\boldsymbol{\mu}$ 的磁陀螺放入恒定磁场 $\boldsymbol{B}_0$ 中,并设 $\boldsymbol{B}_0$ 与 $\boldsymbol{\mu}$ 的夹角为 θ. 如图 4.7.1 所示,则此时磁陀螺将受到一个磁转矩作用,产生进动,称做拉莫尔旋进.

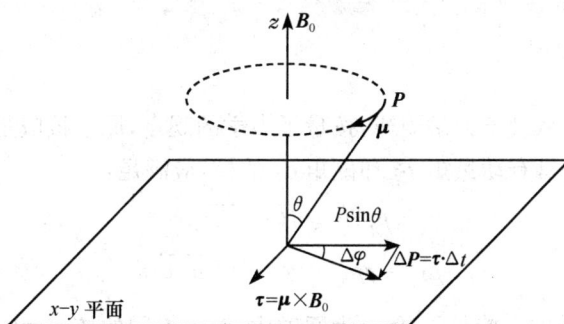

图 4.7.1 磁矩与外磁场的关系图

磁陀螺在外磁场中所受磁力矩 $\boldsymbol{\tau}=\boldsymbol{\mu}\times\boldsymbol{B}_0$,其大小为 $\mu B_0\sin\theta$. 在此力矩的作用下,其动量矩的增量可由动量矩原理求得

$$\Delta p = \tau\Delta t = \mu B_0\sin\theta\Delta t$$

由图 4.7.1 可知,动量矩在 x-y 平面上的投影为 $P\sin\theta$.

当 Δt 很小时,有

$$\Delta\varphi = \Delta p/p\sin\theta = \mu B_0\sin\theta\Delta t/p\sin\theta = \mu B_0\Delta t/p$$

从而旋进频率

$$\omega_0 = \frac{\Delta\varphi}{\Delta t} = \frac{\mu B_0}{p}$$

这表明磁陀螺的进动频率 ω_0 与磁矩 $\boldsymbol{\mu}$、动量矩 $\boldsymbol{p}$ 及外磁场 $\boldsymbol{B}_0$ 之间的关系.

通常把磁矩与动量矩之比称为回磁比,用 γ 表示,即

$$\gamma = \mu / p$$

从而

$$\omega_0 = \gamma B_0 \tag{4.7.1}$$

式(4.7.1)表明一个回磁比为 γ 的磁性陀螺在磁场中的旋进频率只取决于外磁场的大小.

原子物理学研究表明:

$$\gamma = \mu / p = q / 2Mc = \frac{g}{\hbar} \mu_N \tag{4.7.2}$$

式中,q 为核的总电荷,c 为光速,M 为核的总质量,$\hbar = \dfrac{h}{2\pi}$,h 为普朗克常量,μ_N 称为核磁子,它是衡量核磁矩大小的单位,其大小为 $\mu_N = 5.05007866 \times 10^{-27}$ J/T,g 是为了表示不同的核具有不同的结构而引入的一个系数,称为 g 因子.

g 因子与核结构有关,不同元素的核有不同的 g 因子值,例如,质子 $g = 5.59$,锂核 $g = 2.17$ 等等.

综上所述,在外磁场中的原子核,将绕磁场方向进动,其进动频率 ω_0 与外磁场 B_0 成正比,比例系数 γ 称回磁比. 不同元素的核,γ 值不同,同类的核其 γ 值一定相同. 回磁比是一个反映原子核固有性质的物理量,由它可计算与核结构有关的 g 因子,若已知核自旋还可确定核的磁矩.

2. 量子理论

由于微观粒子服从量子力学规律,按量子力学的观点,原子核应是一个量子化的力学系统. 根据量子理论,具有动量矩 p_I 和磁矩 μ_I 的核,应满足:

$$p_I = \sqrt{I(I+1)}\,\hbar \tag{4.7.3}$$

$$\mu_I = \gamma p_I = \gamma \sqrt{I(I+1)}\,\hbar \tag{4.7.4}$$

式中,I 为表示核性质的自旋量子数,γ 为回磁比. 对于不同的核,$I = 0, \dfrac{1}{2}, 1, \cdots$

核磁矩在某一方向(如沿磁场 z 的方向)上的分量用另一量子数 m_I(磁量子数)来表示,即

$$\mu_z = m_I \hbar \gamma \tag{4.7.5}$$

m_I 可取下列值:$m_I = I, I-1, I-2, \cdots, -I+2, -I+1, -I$

在有外磁场 B_0 存在时,进动的核获得附加的能量 E_m,它满足:

$$E_m = -\mu_z B_0 = -m_I \hbar \gamma B_0$$

此时每一能级将分裂为 $2I+1$ 个次能级,每一个能级与磁矩在空间的一定取向对应. 核磁矩可以处在次能级所表征的任一状态中.

考虑最简单的情况,对氢核而言,$I = \dfrac{1}{2}$,仅有两个次能级存在,对应 $m = \pm \dfrac{1}{2}$. 如

图 4.7.2 所示. 对应 $\Delta m = \pm 1$ 的邻近次能级的能量差为

$$\Delta E = E_{-\frac{1}{2}} - E_{+\frac{1}{2}} = \gamma \hbar B_0 = \omega_0 \hbar \tag{4.7.6}$$

图 4.7.2 磁矩与量子状态

式 (4.7.6) 表明, 若这个核再吸收一个附加的频率为 $\omega = \omega_0$ 的电磁量子能量时, 就有可能发生能级跃迁.

事实上, 只要在放入恒定磁场 B_0 中的原子核上, 附加一个垂直于 B_0 平面的、旋转的、频率为 ω_0 的弱场 B_1, 则次能级间的跃迁成为可能.

综上所述, 核在一定的恒磁场和一定的旋转场的作用下, 当旋转场的圆频率等于拉莫尔频率时, 会引起核在磁量子态间发生跃迁. 这便是核磁共振现象.

[实验目的]

(1) 了解核磁共振现象及实验原理.
(2) 掌握测定核的回磁比和 g 因子的方法.

[实验原理]

前面阐明了单个核的核磁共振理论, 而实际上, 所采用的样品是一个处于热平衡的包含着大量的具有相同磁矩的核子系统, 它服从热力学统计规律.

现在考虑 N_0 个磁矩为 $\boldsymbol{\mu}$, 处于热平衡的核系统, 将它放入恒定磁场 $\boldsymbol{B}_0$ 中. 设核的自旋量子数为 $I = \frac{1}{2}$, 由于空间量子化, 磁矩 $\boldsymbol{\mu}$ 在空间只有两种取向, 即对应磁量子数 $m = \pm \frac{1}{2}$ 的两个状态. 因此, $\boldsymbol{\mu}$ 只能分布在如图 4.7.3 所示的两个锥面上. 沿上锥面分布的对应于能量较低的状态: $E_{+\frac{1}{2}} = -\frac{1}{2}\gamma \hbar B_0$. 沿下锥面分布的对应于能量较高的状态: $E_{-\frac{1}{2}} = \frac{1}{2}\gamma \hbar B_0$. 当磁矩系统处于热平衡时, 位于上锥面的粒子总数 N_{10} 多于下锥面的粒子总数 N_{20}.

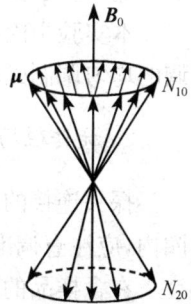

图 4.7.3 磁矩状态与粒子数

按照热力学统计规律计算表明,在低能级出现的超量核子数为:$N_s = N_{10} - N_{20} = N_{10}\frac{\hbar\omega_0}{KT}$. 如 ^{1}H 核在室温下,$B_0$ 为 1T 时,$\hbar\omega_0/KT \approx 7\times10^{-6}$,若 $N_{10} = 1000000$,则 $N_s = 7$,$N_{20} = 1000000 - 7 = 999993$,就是这样微小的差别,能使我们观察到核磁共振现象. 即只有处在低能态的很小数量的超量核对核磁共振现象有贡献.

总之,当在垂直于 B_0 的平面内加一旋转射频磁场,并使其频率等于 ω_0 时,超量核能够吸收射频场的能量,从 $m = +\frac{1}{2}$ 态到 $m = -\frac{1}{2}$ 态发生跃迁. 又由于这些超量核是处于一个热平衡系统中,它们必然和周围其他核发生能量交换,将多余的能量传递出去,从而再降回低能级. 这样就出现了样品的核系统从射频场不断吸收能量的现象,使核磁共振观测成为可能.

[实验装置]

核磁共振实验装置如图 4.7.4 所示. 它由固定磁场、扫描电源、边限振荡器、探头(包括样品)、频率计、示波器组成.

图 4.7.4 实验装置图

1. 固定磁场 B_0

对固定磁场的要求是稳定性要好,在样品所在范围内均匀性好. 磁场越强,热平衡时上下能级粒子数差越大,核磁共振吸收信号也越强.

本实验中固定磁场由永磁体提供,永磁体上装有两对扁平的调制场线圈,提供一个可调的均匀调制磁场.

2. 旋转磁场 B_1 的产生

探头连接的是一个振荡器,由它在线圈中产生旋转磁场 B_1. 圆柱形样品放在谐振线圈内,应注意调准线圈轴线与恒定的磁场方向垂直.

在含样品的射频线圈内实际建立的是一个线性振动磁场,由振动理论可推论出它相当于一个旋转磁场的存在. 将射频线圈放置在 x 方向,振荡时沿线圈轴线 x 方向就产生一个交变的磁场:$B_x = 2B_1\cos\omega t$,对这个线偏振磁场,可视为是两个方向相反的圆偏振场的合成,如图 4.7.5 所示.

图 4.7.5　振动矢量合成图

其中与拉莫尔旋进方向相同的旋转场提供了上述的旋转磁场,从而产生共振,引起跃迁;另一成分因其旋转方向相反,不能产生引起共振的旋转磁场的作用,不会对样品产生效果.

3. 信号的接收——边限振荡器

边限振荡器产生射频振荡,其谐振频率由样品线圈和并联电容决定.所谓边限振荡器,是指振荡器调节至振荡与不振荡的边缘,当样品吸收的能量不同时,振荡器的振幅将有较大的变化.共振时,样品吸收增强,振荡变弱,这就可以将反映振荡器振幅大小变化的共振吸收信号用示波器显示出来.

4. 扫场与扫频

观察核磁共振吸收信号有两种方法:一是磁场 B_0 固定,让交变射频场 B_1 的频率 ω 连续变化,通过共振区域,当 $\omega=\omega_0=\gamma B_0$ 时,出现共振峰,称为扫频法;另一方法是把交变射频场的频率 ω 固定,而让磁场 B_0 连续变化,通过共振区域,称为扫场法.

本实验采用扫频法.

5. 顺磁离子的影响

顺磁离子是指具有电子磁矩的粒子,如过渡金属的离子等.因为电子磁矩比核磁矩大 3 个数量级,因此在样品中掺少量顺磁离子,它附近的局部场大大增强,就会对核磁共振的弛豫作用起巨大的影响,从而使共振信号加强.

[实验内容]

1. 系统连接

(1) 将探头的 L16 高频接头插入边限振荡器的 L16 高频插座,并旋紧螺母.将样品放入探头的线圈中,注意要将样品及线圈置于磁场最均匀处.

(2) 按图 4.7.4 的方框图进行连接.①扫描输出接磁铁的扫描线圈;②x 轴输出接示波器的 x 轴输入;③扫描电源的电源输出接头通过航空接头连接线与边限振荡器的电源输入连接头连接;④频率输出接频率计;⑤信号输出接示波器 y 轴输入.

2. 观察质子的核磁共振

(1) 接通 220V 电源,打开电源开关.将含有质子的样品放入探头线圈中,按表 4.7.1 旋转幅度调节旋钮使射频幅度显示至最佳射频幅度.

表 4.7.1 样品的弛豫时间 T_1 及最佳射频幅度

样 品		T_1/ms	最佳射频幅度/V
$CuSO_4$	(1#)	2	3
$FeCl_3$	(2#)	2	3
HF(^{19}F)	(3#)	10	2
HF(^{1}H)	(3#)	1	<0.1
丙三醇	(4#)	50	0.5
纯水	(5#)	50	<0.1
$MnSO_4$	(6#)	1	4

(2) 将扫描幅度调节至最大,旋转频率调节至共振,可在示波器上观察到质子的核磁共振波形.

3. 磁场的精确测量

利用核磁共振关系式(4.7.1)可间接测量磁场,即

$$B_0 = 2\pi f / \gamma$$

式中,f 为共振频率,以 Hz 为单位,γ 为质子回磁比.

4. 观察氟核的核磁共振现象

测出其回磁比(表 4.7.2),计算 g 因子和磁矩,并与给出值作比较,计算测量精度.

表 4.7.2 一些原子核磁共振的有关参数

元 素	电荷数	质量数	$\dfrac{\gamma}{2\pi}$/MHz·T^{-1}	μ/μ_N	自旋量子数
^{1}H	1	1	42.577	2.79245	1/2
^{3}Li	3	7	16.55	3.257	3/2
^{5}B	5	11	13.66	2.687	3/2
^{6}C	6	13	10.71	0.702	1/2
^{19}F	19	29	40.06	2.6273	1/2
^{13}Al	13	27	11.09	3.641	5/2

(1) 用含氟核的样品,首先观察 ^{19}F 的共振信号,由频率计读出对应的共振频率 f,便可利用式(4.7.1)求得回磁比.

(2) g 因子可用式(4.7.2)求出.

(3) 一般把核磁矩投影的最大值称为核磁矩,可用 $\mu = \dfrac{1}{2}\hbar\gamma = \dfrac{1}{2}g\mu_N$ 计算核磁矩.

5. 观察各种因素对核磁共振现象的影响

(1) 改变射频场 B_1 的强度;

(2) 改变扫场幅度;

(3) 观察磁场 B_0 的均匀度对共振信号的影响;

(4) 观察顺磁离子的影响(比较纯水与 $FeCl_3$ 水溶液样品的共振信号).

6. 用李萨如图形观测共振信号

通过旋转扫描电源的 x 轴相位和 x 轴幅度至相应位置,即可观测信号.

待测样品:

$1^{\#}$　掺入 $CuSO_4$ 的水溶液样品,可以获得强质子共振;

$2^{\#}$　掺入 $FeCl_3$ 的水溶液样品,可以观察顺磁离子对质子共振的影响;

$3^{\#}$　液态 HF 样品,可观察^{19}F 核的共振;

$4^{\#}$　液态丙三醇样品,可观察有机化合物中的质子共振;

$5^{\#}$　纯水 H_2O 样品,可观察弱的质子共振;

$6^{\#}$　液态 $MnSO_4$ 样品,可获得强的质子共振.

[思考题]

(1) 何谓核磁共振现象? 在哪些物质中可以有核磁共振现象? 实验中是怎样观察核磁共振现象的?

(2) 调制磁场的作用是什么? 不用它能否观察到共振现象?

(3) 在什么实验条件下,才可以在示波器上观察到等间隔的共振信号?

4.8　密立根油滴实验测量电子电荷

20 世纪初,由于电子技术的广泛应用和对物质结构的电性质研究,促使人们对电的本质做出正确的解释. 美国物理学家密立根(Robert A. Milliken)在 1909~1917 年,做了无数次的测量微小油滴上所带电荷的实验,即油滴实验. 通过该实验,得出两条重要结论: ①电荷的量子性,即所有电荷都是基本电荷 e(电子电荷)的整数倍;②精确地测定了电子电荷的数值 $e=1.60\times10^{-19}$C. 因此,他荣获了 1923 年度的诺贝尔物理学奖.

密立根油滴实验是物理学发展史上具有重要意义的实验. 该实验对近代物理的发展起到了重要的作用,为近代电子论的建立、为人类研究物质结构奠定了实验基础. 密立根油滴实验有着巧妙的设计、精确的构思,用简单的方法测出精确、稳定的结果,堪称是物理实验的精华和典范. 近年来根据这一实验的设计思想改进的磁飘浮方法测量分数电荷的实验,使经典的实验又焕发了青春.

[实验目的]

(1) 了解密立根油滴仪的结构,油滴实验测定电子电荷的设计思想和方法.

（2）了解 CCD 图像传感器的原理和电视显微测量方法.

（3）用动态法和平衡法测量电子电量的大小.

（4）验证电荷的量子性.

[实验原理]

按油滴做匀速直线运动或静止两种运动方式分类,可将测量电子电荷分为动态测量法和平衡测量法.

1. 动态测量法

一个质量为 m 带电量为 q 的油滴处在两块平行板之间,在平行板未加电压时,油滴受重力的作用而加速下降,由于空气阻力 f_e 的作用,下降一段距离后,油滴将匀速运动,速度为 v_g,此时 f_e 与 mg 平衡,如图 4.8.1 所示.

由斯托克斯定律知,黏滞阻力为

$$f_e = 6\pi a\eta v_g = mg \tag{4.8.1}$$

式中,η 为空气黏滞系数,a 为油滴的半径.

若在平行板上加电压 V,油滴处在场强为 E 的静电场中,此时油滴受到静电场力 qE、重力 mg 的作用,如图 4.8.2 所示.

图 4.8.1　重力场中油滴受力图　　　　图 4.8.2　油滴在静电场中受力图

当 $qE > mg$ 时,油滴加速上升,由于 f_e 的作用,上升一段距离后,重力、阻力和静电力达到平衡,此时,油滴将以 v_e 的速度匀速上升,于是有

$$\begin{cases} 6\pi a\eta v_e + mg = qE = q\dfrac{V}{d} \\ 6\pi a\eta v_g = mg \end{cases} \tag{4.8.2}$$

由式(4.8.2)可知,为了测定油滴所带的电荷量 q,除应测平行板上所加电压 V、两块平行板之间距离 d、油滴匀速上升的速度 v_e 和下降速度 v_g 外,还需知道油滴质量 m. 由于油滴在空气中悬浮以及表面张力的作用,可将油滴视为圆球,其质量为

$$m = \frac{4}{3}\pi a^3\rho \tag{4.8.3}$$

由式(4.8.2)和式(4.8.3)可得出油滴半径为

$$a = \sqrt{\frac{9\eta v_g}{2\rho g}} \tag{4.8.4}$$

由于油滴半径 a 非常小(10^{-6}m 左右),油滴的半径接近于空气中气体分子平均间隙的大小,空气介质已不能认为是均匀的、连续的,所以,空气的黏滞系数应修正为

$$\eta' = \frac{\eta}{1 + \dfrac{b}{pa}} \tag{4.8.5}$$

式中,p 为大气压强,b 为压强修正常数,将式(4.8.5)代入式(4.8.4),得

$$a = \sqrt{\frac{9\eta v_g}{2\rho g\left(1 + \dfrac{b}{pa}\right)}} \tag{4.8.6}$$

设油滴匀速下降和匀速上升的距离相等,均为 l,则有

$$v_g = \frac{l}{t_g} \quad v_e = \frac{l}{t_e}$$

所以油滴所带的电荷量为

$$q = \frac{18\pi}{\sqrt{2\rho g}} \left[\frac{\eta l}{1 + \dfrac{b}{pa}}\right]^{\frac{3}{2}} \frac{d}{V}\left(\frac{1}{t_e} + \frac{1}{t_g}\right)\left(\frac{1}{t_g}\right)^{\frac{1}{2}} \tag{4.8.7}$$

令

$$K = \frac{18\pi}{\sqrt{2\rho g}} \left[\frac{\eta l}{1 + \dfrac{b}{pa}}\right]^{\frac{3}{2}} d$$

表示只与实验条件有关的常数,则式(4.8.7)变为

$$q = K\left(\frac{1}{t_e} + \frac{1}{t_g}\right)\left(\frac{1}{t_g}\right)^{\frac{1}{2}} V^{-1} \tag{4.8.8}$$

式(4.8.8)就是动态法测量油滴带电荷的公式.

实验时,将功能控制开关拨至"测量"挡位,让油滴自由下落 l 距离,测得所用时间 t_g,再加上电压 V(将功能控制开关拨至"提升"挡位),使油滴上升相同的 l 时,测得所用时间 t_e,代入式(4.8.8)便求得油滴所带电荷量的 q 值.

2. 静态法测量

若调节平行板间电压,使油滴不动,此时 $qE = mg$,$v_e = 0$,$t_e \to \infty$,则式(4.8.8)变为

$$q = K\left(\frac{1}{t_g}\right)^{\frac{3}{2}} \frac{1}{V} \tag{4.8.9}$$

式(4.8.9)就是静态法计算油滴所带电荷的公式. 实验时,只需测得油滴自由下落距离 l 所用的时间 t_g 和油滴平衡时所加的电压 V,便可求得 q 的值.

3. 基本电荷的测量

测量油滴所带电荷的目的是找出电荷的最小单位 e. 为此可以对不同的油滴,分别测出其所带的电荷值 q_i,它们应近似为某一最小单位的整数倍,即油滴电荷量的最大公约数,或油滴带电量之差的最大公约数,即为基本电荷.

实验中可采用紫外线、X 射线或放射源等改变同一油滴所带的电荷,测量油滴上所带电荷的改变值 Δq_i,而 Δq_i 值应是基本电荷的整数倍.

$$\Delta q_i = n_i e, \quad n_i \text{ 为整数} \tag{4.8.10}$$

也可以用作图法求 e 的值,根据式(4.8.10),e 为直线方程的斜率,通过曲线拟合,即可求得 e 值.

[实验仪器]

图 4.8.3   油滴盒结构

本实验选用的是 HLD-MOD-V 型密立根油滴仪. 该仪器由油滴盒、油雾室、CCD 电视显微镜、电路箱、监视器等组成,如图 4.8.3 所示.

1. 油滴盒

油滴盒 1 是个重要部件,由精密加工的平板垫在胶木圆环上,在上电极板 7 中心有一个 0.4mm 的油雾落入孔 2,在胶木圆环上开有显微镜观察孔、照明孔和一个备用孔,备用孔为采用紫外线等手段改变油滴带电量时使用,在上电极板的上方有一个可以左右移动的压簧,保证上电极板与下电极板 8 始终平行. 油滴盒外套有防风罩 3 及照明灯. 照明灯采用聚光半导体发光器件,其光路与 CCD 显微镜光路的夹角为 $150°\sim160°$. 在照明座左上方有一个安全开关. 当取下油雾室时,平行电极就自动断电. 油滴盒整体固定在油雾盒基座 9 上.

2. 油雾室

油雾室 4 放置在防风罩上,可以取下. 油雾室底中心有一个落油孔 5 和一个挡板 6,用来开关油雾孔. 旁边有一个喷雾口 10,喷雾器产生油雾由此喷入. 为了防止灰尘和空气中的水分落入,油雾室顶部有上盖板 11.

3. CCD 电视显微镜

CCD 电视显微镜包括显微物镜、CCD 摄像头. 在显微镜上有两个对称的调焦旋钮,用来调节像的聚焦.

4. 电路箱

电路箱内有高压产生装置和测量控制等电路. 主要开关功能叙述如下:

电源开关——按下时将接通电源,整机开始工作.

平衡电压调节旋钮——调节平板电压的大小.

功能控制开关——功能控制开关共分三挡.

(1)平衡位置.处于"平衡"挡位时,可通过调节平衡电压调节旋钮调节平衡电压,使被测油滴处于平衡位置.

(2)升降位置.处于"升降"位置时,控制电路将在上、下极板间的平衡电压基础上,自动增加 $200\sim300\text{V}$ 直流提升电压.此时,油滴在电场的作用下,将向上运动.

(3)测量位置.处于"测量"位置时,加到极板的电压为 0V.油滴将在重力场的作用下均匀下降,此时可打开计时器计时.当达到预定地点时,迅速停止计时,同时拨到平衡挡.

计时按钮——按下此按钮开始计时;

清零按钮——按下此按钮,将计时器清零.

[实验方法]

1. 仪器的连接与调整

调节底部 3 只调平手轮,使水平指示器中的水泡在中间位置.此时油滴盒及电极板处于水平的位置.

2. 测量练习

喷油后,功能控制开关置于"平衡"挡,调节平衡电压调节旋钮,使电极板间的电压在 200V 左右.注意选择几颗缓慢运动,较为清晰明亮的油滴.将功能控制开关置"测量"挡位,观测其下落的大概速度,让油滴在屏幕上匀速下降四格($0.50\text{mm}\times4=2.00\text{mm}$)的时间在 $10\sim30\text{s}$.从中选一颗为测量对象(目视直径在 $0.5\sim1\text{mm}$ 为宜).将功能控制开关拨至"升降"位置,或通过平衡电压调节旋钮,让油滴向上运动.反复调节后,将油滴移至某条刻度线上,仔细调节平衡电压,这样反复操作几次,经过一段时间观测,油滴确实不再移动认为是平衡了.

3. 测量

(1)静态法测量.

将已经调平衡的油滴,通过功能控制开关"升降"或平衡电压调节旋钮,将油滴定位在"起跑"线上,并重新调平衡.按清零按钮将计时器清零.将功能控制开关拨向"测量"位置同时按压计时按钮,计时器开始计时.此时油滴开始匀速下降,当油滴到"终点"时迅速将功能控制开关拨至"平衡",油滴将停止运动,计时也立即停止.记下运动的时间.

重复上述测量 5 次,计算油滴运动时间的平均值 $\bar{t}_\text{g}$.

分别选择不同的 $6\sim10$ 颗油滴进行测量,计算电子电量.

注意:每次测量都需检查平衡电压,分别记下电压值,实验数据记录表可参考表 4.8.1.

表 4.8.1 静态法测量油滴电量

天气：_____ 室温：_____

油滴	序号	V/V	t_g/s	$q/(10^{-19}\text{C})$	n	$e/(10^{-19}\text{C})$	$a/(10^{-7}\text{m})$	$m/(10^{-15}\text{kg})$
1	1							
	2							
	3							
	4							
	5							
2	6							
	7							
	8							
	9							
	10							
...	...	...	...	...	...		...	...
10	50							

*（2）动态法测量.

动态测量需要检测提升电压、油滴上升 l 时所需的时间 t_e 和油滴下降 l 时所需的时间 t_g. 实验方法同 1）. 实验中选择 6～10 颗不同的油滴分别测量，对每一颗油滴测量 5 次，数据记录表可参考表 4.8.2.

表 4.8.2 动态法测量

天气：_____ 室温：_____

油滴	序号	V/V	t_g/s	t_e/s	$q/(10^{-19}\text{C})$	n	$e/(10^{-19}\text{C})$	$a/(10^{-7}\text{m})$	$m/(10^{-15}\text{kg})$
1	1								
	2								
	3								
	4								
	5								
2	6								
	7								
	8								
	9								
	10								
...	...	...	...	...	...	...		...	...
10	50								

实验中所用的有关参考数据，以实验室提供的为准.

油滴密度——$\rho = 981\text{kg/m}^3$；

重力加速度——$g = 9.80\text{m/s}^2$；

空气黏滞系数——$\eta = 1.83 \times 10^{-5}\text{kg/(m·s)}$；

油滴匀速下降距离——$l = 2.00 \times 10^{-3}\text{m}$；

两块平行板之间距离——$d = 5.00 \times 10^{-3}\text{m}$；

压强修正常数——$b = 6.17 \times 10^{-6}$ m·cmHg;

大气压强——$p = 76.0$ cmHg;

基本电荷的最佳公认值——$e = (1.60217733 \pm 0.00000049) \times 10^{-19}$ C.

[数据处理]

1. 计算

(1) 将实验测量和计算得到的一组油滴带电量数据除以公认值 e 得到各油滴的带电量子数(一般为非整数),再对其四舍五入取整,作为各油滴的带电量子数 n,计算油滴带电量 q/n. 得电子电量.

(2) 在测量和计算得到的一组油滴带电量 q 的数据中,找出它们的最大公约数,用该最大公约数代替单位电荷电量的公认值 e. 再进行计算,得到各油滴的带电量子数 n(一般为非整数),再对这些数四舍五入取整作为各油滴带电的量子数 n.

(3) 由油滴带电量 $\bar{q}_i, i = 1, 2, 3, 4, 5, 6$ 的数据依次求取差值,在这组差值中求取最大公约数,将此最大公约数代替单位电荷电量 e 的公认值,求出各组油滴的带电量数 n.

2. 计算电子电量

计算电子电量,采用最小二乘法线性回归计算电子电量.

[思考题]

(1) 对油滴进行测量时,有时油滴逐渐变得模糊不清,这是为什么?

(2) 为何每测量一次油滴上升和下降时间后,都要对油滴重新调一次平衡?

(3) 实验中选择合适油滴的原则是什么?

(4) 实验中如何保证油滴在测量范围内做匀速运动?

(5) 一个油滴下降极快,说明了什么? 若上升得快,又说明什么?

(6) 为减小测量不确定度,希望油滴运动不要太快,是否让油滴运动越慢越好?

(7) 本实验是如何证明电荷的量子性?

(8) 若油滴室内两容器极板不平行,对实验结果有何影响?

4.9　利用霍尔效应测磁场

美国物理学家霍尔在 1879 年发现,把通有电流的半导体放在磁场中时,在垂直磁场 **B** 和电流 I 的方向上,出现一个横向电势差,这种现象称为霍尔效应. 相应的电势差称做霍尔电势差(V_H). 霍尔效应对金属来说并不显著,而在半导体中确是非常显著的.

霍尔效应在测量技术、电子技术、自动化技术等科学技术领域内有着广泛的应用. 例如,利用霍尔效应可以测量磁场的大小,利用霍尔效应可以制成磁控开关等. 目前用霍尔效应制成的专门器件可以在市场上买到,使用起来相当方便. 本实验是利用霍尔效应来测磁场.

[实验目的]

(1) 了解产生霍尔效应的物理过程.

(2) 了解蹄形电磁铁磁隙横截面内的磁场分布规律.

(3) 掌握用霍尔元件测磁场的方法.

[实验原理]

如图 4.9.1 所示,长为 l、宽为 b、厚度为 d 的一块半导体片(N 型或 P 型),由四个端面 M、N、P、S 引出 4 条导线就构成了霍尔元件,若将该元件放置在沿 Z 轴方向的外磁场 B 中,当 M、N 方向通以电流 I_s(通常称为工作电流)时,则在 P、S 两端面上有电势差 V_H,这种现象称做霍尔效应,产生的电势差 V_H 称做霍尔电势差.

图 4.9.1 霍尔元件

实验表明:在磁场不太强时,霍尔电势差 V_H 的大小与工作电流 I_s 和磁感应强度 B 成正比,与霍尔元件的厚度 d 成反比,即

$$V_H = R_H \frac{I_s B}{d} \qquad (4.9.1)$$

式中,比例系数 R_H 称做霍尔系数,它与霍尔元件的材料有关. 在国际单位制中,霍尔系数的单位是 m^3/C.

霍尔效应是由于在磁场中运动的电荷受到洛伦兹力的作用而产生的. 设半导体中的载流子(电子或空穴)电量为 q,载流子的浓度为 n,则工作电流 I_s 可以表示成

$$I_s = \frac{dQ}{dt} = nqvbd \qquad (4.9.2)$$

若沿 Z 坐标轴的磁感应强度为 B,载流子受到洛伦兹力 F_m 的作用

$$F_m = qv \times B; \quad 或 \quad F_m = qvB \qquad (4.9.3)$$

载流子在洛伦兹力的作用下将改变运动方向并聚集在 P、S 两个端面上. 这样就在 P、S 两个端面上出现剩余的正或负电荷,因而在 P、S 两端面之间就产生一个电势差,这就是霍尔电势差 V_H. 聚集在 P、S 端面的电荷,在元件内部形成一个自建电场 E,$E = V_H/b$,因此,载流子又受到一个电场力 $F_e = qE$ 的作用,该力将阻止载流子继续偏转. 最终达到平衡状态

$$\bm{F}_e + \bm{F}_m = 0$$

即

$$q\frac{V_H}{b} = qvB \tag{4.9.4}$$

以上过程在短短的 $10^{-13} \sim 10^{-11}$ s 时间内就能完成. 由式(4.9.1)、式(4.9.2)和式(4.9.4)可知

$$R_H = \frac{1}{nq} \tag{4.9.5}$$

可以由 R_H 的正负判断出是 N 型或 P 型半导体.

伴随着霍尔效应, 在半导体内部还有几个副效应, 即埃廷斯豪森效应、能斯特效应、里吉-勒迪克效应及不等位电势等.

1) 埃廷斯豪森效应

在半导体内部, 载流子沿 Y 轴的迁移速率并不完全相等. 由式(4.9.3)可知, 载流子受到的洛伦兹力的大小也不完全相等. 速率较大的载流子, 其受到的洛伦兹力大于电场力, 因而偏向某一个端面; 而对速率较小的载流子则偏向另一个端面. 速率较大的载流子能量较大, 因而它所偏向的那边温度较高, 而另一边则温度较低. 这样在 P、S 两端面间就形成温度梯度. 由于霍尔元件的电位引线与半导体的材料不同, 于是在 P、S 两端面间就产生温差电势差 V_t. 显然, V_t 与工作电流 I_s 的方向及磁感应强度 $\bm{B}$ 的方向有关.

2) 能斯特效应

霍尔元件 M、N 两端面上的工作电流引线与半导体接触电阻是不同的, 当通以电流 I_s 时, 在 M、N 焊点附近产生焦耳热(I^2Rt)就不同, 因此造成霍尔元件两端温度不同. 于是, 在 M、N 之间出现热扩散电流. 在磁场的作用下, 在 P、S 之间产生类似于霍尔电势差的电势差 V_p. V_p 与工作电流的方向无关, 与磁感应强度的方向有关.

3) 里吉-勒迪克效应

里吉-勒迪克效应是在能斯特效应的基础上产生的, 能斯特效应产生热扩散电流的载流子迁移速率是不同的, 于是又产生埃廷斯豪森效应, 在 P、S 两端又产生温差电势差 V_s. V_s 与磁感应强度 $\bm{B}$ 的方向有关, 与工作电流 I_s 的方向无关.

4) 不等位电势

当给霍尔元件通一工作电流 I_s 时, 在 M、N 两端面间就有一电势差, 在 M、N 两端面间就有电场存在. 由于霍尔元件材料的不均匀性、性能上的差异以及 P、S 两端面的引线位置的不对称性等等, 实际上不可能保证 P、S 端面上的引线处在同一等势面上. 这样, 或多或少地存在由于 P、S 电势不相等而造成的电势差 V_0. 显然, V_0 与工作电流 I_s 的方向有关, 与磁感应强度 $\bm{B}$ 的方向无关.

综上所述, 在 P、S 两端面测得的电势差是由以上 5 种效应引起的电势差的代数和.

$$U = V_H + V_t + V_p + V_s + V_0 \tag{4.9.6}$$

为了消除副效应对测量霍尔电势差 V_H 的影响, 可以通过改变 $\bm{B}$ 和 I_s 的方向来实现. 由以上的分析可以看出, 通过改变 $\bm{B}$ 和 I_s 的方向可以直接消除 V_p、V_s、V_0 对测量影响, 而 V_t、V_H 同时随 B、I_s 的方向改变而变化, 因此不能直接消除, 通过改变 $\bm{B}$、I_s 的方向(保持

大小不变)共有 4 种组合,如表 4.9.1 所示.

表 4.9.1

序　号	B、I_s 的方向组合	测量值	式中包含的各个量
1	$B(+)$、$I_s(+)$	U_1	$U_1=V_H+V_t+V_p+V_s+V_0$
2	$B(+)$、$I_s(-)$	U_2	$U_2=-V_H-V_t+V_p+V_s-V_0$
3	$B(-)$、$I_s(-)$	U_3	$U_3=V_H+V_t-V_p-V_s-V_0$
4	$B(-)$、$I_s(+)$	U_4	$U_4=-V_H-V_t-V_p-V_s+V_0$

将 4 种组合的测量值 U_1、U_2、U_3、U_4,联立解方程组可得

$$V_H=\frac{1}{4}(U_1-U_2+U_3-U_4)-V_t$$

$$V_H\approx\frac{1}{4}(U_1-U_2+U_3-U_4) \tag{4.9.7}$$

在实际实验中,由于霍尔电势差建立的时间非常短,相应的 V_t 建立时间较长,而且其值一般都比较小,因此可以忽略 V_t 对测量的影响.磁场方向可通过改变产生磁场的螺线管电流(称励磁电流 I_m)方向来直接改变.

通常将 $K_H=R_H/d=1/nqd$ 定义为灵敏度,其单位是 mV/(mA·T).对给定的霍尔元件,霍尔系数 R_H 和霍尔元件的几何尺寸 d 都是常数,所以 K_H 是一个常数.K_H 越大则霍尔效应越明显,而 K_H 与载流子浓度 n 成反比,因此半导体中的霍尔效应较明显.为了增大灵敏度,一般都将霍尔元件做得比较薄.当引入 K_H 后,式(4.9.1)可表示成

$$B=\frac{V_H}{I_sK_H} \tag{4.9.8}$$

由式(4.9.8)可知,通过测量霍尔电势差 V_H 及工作电流 I_s,就可以求出磁感应强度 B.霍尔电势差 V_H 可由式(4.9.7)计算,即

$$V_H=\frac{1}{4}(U_1-U_2+U_3-U_4)=\frac{1}{4}(|U_1|+|U_2|+|U_3|+|U_4|) \tag{4.9.9}$$

[实验仪器]

(1) 霍尔实验台;
(2) 霍尔磁场测试仪.

[实验方法]

1. 测量磁感应强度 B 和励磁电流 I_m 的关系

打开霍尔实验装置的所有开关.按图 4.9.2 将 HL-Ⅱ型霍尔磁场测试仪的工作电流输出 I_s 和励磁电流输出 I_m 分别接到 K_s 和 K_m 开关上;将霍尔实验台的霍尔电势差输出 K_V 接到 HL-Ⅱ型霍尔磁场测试仪霍尔电势差输入端,接好线路.通过 X-Y 调节器,将霍尔元件调到蹄型电磁铁的磁隙正中间部位.向上合上工作电流开关 K_s,调整调节旋钮,使霍尔元件通的工作电流 $I_s=8.00$mA;向上合上 K_V;向上合上励磁电流开关 K_m,调整调

节旋钮,使励磁电流从 $I_m=0.10A$ 开始,以 $0.10A$ 的间隔递增,一直测到 $I_m=0.90A$,记录检测到的电势差(表4.9.2).

图4.9.2 霍尔实验台

表4.9.2 测量励磁电流和磁场的关系

工作电流 $I_S=$_____ mA 时间:_____

位置/mm	X				Y				
次数	1	2	3	4	5	6	7	8	9
I_m/A									
U_1/mA									
U_2/mV									
U_3/mV									
U_4/mV									
V_H/mV									
B/mT									

2. 测量蹄型电磁铁磁隙间隙横截面内磁场的分布

用 X-Y 调节器,使霍尔元件在可移动的范围内沿着某个方向穿过磁隙间隙,测量 B-X 或 B-Y 的分布规律.

测量时,工作电流 $I_S=8.00mA$. 固定某一个坐标(比如 $Y=Y_0$),改变另一个坐标 X 值,测量对应的电势差. 在电势差变化比较剧烈的地方,应多测量一些数据. 表格自己设计.

[数据处理]

(1) 计算 V_H、B,在直角坐标纸上绘出 B-I_m 的关系曲线.

(2) 在直角坐标纸上绘出 B-X 或 B-Y 的关系曲线. 给出定性的结论.

*(3) 用线性回归法,给出 B-I_m 的表达式,并说明其相关性.

[思考题]

(1) 怎样利用霍尔效应来判别半导体材料是 N 型还是 P 型半导体?

(2) 若磁感应强度 B 的方向不垂直于霍尔元件平面,对所测量的结果有何影响? 如何消除?

(3) 励磁电流 I_m 方向改变时,磁场的方向也改变,磁感应强度 B 的大小是否变化? 为什么?

(4) 倘若工作电流 I_S 中有交流成分,对测量结果是否有影响?

(5) 霍尔元件一般都做得比较薄,为什么?

(6) 金属是否也有霍尔效应? 为什么?

4.10   太阳能电池基本特性研究

太阳能作为一种丰富的"绿色"能源,具有极其广阔的开发利用前景. 特别是在目前煤、石油、天然气等不可再生能源的大量消耗,能源危机已对全球的经济发展产生相当不利的影响,对太阳能的研究和开发利用已成为 21 世纪新型能源开发的重要课题. 然而,由于技术及成本等方面的问题,太阳能的利用尚不够广泛和普及,除应用于航天领域外,在交通、广播、通信和乡电等方面也有一定的应用. 本实验将测量并研究太阳能电池的一些基本特性.

[实验目的]

(1) 测量光电池在正向偏压的伏安特性曲线,并求得电压和电流关系的经验公式.

(2) 通过测量太阳能电池的短路电流、开路电压和最大输出功率,计算其填充因子.

(3) 求出短路电流、开路电压与相对光强之间的近似函数关系.

[实验原理]

太阳能电池在没有光照时其特性可视为一个二极管,其正向偏压 U 与通过电流 I 的关系为

$$I = I_0(e^{\beta U} - 1) \tag{4.10.1}$$

式中,I_0 和 β 为常数.

由半导体理论可知,二极管主要是由能隙为 $E_c\text{-}E_v$ 的半导体构成,如图 4.10.1 所示. E_c 为半导体的导电带,E_v 为半导体的价电带. 当入射光子能量大于能隙时,光子会被半导体吸收,产生电子和空穴对. 电子和空穴对会分别受到二极管内电场的作用而产生光电流.

太阳能电池的理论模型是由一个理想电流源(光照产生光电流的电流源),一个理想二极管、一个并联电阻 R_{sh} 所组成,如图 4.10.2 所示.

图 4.10.1 半导体的能隙结构

图 4.10.2 等效电路

图 4.10.2 中，I_{ph} 为太阳能电池在光照时等效电流源的输出电流，I_d 为光照时通过太阳能电池内部二极管的电流. 由基尔霍夫定律得

$$IR_s + U - (I_{ph} - I_d - I)R_{sh} = 0 \tag{4.10.2}$$

式中，I 为太阳能电池的输出电流，U 为输出电压. 由式(4.10.2)可得

$$I\left(1 + \frac{R_s}{R_{sh}}\right) = I_{ph} - \frac{U}{R_{sh}} - I_d \tag{4.10.3}$$

假定 $R_{sh} = \infty$ 和 $R_s = 0$，太阳能电池可简化为图 4.10.3 所示的电路. 这里

$$I = I_{ph} - I_d = I_{ph} - I_0(e^{\beta U} - 1)$$

在短路时

$$U = 0, \quad I_{ph} = I_{sc}$$

而在开路时

$$I = 0, \quad I_{sc} - I_0(e^{\beta U_{oc}} - 1) = 0$$

所以有

图 4.10.3 太阳能电池简化电路

$$U_{oc} = \frac{1}{\beta}\ln\left(\frac{I_{sc}}{I_0} + 1\right) \tag{4.10.4}$$

式(4.10.4)即为在 $R_{sh} = \infty$ 和 $R_s = 0$ 的情况下，太阳能电池的开路电压 U_{oc} 和短路电流 I_{sc} 的关系式. 其中，I_0 和 β 为常数.

[实验仪器]

FD-OE-4 型太阳能电池基本特性测定仪，其包括：

(1) 光具座与滑块座；

(2) 具有引出线的盒装太阳能电池；

(3) 数字电压表、电阻箱、直流稳压电源或干电池；

(4) 白光源遮板及遮光罩.

图 4.10.4 实验装置图

[实验内容]

实验装置如图 4.10.4 所示.

1. 测太阳能电池 I-U 特性

在没有光照(全黑)的条件下，测量太阳能电池正向偏压时的 I-U 特性(直流偏压 0~3.0V).

(1) 画出测量线路图.

(2) 利用测得的正向偏压时 I-U 关系数据,画出 I-U 曲线并求得常数 β 和 I_0 的值.

*2. 测太阳能电池特性

在不加偏压时,用白色光源照射,测量太阳能电池的一些特性. 注意此时保持光源到太阳能电池间的距离为 20cm.

(1) 画出测量线路图.

(2) 测量太阳能电池在不同负载电阻下,I 对 U 的变化关系,画出 I-U 曲线图.

(3) 求短路电流 I_{sc} 和开路电压 U_{oc}.

(4) 求太阳能电池的最大输出功率及最大输出功率时的负载电阻 R.

(5) 计算填充因子 $F_F = \dfrac{P_m}{I_{sc}U_{oc}}$.

3. 测量太阳能电池的光照效应与光电性质

在暗箱中(用遮光罩挡光),取距离白光源 20cm 水平距离光强作为标准光照强度,用光功率计测量该处的光照强度 J_0;改变太阳能电池到光源的距离 x,用光功率计测量距离 x 时的光照强度 J,求光强 J 与位置 x 的关系. 测量太阳能电池接收到相对光强 J/J_0 为不同值时,相应的 I_{sc} 和 U_{oc} 值.

(1) 描绘 I_{sc} 和相对光强 J/J_0 之间的关系曲线,求 I_{sc} 与相对光强 J/J_0 之间的近似函数关系.

(2) 描绘 U_{oc} 和相对光强 J/J_0 之间的关系曲线,求 U_{oc} 与相对光强 J/J_0 之间的近似函数关系.

[思考题]

(1) 由式(4.10.1)可以看出,I 与 U 之间是什么函数关系? 基于这种函数关系,可用什么数据处理方法计算出 β 和 I_0?

(2) 在不加偏压,用白色光源照射进行测量时,为什么必须使光源到太阳能电池之间的距离保持不变?

(3) 太阳能电池和光电管(参阅实验 4.6)都是把光能转换成电能的换能装置,二者在能量转换的机理方面有什么不同?

4.11 磁阻传感器的特性测量

磁阻器件由于其灵敏度高、抗干扰能力强等优点,在工业、交通、仪器仪表、医疗器械、探矿等领域应用十分广泛,如用于数字式罗盘、交通车辆检测、导航系统、伪钞检测、位置测量等的探测器. 其中最典型的锑化铟(InSb)磁阻传感器是一种价格低廉、灵敏度高的磁电阻,有着十分重要的应用价值,它可以用于制造在磁场的微小变化时测量多种物理量的传感器. 本实验通过测量锑化铟(InSb)磁阻传感器在不同磁感应强度下的电阻值,研究磁阻效应的物理规律.

[实验目的]

(1) 测量锑化铟传感器的电阻与磁感应强度的关系.

(2) 作出锑化铟传感器的电阻随磁感应强度变化的关系曲线.

(3) 对此关系曲线的非线性区域和线性区域分别进行曲线和直线拟合.

[实验原理]

一定条件下,导电材料的电阻值 R 随所在位置磁感应强度 B 的变化而变化的现象称为磁阻效应.如图 4.11.1 所示,当导体或半导体处于磁场中时,其中的载流子将受洛伦兹力的作用,发生偏转,在两端产生积聚电荷并产生霍尔电场.如果霍尔电场和某一速度的载流子所受洛伦兹力的作用刚好抵消,那么小于或大于该速度的载流子将发生偏转,因而沿外加电场方向运动的载流子数量将减少,导电材料中的电流强度将减小,相当于其电阻增大,表现出横向磁阻效应.如果将图 4.11.1 中的 a 端和 b 端短路,磁阻效应更明显.通常以电阻率的相对改变量来表示磁阻效应的大小,即用 $\Delta\rho/\rho(0)$ 表示.其中 $\rho(0)$ 为零磁场的电阻率,设磁电阻在磁感应强度为 B 的磁场中的电阻率为 $\rho(B)$,则 $\Delta\rho=\rho(B)-\rho(0)$.由于磁阻传感器电阻的相对变化率 $\Delta R/R(0)$ 正比于 $\Delta\rho/\rho(0)$,其中 $\Delta R=R(B)-R(0)$,因此也可以用磁阻传感器电阻的相对改变量 $\Delta R/R(0)$ 表示磁阻效应的大小.

测量磁电阻阻值 R 与磁感应强度 B 之间关系的实验装置及线路如图 4.11.2 所示,实验证明,当导体或半导体处于较弱磁场中时,磁阻传感器的电阻相对变化率 $\Delta R/R(0)$ 正比于磁感应强度 B 的二次幂,而在强磁场中 $\Delta R/R(0)$ 与磁感应强度 B 呈线性函数关系.磁阻传感器的上述特性在物理学和电子学中有着重要应用.

图 4.11.1 磁阻效应

图 4.11.2 测量磁电阻的实验装置

如果半导体材料磁阻传感器处于角频率为 ω 的弱正弦交变磁场中,由于磁电阻相对变化率 $\Delta R/R(0)$ 正比于 B^2,那么磁阻传感器的电阻 R 将以角频率为 2ω 作周期性变化.也就是在弱正弦交变磁场中磁阻传感器具有交流倍频性能.若外界交变磁场的磁感应强度 B 为

$$B = B_0\cos(\omega t) \tag{4.11.1}$$

式中,B_0 为磁感应强度的振幅,ω 为角频率,t 为时间.

设在外磁场中

$$\Delta R/R(0) = kB^2 \tag{4.11.2}$$

式中,k 为常数.由式(4.11.1)和式(4.11.2)可得

$$R(B) = R(0) + \Delta R = R(0) + R(0)[\Delta R/R(0)]$$
$$= R(0) + R(0)kB_0^2\cos^2(\omega t)$$
$$= R(0) + \frac{1}{2}R(0)kB_0^2 + \frac{1}{2}R(0)kB_0^2\cos(2\omega t) \tag{4.11.3}$$

式中,$R(0) + \frac{1}{2}R(0)kB_0^2$ 为不随时间变化的电阻值,$\frac{1}{2}R(0)kB_0^2\cos(2\omega t)$ 为以角频率 2ω 做余弦变化的电阻值. 因此,磁阻传感器的电阻值在弱正弦波交变磁场中,将产生倍频交流电阻阻值变化.

[实验仪器]

本实验采用 FD-MR-Ⅱ型磁阻效应实验仪,图 4.11.3 为该仪器的示意图.

图 4.11.3 FD-MR-Ⅱ型磁阻效应实验仪

FD-MR-Ⅱ型磁阻效应实验仪包括直流双路恒流电源、0~2V 直流数字电压表、电磁铁、数字毫伏表、锑化铟(InSb)磁阻传感器、电阻箱(外接)、双向单刀开关等组成.

倍频效应实验的线路如图 4.11.4 所示,在示波器上观察到的李萨如图形如图 4.11.5 所示.

图 4.11.4 观察磁阻传感器倍频效应

FD-MR-Ⅱ型磁阻效应实验仪使用方法
如下：

（1）直流励磁恒流源与电磁铁输入端相
连，通过调节该直流恒流电源控制电位器可以
改变输入电磁铁电流的大小，从而改变电磁铁
间隙中磁感应强度的大小.

（2）按图 4.11.2 所示将锑化铟（InSb）磁

图 4.11.5 李萨如图形

阻传感器与电阻箱串联，并与可调直流电源相接，电阻箱选取适当的取样电阻 R，数字电
压表的一端连接电阻箱公共接点，另一端与单刀双向开关的刀口处相连.

（3）通过电磁铁的直流电流逐渐由小增大，分别测量通过锑化铟磁阻传感器的电流
值及磁阻器件两端的电压值，以求得磁感应强度为 B 时锑化铟磁阻传感器的电阻 R，进
而求得 R 与 B 的关系.

[实验内容]

（1）在锑化铟磁阻传感器的电流或电压保持不变的条件下，测量锑化铟磁阻传感器
的电阻 R 与磁感应强度 B 的关系，数据记入表 4.11.1 中. 做 $\Delta R/R(0)$ 与 B 的关系曲线，
并利用最小二乘法分别对弱磁场时的非线性区域进行曲线拟合，对强磁场时的线性区域
进行直线拟合. 实验时须注意 InSb 传感器工作电流应小于 3mA.

*（2）如图 4.11.4 所示，将电磁铁的线圈引线与正弦交流低频发生器输出端相接，锑
化铟磁阻传感器通以 2.5mA 直流电，用示波器测量磁阻传感器两端电压与电磁铁两端
电压形成的李萨如图形，如图 4.11.5 示例所示. 证明在弱正弦交变磁场情况下，磁阻传感
器的电阻值具有交流正弦倍频特性.

[数据处理]

取样电阻 $R=$ _____ Ω，电压 $U=$ _____ mV

取样电流 $I_s = \dfrac{U}{R} =$ _____ mA

表4.11.1 **B 与 ΔR/R(0)关系**

B/mT	R/Ω	ΔR/Ω	ΔR/R(0)
0.0			
10.0			
20.0			
30.0			
40.0			
50.0			
60.0			
70.0			
100.0			
150.0			
200.0			
⋮			
500.0			

表4.11.2 **弱磁场时的非线性区域相关数据计算**

$R(0) =$ _____ Ω

序 号	B_i/T	B_i^2/T^2	R_i/Ω	$\Delta R_i = R_i - R(0)$/Ω	$\Delta R_i / R(0)$	$\dfrac{\Delta R_i / R(0)}{B_i^2}$ $\Big/$ T^{-2}
1	0.01					
2	0.02					
3	0.03					
4	0.04					
5	0.05					
6	0.06					
$\sum$						

表4.11.3 **强磁场时的线性区域相关数据计算**

$R(0) =$ _____ Ω

序 号	B_i/T	B_i^2/T^2	R_i/Ω	ΔR_i/Ω	$\Delta R_i / R(0)$	$[\Delta R_i / R(0)]^2$
1	0.15					
2	0.20					
3	0.25					
4	0.30					
⋮	⋮					
8	0.50					
$\sum$						

[说明]

(1) 表 4.11.2 中求和栏只计算 $\sum_{i=1}^{6} B_i^2$ 和 $\sum_{i=1}^{6} \frac{\Delta R_i}{R(0)}$；$\frac{\Delta R}{R(0)} = kB^2$ 中的常数 k 可由最小二乘法导出式(4.11.4)计算.

$$k = \frac{\sum_{i=1}^{6} \frac{\Delta R_i}{R(0)}}{\sum_{i=1}^{6} B_i^2} \qquad (4.11.4)$$

(2) 表 4.11.3 中求和栏的计算内容及 $\frac{\Delta R}{R(0)} = aB + b$ 中的 a 和 b 的计算参阅本书线性回归的相关内容及计算公式.

[思考题]

(1) 什么叫磁阻效应? 霍尔传感器为什么会有磁阻效应?
(2) 锑化铟磁阻传感器在弱磁场时和强磁场时的电阻值与磁感强度关系有何不同?
(3) 取样电压 U 的数值与取样电阻 R 的数值选择相同值有什么好处? 如果两者选择不同数值,有何不方便之处?

4.12 PN 结物理特性及弱电流测量

半导体 PN 结的物理特性是物理学和电子学的重要研究内容之一. 本实验测量 PN 结扩散电流与电压关系,证明此关系遵循指数分布规律,并较精确地测出玻尔兹曼常量(物理学重要常数之一). 通过干井变温恒温器和铂金电阻测温电桥,测量 PN 结结电压 U_{be} 与热力学温度 T 关系,求得该传感器的灵敏度,并近似求得 0K 时硅材料的禁带宽度.

[实验目的]

(1) 测量 PN 结电流与电压关系,证明此关系符合指数分布规律.
(2) 在不同温度条件下,测量玻尔兹曼常量.
*(3) 学习用运算放大器组成电流-电压变换器测量弱电流.
*(4) 测量 PN 结电压与温度关系,求出该 PN 结温度传感器的灵敏度.
*(5) 计算在 0K 温度时,半导体硅材料的近似禁带宽度.

[实验原理]

1. PN 结物理特性

由半导体物理学可知,PN 结的正向 I-U 关系满足
$$I = I_0[\exp(eU/kT) - 1] \qquad (4.12.1)$$
式中,I 为通过 PN 结的正向电流,I_0 为饱和电流,在温度恒定时为常数,T 为热力学温度,e 为电子的电荷量,U 为 PN 结正向压降.

由于在常温（300K）时，$kT/e \approx 0.026V$，而 PN 结正向压降约为十分之几伏，则 $\exp(eU/kT) \gg 1$，式（4.12.1）可简化为

$$I = I_0 \exp(eU/kT) \tag{4.12.2}$$

即 PN 结正向电流随正向电压按指数规律变化. 若测得 PN 结 I-U 关系值，则利用式（4.12.2）可以求出 kT/e. 在测得温度 T 后，就可以得到 e/k 常数，把电子电量作为已知值代入，即可求得玻尔兹曼常量 k.

在实际测量中，二极管的正向 I-U 关系虽然能较好满足指数关系，但求得的常数 k 往往偏小. 这是因为通过二极管电流不只是扩散电流，还有其他电流. 一般包括 3 个部分：①扩散电流，它严格遵循式（4.12.2）；②耗尽层复合电流，它正比于 $\exp(eU/2kT)$；③表面电流，它是由 Si 和 SiO_2 界面中杂质引起的，其值正比于 $\exp(eU/mkT)$，通常 $m>2$. 因此，为了验证式（4.12.2）及求出准确的 e/k 常数，不宜采用硅二极管，而采用硅三极管接成共基极线路，因为此时集电极与基极短接，集电极电流中仅仅是扩散电流. 复合电流主要在基极出现，测量集电极电流时，将不包括它. 本实验中选取性能良好的硅三极管（TIP31 型），实验中又处于较低的正向偏置，这样表面电流影响也完全可以忽略，所以此时集电极电流与结电压将满足式（4.12.2）. 实验线路如图 4.12.1 所示.

图 4.12.1　PN 结扩散电流与结电压关系测量线路图

2. 弱电流测量

对 $10^{-6} \sim 10^{-11}$ A 数量级的弱电流通常采用光点反射式检流计（灵敏电流计）测量，该仪器灵敏度较高，约 10^{-9} A/分度，但有许多不足之处. 例如，十分怕震，挂丝易断；使用时稍有不慎，光标易偏出满度，瞬间过载引起挂丝疲劳变形产生不回零点及指示差变大. 近年来，集成电路与数字化显示技术越来越普及，高输入阻抗运算放大器性能优良，价格低廉，用它组成电流-电压变换器测量弱电流信号，具有输入阻抗低、电流灵敏度高、温漂小、线性好、设计制作简单、结构牢靠等优点，因而被广泛应用于物理测量中.

LF356 是一个高输入阻抗集成运算放大器，用它组成电流-电压变换器（弱电流放大器），如图 4.12.2 所示. 其中电阻 Z_r 为电流-电压变换器等效输入阻抗. 由图 4.12.2 可知，运算放大器的输入电压 U_0 为

$$U_0 = -K_0 U_i \tag{4.12.3}$$

式中，U_i 为输入电压，K_0 为运算放大器的开环电压增益，即图 4.12.2 中电阻 $R_f \to \infty$ 时的电压增益，R_f 称反馈电阻. 因为理想运算放大器的输入阻抗 $r_i \to \infty$，所以信号源输入电流

图 4.12.2 电流-电压变换器

只流经反馈网络构成的回路. 因而有

$$I_s = (U_i - U_0)/R_f = U_i(1 + K_0)/R_f \tag{4.12.4}$$

由式 (4.12.4) 可得电流-电压变换器等效输入阻抗 Z_r 为

$$Z_r = U_i/I_s = R_f/(1 + K_0) \approx R_f/K_0 \tag{4.12.5}$$

由式 (4.12.3) 和式 (4.12.4) 可得电流-电压变换器输入电流 I_s 输出电压 U_0 之间得关系式, 即

$$I_s = -\frac{U_0}{K_0}(1 + K_0)/R_f = -U_0(1 + 1/K_0)/R_f \approx -U_0/R_f \tag{4.12.6}$$

由式 (4.12.6) 可知, 只要测得输出电压 U_0 和已知 R_f 值, 即可求得 I_s 值. 以高输入阻抗集成运算放大器 LF356 为例来讨论 Z_r 和 I_s 值的大小. 对 LF356 运放的开环增益 $K_0 = 2 \times 10^5$, 输入阻抗 $r_i \approx 10^{12} \Omega$. 若取 R_f 为 1.00MΩ, 则由式 (4.12.5) 可得

$$Z_r = 1.00 \times 10^6 \Omega/(1 + 2 \times 10^5) = 5\Omega$$

若选用四位半量程 200mV 数字电压表, 它最后一位变化为 0.01mV, 那么用上述电流-电压变换器能显示最小电流值为

$$(I_s)_{min} = 0.01 \times 10^{-3} V/(1 \times 10^6 \Omega) = 1 \times 10^{-11} A$$

由此说明, 用集成运算放大器组成电流-电压变换器测量弱电流, 具有输入阻抗小、灵敏度高的优点.

3. PN 结的结电压 U_{be} 与热力学温度 T 关系

当 PN 结通过恒定小电流 (通常电流 $I = 1000\mu A$), 由半导体理论可得 U_{be} 与 T 近似关系

$$U_{be} = ST + U_{g0} \tag{4.12.7}$$

式中, $S \approx -2.3$mV/℃ 为 PN 结温度传感器灵敏度. 由 U_{g0} 可求出温度 0K 时半导体材料的近似禁带宽度 $E_{g0} = eU_{g0}$. 硅材料的 E_{g0} 约为 1.20eV.

[实验仪器]

1) 直流电源

±15V 直流电源一组, 1.5V 直流电源一组.

2) 数字电压表

三位半数字电压表, 四位半数字电压表.

3) 实验板

由运算放大器 LF356、印刷引线、接线柱、多圈电位器组成. TIP31 型三极管外接.

4) 干井式铜质可调节恒温器

恒温控制器控温范围,室温至 80℃;控温不确定度 0.01℃.

5) 测温装置

铂电阻及电阻组成直流电桥测温,0℃时 $R_0 = 100.00\Omega$.

[实验内容]

1. I_c-U_{be} 关系测定,计算玻尔兹曼常量

(1) 实验线路如图 4.12.1 所示. 图中 V_1 为三位半数字电压表,V_2 为四位半数字电压表,TIP31 型带散热板的功率三极管,调节电压的分压器为多圈电位器,为保持 PN 结与周围环境温度一致,把 TIP31 型三极管浸没在盛有变压器油干井槽中. 变压器油温度用铂电阻进行测量.

(2) 在室温情况下,测量三极管发射极与基极之间电压 U_1 和相应输出电压 U_2. 在常温下 U_1 的值为 0.3~0.52V,每隔 0.01V 测一点数据,至 U_2 值达到饱和时(U_2 值变化较小或基本不变),结束测量. 在记数据开始和记数据结束都要同时记录变压器油的温度 t,取温度平均值 $\bar{t}$.

(3) 改变干井恒温器温度,待 PN 结与油温温度一致时,重复测量 U_1 和 U_2 的关系数据,并与室温测得的结果进行比较.

(4) 运用最小二乘法,将实验数据分别代入线性回归、指数回归、乘幂回归这三种常用的基本函数(它们是物理学中最常用的基本函数),然后求出衡量各回归方程好坏的方差 σ. 对已测得的 U_1 和 U_2 各组数据,以 U_1 为自变量,U_2 作因变量,分别代入:①线性函数 $U_2 = aU_1 + b$;②乘幂函数 $U_2 = aU_1^b$;③指数函数 $U_2 = a\exp(bU_1)$. 求出各函数相应的 a 和 b 值,得出三种函数表达式. 究竟哪一种函数符合物理规律必须用方差来检验. 具体方法是把实验测得的各个自变量 U_1 分别代入三个基本函数,得到相应因变量的预期值 U_2^*,并由此求出各函数拟合的方差:

$$\sigma = \sqrt{\sum_{i=1}^{n} (U_i - U_i^*)^2 / n}$$

式中,n 为测量数据个数,U_i 为实验检测的量,U_i^* 为将检测的量代入基本函数的计算的预期值,最后比较哪一种函数的方差小,方差越小说明该函数拟合得越好.

(5) 计算 e/k 常数,将电子的电量作为标准差代入,求出玻尔兹曼常量并与公认值进行比较.

*2. U_{be}-T 关系测定,求 PN 结温度传感器灵敏度 S,计算硅材料 0K 时近似禁带宽度 E_{g0} 值

(1) 实验线路如图 4.12.3 所示,测温电路如图 4.12.4 所示. 其中数字电压表 V_2 通过双刀双向开关,既可用作测温电桥的检流计用,又可用作监测 PN 结电流的电流表,实验时保持该电流在 $I = 100\mu A$.

图 4.12.3　实验线路　　　　　　图 4.12.4　测温电路

（2）通过调节图 4.12.3 电路中电源电压,使电阻两端电压保持不变,即电流 $I=100\mu A$. 同时用电桥测量铂电阻 R_T 的电阻值,通过查铂电阻值与温度关系表,可得恒温器的实际温度. 从室温开始每隔 5～10℃测一次 U_{be} 值(即 V_1),由此得到 U_{be}-T 关系(至少测 6 个点以上数据).

（3）用最小二乘法对 U_{be}-T 关系进行直线拟合,求出 PN 结测温灵敏度 S 及近似求得温度为 0K 时硅材料禁带宽度 E_{g0}.

[注意事项]

（1）对于扩散电流太小(起始状态)及扩散电流接近或达到饱和时的数据,在处理数据时应删去,因为这些数据可能偏离式(4.12.2).

（2）观测恒温装置上温度计读数,待 TIP31 三极管温度处于恒定时(即处于热平衡时),才能记录 U_1 和 U_2 数据.

（3）TIP31 型三极管温度变化范围为 0～50℃. 若要在 −120～0℃温度范围内做实验,必须有低温恒温装置.

（4）由于各公司的运算放大器(LF356)性能有些差异,在换用 LF356 时,有可能同台仪器达到饱和电压 U_2 值不相同.

（5）仪器电源具有短路自动保护,运算放大器若 15V 接反或地线漏接,本仪器也有保护装置,一般情况集成电路不易损坏. 请勿将二极管保护装置拆除.

[思考题]

（1）PN 结是如何形成的?

（2）本实验是用什么方法测量温度的?

（3）如何检测微小电流? 常用哪些方法?

4.13　集成电路温度传感器特性测量及应用

随着科技的发展,各种新型的集成电路温度传感器器件不断涌现,并大批量生产和广泛应用. 这类集成电路测温器件有以下几个优点:①温度变化引起的输出量变化呈现良好的线性关系;②不像热电偶那样需要参考温度点;③抗干扰能力强;④互换性好,使用简单方便.所以在科学研究、工业和家用电器等方面,这类传感器得到广泛的应用.因此,学习和熟悉集成电路温度传感器的特性以及具体应用有着现实意义.

[实验目的]

(1) 测量电流型集成电路温度传感器输出电流与温度的关系.
(2) 熟悉该传感器的基本特性.
(3) 采用非平衡电桥法,组装成为一台0～50℃数字式温度计.

[实验原理]

AD590集成电路温度传感器是由多个参数相同的三极管和电阻组成.当在该器件的两端施加某一定直流工作电压时(一般工作电压范围在4.5～20V),它的输出电流与温度满足关系:

$$I = Bt + A \tag{4.13.1}$$

式中,I为其输出电流,单位是μA;t为摄氏温度;B为斜率,称为灵敏度.AD590的灵敏度为$1\mu A/℃$,即该温度传感器的温度升高或降低1℃时,传感器的输出电流增加或减少$1\mu A$.A为摄氏零度时的电流值(对市售AD590,其A值在$273\sim278\mu A$).利用AD590集成电路温度传感器的上述特性,可以制成各种用途的温度计.本实验采用非平衡电桥线路,制作一台数字式摄氏温度计.

[实验仪器]

1. AD590电流型集成电路温度传感器

AD590为两端式集成电路温度传感器,它的管脚引出端有两个,如图4.13.1所示,管脚1接电源正端U_+(红色引线).管脚2接电源负端U_-(黑色引线).管脚3连接外壳或接地,也可以不用(悬浮).AD590工作温度在$-55\sim150℃$,灵敏度为$1\mu A/℃$,0℃时输出电流约$273\mu A$,工作电压4～30V,通常工作电压6～15V,但不能小于4V,小于4V出现非线性.

(a) AD590管脚接图　　(b) AD590温度特性测量　　(c) 数字式摄氏温度计

图4.13.1　测量原理图

2. FD-WTC-D 型恒温控制温度传感器实验仪

实验仪是单片机控制的智能化数字恒温控制仪,并集成有量程为 0~19.999V 四位半数字电压表、直流 1.5~12V 稳压输出电源、可调式磁性搅拌器等,图 4.13.2 给出实验仪的原理图.与仪器配套使用的有 2000mL 烧杯、玻璃管(内放变压器油和被测集成电路温度传感器)等.

图 4.13.2 实验仪原理图

[实验内容]

1. AD590 传感器温度特性测量及数字式温度计的设计

(1) 按图 4.13.1(b)连接线路(AD590 的正负极不能接错).测量 AD590 集成电路温度传感器的电流 I 与温度 t 的关系,取样电阻 R 的阻值为 1000Ω.实验数据用最小二乘法进行曲线拟合,求斜率 B、截距 A 和相关系数 r.实验时应注意,AD590 温度传感器的管脚是用铜线引出的,为防止极间短路,两铜线不可直接放在水中,应使用一端封闭的薄玻璃管套保护,其中注入少量变压器油,使之有良好热传递.

*(2) 制作量程为 0~50℃ 范围的数字温度计.把 AD590、电阻箱、直流稳压电源及数字电压表按图 4.13.1(c)接好.将 AD590 放入冰点槽中,R_2 和 R_3 各取 1000Ω,调节 R_4 使数字电压表示值为零.测量时应注意,在零点校正时,冰点槽中一定使用冰水混合物,这样才能达到水的三相点温度,即零摄氏度.校准后,把 AD590 放入其他温度如室温的水中,用标准水银温度计进行读数对比,求出百分差.

(3) 在图 4.13.1(c)中,改变电源电压,如从 8V 变为 10V,观测一下 AD590 传感器输出电流是否有变化,分析其原因.

2. AD590 传感器的输出电流和工作电压关系测量

将 AD590 传感器置于恒定温度,将直流电源、电阻箱、直流电压表等按图 4.13.3 接好电路,在电压 1.5~10V 内调节电源输出电压,测量加在 AD590 传感器上的

图 4.13.3 AD590 伏安特性测量

电压 U 与输出电流 $I(I=U_R/R)$ 的对应值,要求实验数据 10 个点以上. 在坐标纸上绘出 AD590 传感器输出电流 I 与工作电压 U 的关系曲线,即伏安特性曲线. 求出该温度传感器输出电流与温度呈线性关系的最小工作电压 U_{min}.

[注意事项]

(1) AD590 集成电路温度传感器的正负极性不能接错,红线接电源正极.

(2) AD590 集成电路温度传感器不能直接放入水中或冰水混合物中测量温度,若测量水温或冰水混合物温度,须插入到加有少量油的玻璃细管内,再插入待测物中测量温度.

(3) 搅拌器转速不宜太快,若转速太快或磁性转子不在中心,有可能使转子离开旋转磁场位置而停止工作. 若转子偏离中心位置,可通过将调节马达转速电位器逆时针调至最小,让磁性转子回到磁场中,再旋转.

(4) 倒去烧杯中水时,注意应先取出磁性浮子保管好,以避免遗失.

[思考题]

(1) 电流型集成电路温度传感器有哪些特性?

(2) 如何用 AD590 集成电路温度传感器制作一个热力学温度计,请画出电路图,说明调节方法.

(3) 如果 AD590 集成电路温度传感器的灵敏度不是严格的 $1.000\mu A/℃$,而是略有异差,请考虑如何利用改变 R_2 的值,使数字式温度计测量不确定度减少.

4.14　磁阻传感器与地磁场测量

地磁场的数值比较小,约 $10^{-5}T$ 量级,但在直流磁场测量,特别是弱磁场测量中,往往需要知道其数值,并设法消除其影响,地磁场作为一种天然磁源,在军事、工业、医学、探矿等科研中也有着重要用途.

[实验目的]

(1) 掌握磁阻效应的物理机制;

(2) 掌握用磁阻传感器测定地磁场磁感应强度及地磁场的水平分量和地磁倾角的方法.

[实验原理]

1. 地磁场

地磁场是一个向量场,描述某一点地磁场的强度和方向,需要 3 个独立的地磁要素. 地磁场的强度和方向随地点而异. 其北极和南极分别在地理南极和北极附近,彼此并不重合,而且两者间的偏差随时间不断地在缓慢变化,而且地磁轴与地球自转轴并不重合,有

11°交角. 在一个不太大的范围内,地磁场基本上是均匀的,可用三个参量来表示空间某一点地磁场的方向和大小.

磁倾角 α:地球表面任一点的地磁场矢量所在垂直平面(称地磁子午面)与地理子午面之间的夹角.

磁倾角 β:地磁场强度矢量 B 与水平面之间的夹角.

水平分量 $B_{/\!/}$:地磁场强度矢量 B 在水平面上的投影.

测量地磁场的这三个参量,就可以确定某一地点地磁场 B 矢量的大小和方向.

2. 磁阻效应

物质在磁场中电阻率发生变化的现象称为磁阻效应. 对于铁、钴、镍及其合金等磁性金属,当外加磁场平行于磁体内部磁化方向时,电阻几乎不随外加磁场变化;当外加磁场偏离金属的内部磁化方向时,此类金属的电阻减小,这就是强磁金属的各向异性磁阻效应.

3. 磁阻传感器

HMC1021Z 型磁阻传感器由长而薄的坡莫合金(铁镍合金)制成一维磁阻微电路集成芯片(二维和三维磁阻传感器可以测量二维或三维磁场). 它利用通常的半导体工艺,将铁镍合金薄膜附着在硅片上,如图 4.14.1 所示. 薄膜的电阻率 $\rho(\theta)$ 依赖于磁化强度 M 和电流 I 方向间的夹角 θ,具有以下关系式

图 4.14.1 磁阻传感器的构造示意图

$$\rho(\theta) = \rho_{\perp} + (\rho_{/\!/} - \rho_{\perp})\cos^2\theta \tag{4.14.1}$$

其中 $\rho_{/\!/}$、$\rho_{\perp}$ 分别是电流 I 平行于 M 和垂直于 M 时的电阻率. 当沿着铁镍合金带的长度方向通以一定的直流电流,而垂直于电流方向施加一个外界磁场时,合金带自身的阻值会发生较大的变化,利用合金带阻值这一变化,可以测量磁场大小和方向. 同时制作时还在硅片上设计了两条铝制电流带,一条是置位与复位带,该传感器遇到强磁场感应时,将产生磁畴饱和现象,也可以用来置位或复位极性;另一条是偏置磁场带,用于产生一个偏置磁场,补偿环境磁场中的弱磁场部分(当外加磁场较弱时,磁阻相对变化值与磁感应强度成平方关系),使磁阻传感器输出显示线性关系.

HMC1021Z 磁阻传感器是一种单边封装的磁场传感器,它能测量与管脚平行方向的磁场. 传感器由四条铁镍合金磁电阻组成一个非平衡电桥,非平衡电桥输出部分接集成运算放大器,将信号放大输出. 传感器内部结构如图 4.14.2 所示. 图 4.14.2 中由于适当配置的四个磁电阻电流方向不相同,当存在外界磁场时,引起电阻值变化有增有减. 因而输出电压 U_{out} 可以用下式表示为

$$U_{\text{out}} = \left(\frac{\Delta R}{R}\right) \times U_b \tag{4.14.2}$$

图 4.14.2　磁阻传感器内的惠斯通电桥

对于一定的工作电压,如 $U_b = 5.00\text{V}$,HMC1021Z 磁阻传感器输出电压 U_{out} 与外界磁场的磁感应强度成正比关系,

$$U_{\text{out}} = U_0 + KB \tag{4.14.3}$$

式(4.14.3)中,K 为传感器的灵敏度,B 为待测磁感应强度.U_0 为外加磁场为零时传感器的输出量.

由于亥姆霍兹线圈的特点是能在其轴线中心点附近产生较宽范围的均匀磁场区,所以常用作弱磁场的标准磁场.亥姆霍兹线圈公共轴线中心点位置的磁感应强度为

$$B = \frac{\mu_0 NI}{R} \frac{8}{5^{3/2}} \tag{4.14.4}$$

式(4.14.4)中 N 为线圈匝数,I 为线圈流过的电流强度,R 为亥姆霍兹线圈的平均半径,μ_0 为真空磁导率.

[实验仪器]

测量地磁场装置如图 4.14.3 所示.它主要包括底座、转轴、带角刻度的转盘、磁阻传感器的引线、亥姆霍兹线圈、地磁场测定仪控制主机(包括数字式电压表、5V 直流电源等).

图 4.14.3　测量地磁场装置示意图

[实验内容]

1. 测量磁阻传感器的灵敏度 K

将磁阻传感器放置在亥姆霍兹线圈公共轴线中点,并使管脚和磁感应强度方向平行.即传感器的感应面与亥姆霍兹线圈轴线垂直.用亥姆霍兹线圈产生磁场作为已知量,测量磁阻传感器的灵敏度 K.

2. 测量地磁场的水平分量 $B_\parallel$

将磁阻传感器平行固定在转盘上,调整转盘至水平(可用水准器指示).水平旋转转盘,找到传感器输出电压最大方向,这个方向就是地磁场磁感应强度的水平分量 $B_\parallel$ 的方向.记录此时传感器输出电压 U_1 后,再旋转转盘,记录传感器输出最小电压 U_2,由 $|U_1 - U_2|/2 = KB_\parallel$,求得当地地磁场水平分量 $B_\parallel$.

3. 测量地磁场的磁感应强度 B

将带有磁阻传感器的转盘平面调整为铅直,并使装置沿着地磁场磁感应强度水平分量 $B_\parallel$ 方向放置,只是方向转 $90°$.转动调节转盘,分别记下传感器输出最大和最小时转盘指示值和水平面之间的夹角 β_1 和 β_2,同时记录此最大读数 U_1' 和 U_2'.由磁倾角 $\beta = (\beta_1 + \beta_2)/2$ 计算 β 的值.

由 $|U_1' - U_2'|/2 = KB$,计算地磁场磁感应强度 B 的值.并计算地磁场的垂直分量 $B_\perp = B\sin\beta$.

本实验须注意:实验仪器周围的一定范围内不应存在铁磁金属物体,以保证测量结果的准确性.

注:亥姆霍兹线圈每个线圈匝数 $N=500$ 匝,线圈的半径 $r=10\text{cm}$;真空磁导率 $\mu_0 = 4\pi \times 10^{-7}\text{N/A}^2$.

亥姆霍兹线圈轴线上中心位置的磁感应强度为(二个线圈串联)

$$B = \frac{8\mu_0 NI}{R 5^{3/2}} = \frac{8 \times 4\pi \times 10^{-7} \times 500}{0.100 \times 5^{3/2}} \times I = 44.96 \times 10^{-4} I$$

式中,B 为磁感应强度单位 T(特斯拉);I 为通过线圈的电流,单位 A(安培).

[注意事项]

(1) 测量地磁场水平分量,须将转盘调节至水平;测量地磁场 $U_\text{总}$ 和磁倾角 β 时,须将转盘面处于地磁子午面方向.

(2) 测量磁倾角应记录不同 β 时,传感器输出电压 $U_\text{总}$,应取 10 组 β 值,求其平均值.这是因为测量时,偏差 $1°$,$U_\text{总}'' = U_\text{总}\cos1° = 0.998U_\text{总}$ 变化很小,偏差 $4°$,$U_\text{总}'' = U_\text{总}\cos4° = 0.998U_\text{总}$,所以在偏差 $1°$ 至 $4°$ 范围 $U_\text{总}$ 变化极小,实验时应测出 $U_\text{总}$ 变化很小 β 角的范围,然后求得平均值 $\bar{\beta}$.

[思考题]

(1) 磁阻传感器和霍耳传感器在工作原理和使用方法方面各有什么特点和区别?

(2) 如果在测量地磁场时,在磁阻传感器周围较近处,放一个铁钉,对测量结果将产生什么影响?

(3) 为何坡莫合金磁阻传感器遇到较强磁场时,其灵敏度会降低? 用什么方法来恢复其原来的灵敏度?

4.15　压力传感器特性的研究及应用

压力传感器是将被测压力转换为电流或电压信号,它广泛应用于生产实践中,电阻应变片压力传感器是常用的一种压力传感器,电阻应变片是这种传感器的敏感元件. 用电阻应变片可以测量拉伸、压缩、扭转和剪切等应变或应力. 使用时往往根据测量要求,将一个或几个应变片按一定的方式接入某种测量电桥,实现预期的测量功能.

[实验目的]

(1) 了解金属箔式应变片的应变效应和性能.

(2) 测量规则物体的密度.

(3) 测量液体表面张力系数.

(4) 掌握电子秤的设计、制作和调试技巧.

[实验原理]

1. 压力传感器

由于导体的电阻与材料的电阻率以及它的几何尺寸(长度和截面)有关,当导体承受机械形变时,其电阻率、长度和截面面积都要发生变化,从而导致其电阻发生变化,因此电阻应变片能将机械构件上应力的变化转换为电阻的变化.

电阻应变片一般由敏感栅、基底、粘合剂、引线、盖片等组成. 敏感栅由直径约 $0.01\sim 0.05\text{mm}$ 高电阻系数的细丝弯曲成栅状,它实际上是一个电阻元件,是电阻应变片感受构件应变的敏感部分,敏感栅用粘合剂将其固定在基片上;基底应保证将构件上的应变准确地传送到敏感栅上去,故基底必须做得很薄(一般为 $0.03\sim 0.06\text{mm}$),使它能与试件及敏感栅牢固地粘连在一起;引出线的作用是将敏感栅电阻元件与测量电路相连接,一般由 $0.1\sim 0.2\text{mm}$ 低阻镀锡铜丝制成,并与敏感栅两端输出端相焊接;盖板起保护作用.

在测试时,随着试件受力变形,应变片的敏感栅也获得同样的形变,从而使电阻随之发生变化. 通过测量电阻值的变化可反映出外力作用的大小.

将 4 片电阻应变片($R_1 = R_2 = R_3 = R_4$)分别粘贴在弹性平行梁的上下两表面适当的位置,梁的一端固定,另一端自由用于加载外力(图 4.15.1),弹性梁受载荷作用而弯曲,梁的上表面受拉,电阻片 R_1 和 R_3 亦受拉伸作用,电阻增大;梁的下表面受压,R_2 和 R_4 电阻减小. 这样,外力的作用通过梁的形变而使 4 个电阻发生变化.

图 4.15.1 压力传感器结构图

由应变片组成的全桥测量电路(为了消除电桥电路的非线性误差,通常采用非平衡电桥),当应变片受到压力作用时,引起弹性体的形变,使得粘贴在弹性体上的电阻应变片 $R_1 \sim R_4$ 的阻值发生变化,电桥将产生输出,其输出电压正比于所受的压力,这就是压力传感器.

2. 用标准砝码测量应变式传感器的压力特性,计算其灵敏度

按顺序增加砝码的数量(每次增加 20g),记下传感器对应的输出电压 U;再逐一减少砝码,记下传感器对应的输出电压 U',求出输出电压平均值 $\bar{U}$.

用逐差法求出力敏传感器的灵敏度:$s = \Delta U / \Delta mg$,单位为 mV/N.

(1) 电子秤的设计,测物质的密度.

用连接线将 V_{01} 输出端与放大器输入端相连,加标准砝码测量放大器输出端电压 V_{02},调节 R_{w2} 标定电子秤.

用游标卡尺测量物质的体积 V,用传感器测量物质的质量 m,则密度:$\rho = \dfrac{m}{V}$.

(2) 液体表面张力系数的测量.

将一个外径为 D_1,内径为 D_2 的小金属环固定(悬挂)在传感器上,然后使该环浸没于液体中,并逐渐拉起圆环,当它从液面拉托瞬间,传感器受到的拉力差值(即液体表面张力)为 f

$$f = (U_1 - U_2)/B = \Delta U/B$$

其中 U_1, U_2 分别为金属环刚要脱离液面的瞬间和脱离后传感器的输出电压,B 为力敏传感器的灵敏度. 液体表面张力系数为

$$\alpha = f/[\pi(D_1 + D_2)] \quad 单位:N/m$$

[实验仪器]

KD-YL-1 压力传感器特性及应用综合实验仪. 应变传感器实验模板、实验装置、游标卡尺和砝码.

(1) KD-YL-1 压力传感器特性及应用综合实验仪面板如图 4.15.2 所示.

(2) 应变压力传感器实验模板如图 4.15.3 所示.

(3) 实验装置如图 4.15.4 所示.

图 4.15.2   KD-YL-1 压力传感器特性及应用综合实验仪面板图

图 4.15.3   应变压力传感器实验模板

图 4.15.4   实验装置图

[实验内容]

1. 压力传感器的压力特性测量

(1) 开机预热.

(2) 将传感器输出电缆Ⅰ线(即秤盘电缆线)接入综合实验仪电缆座Ⅰ,测量选择置于内测 200mV,接通电源,调节工作电压为 9V,在托盘上加砝码,按顺序每次增加 20g,直至 200g,分别测传感器的输出电压,然后逐一减少砝码,测输出电压记录于表 4.15.1,根据其平均值,用逐差法求出灵敏度 s.

(3) 改变工作电压分别为 12V 和 15V,重复(2)的测量,测量相应的灵敏度 s.

2. 电子秤的设计

(1) 连线:秤盘电缆Ⅰ与"实验模板仪"左上角的插座相连,右角插孔用电缆线连接"综合实验仪"的电缆Ⅰ座,用连接线将 V_{01} 输出端与放大器输入端相连,红、黑二表笔线从 V_{02} 连接"测量输入"插孔,测量选择用"外测".

(2) 调零:工作电压调 15V(不小于 12V),调节 R_{W1} 使输出电压为 0.0mV.

(3) 定标:加标准砝码 100g,调节 R_{W2} 使放大器输出电压 V_{02} 为 100.0mV(即 1mV 为 1g). 取下砝码后若不再是"0.0mV",再调 R_{W1},反复两次调零与定标即可.

(4) 加标准砝码 150g 测量,放大器输出端的电压 V_{02} 为 150.0mV,否则微调 R_{W2} 使放大器输出端的电压 V_{02} 为 150.0mV.

(5) 重复(2)、(3)、(4)步使放大器输出端的电压 V_{02} 偏差最小.

(6) 测试:将任意砝码放入托盘,测其质量.

3. 物质密度的测量

用游标卡尺测量圆柱的体积 V,用传感器和实验模板组成的电子秤测量出圆柱的质量 m,将测量结果记录于表 4.15.2.

4. 测量液体表面张力系数

(1) 连线:将小挂盘传感器电缆线Ⅱ插入"综合实验仪"的电缆座Ⅱ,用"内测"选择 200mV,工作电压 14V.

(2) 将砝码盘挂在力敏传感器的钩上.

(3) 对力敏传感器定标:整机预热约 10 分钟后,在力敏传感器的挂盘上分别加放各种质量砝码(加放砝码时应尽量轻),测出相应的电压输出值记录于表 4.15.3. 计算出力敏传感器的灵敏度 B.

(4) 用游标卡尺测定吊环的内外直径.

(5) 在容器内放入被测液体并放在升降台上.

(6) 测定液体表面张力系数:挂上吊环,以顺时针转动与小活塞相连的升降台调节螺丝时,液体表面上升,当环下沿部分均浸入液体中时,改为逆时针转动该螺丝,这时液面往下降(相对而言,吊环往上提拉),在此过程中,可观察到液体产生的浮力与张力的情况,并观察环浸入液体中及从液体中拉起时的现象,特别应注意吊环即将拉断液柱前一瞬间数字电压表读数值为 U_1,拉断后数字电压表读数值为 U_2,将 U_1、U_2 值记录于表 4.15.4.

5. 数据记录与处理

表 4.15.1 压力传感器的压力特性测量

(表内填写测出的对应输出电压,单位:mV)

V＼g		20	40	60	80	100	120	140	160	180	200
9	加										
	减										
	$\overline{U}$										
12	加										
	减										
	$\overline{U}$										
15	加										
	减										
	$\overline{U}$										

用逐差法分5组求平均值,求出位移传感器的灵敏度(即定标系数):$s = \Delta U / \Delta mg$

9V:$s =$ _____ mV/N;

12V:$s =$ _____ mV/N;

15V:$s =$ _____ mV/N.

表 4.15.2 物质密度的测定

(柱高 h 和直径 D 可在不同位置测 3 次求平均值并填入)

材 料	h/cm	D/cm	V/cm^3	m/g^3	$\rho = m/V$
铝					
铜					

表 4.15.3 力敏传感器定标

砝码 m/g	0.50	1.00	1.50	2.00	2.50	3.00	3.50	4.00	4.50	5.00
输出电压 U/mV										

用逐差法分5组求平均:$\Delta \overline{U} =$ _____ mV,

再求得仪器的灵敏度:$B = \dfrac{\Delta \overline{U}}{\Delta mg} =$ _____ mV/N

表 4.15.4 纯水(或其他液体)的表面张力系数测量

水温_____℃

测量次数	U_1/mV	U_2/mV	ΔU/mV	$f/\times 10^{-3}$N	$\alpha/\times 10^{-3}$N/m
1					
2					
3					
4					
5					

吊环的内外直径(在环的不同位置测 3 次,求出平均值)为:外径 $D_1 =$ _____ cm,内径 $D_2 =$ _____ cm.

求得在此温度下的表面张力系数(平均值)为:$\bar{\alpha} =$ _____ N/m.

说明:液体表面张力系数与温度有关,温度升高,α 就减小;也与含杂质有关.经查表,纯水在 18℃ 时的表面张力系数标准值为:$\alpha = 73 \times 10^{-3}$ N/m,百分误差为:_____ %.

[注意事项]

在整个电路连接好之后才能打开电源开关;严禁带电插拔电缆插头.

[思考题]

(1) 在测液体表面张力系数的实验中,引起误差的因素有哪些?操作时应注意什么?

(2) 什么是传感器的灵敏度?由测量结果可见,它与什么有关?

(3) 测液体表面张力系数时,小环为什么要水平放置?

4.16 动态磁滞回线和磁化曲线的测量

磁性材料在通信、计算机和信息存储、电力、电子仪器、交通工具等领域有着十分广泛的应用.磁特性测量分为直流磁特性测量和交流磁特性测量.本实验用交流正弦电流对磁性材料进行磁化,测得的磁感应强度与磁场强度关系曲线称为动态磁滞回线,或者称为交流磁滞回线,它与直流磁滞回线是有区别的.可以证明:磁滞回线所包围的面积等于使单位体积磁性材料反复磁化一周时所需的功,并且因功转化为热而表现为损耗.磁化曲线和磁滞回线反映磁性材料在外磁场作用下的磁化特性,根据材料的不同磁特性,可以用于电动机、变压器、电感、电磁铁、永久磁铁、磁记忆元件等.动态磁滞回线是磁性材料的交流磁特性,其在工业中有重要应用,因为交流电动机、变压器的铁芯都是在交流状态下使用的.

磁滞回线所围面积很小的材料称为软磁材料.这种材料的特点是磁导率较高,在交流下使用时磁滞损耗也较小,故常作电磁铁或永磁铁的磁轭以及交流导磁材料.如电工纯铁、坡莫合金、硅钢片、软磁铁氧体等都属于这一类.磁滞回线所围面积很大的材料称为硬磁材料,其特征常常用剩余磁感应强度 B_r 和矫顽力 H_c 这两个特定点数值表示.B_r 和 H_c 大的材料可作为永久磁铁使用.有时也用 BH 乘积的最大值 $(BH)_{max}$ 衡量硬磁材料的性能,称为最大磁能.硬磁材料典型例子是各种磁钢合金和永久钡铁氧体.

测量动态磁滞回线时,材料中不仅有磁滞损耗,还有涡流损耗,因此,同一材料的动态磁滞回线的面积要比静态磁滞回线的面积稍大些.本实验重点学习用示波器显示和测量磁性材料动态磁滞回线和基本磁化曲线的方法,了解软磁材料和硬磁材料交流磁滞回线的区别.

[实验目的]

(1) 了解磁滞回线和磁化曲线的概念,理解铁磁材料的矫顽力、剩磁和磁导率.

(2) 用示波器测量软磁材料(软磁铁氧体)的磁滞回线.

（3）比较硬磁材料和软磁材料的交流磁滞回线.

*（4）学习精确测量电阻和电容的实验方法，测量不同阻值电阻和未知电容.

[实验原理]

1. 铁磁物质的磁滞现象

铁磁性物质的磁化过程很复杂，这主要是由于它具有磁性的原因. 一般都是通过测量磁化场的磁场强度 H 和磁感应强度 B 之间关系来研究其磁化规律的.

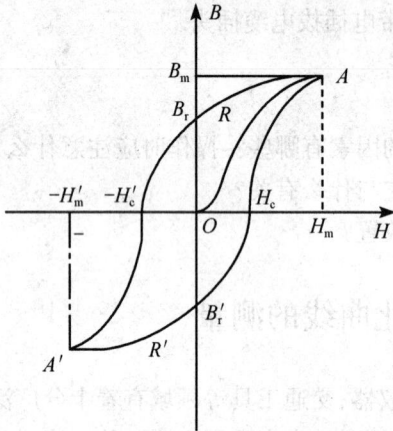

图 4.16.1　磁化曲线

如图 4.16.1 所示，当铁磁物质中不存在磁化场时，H 和 B 均为零，在 B-H 图中则相当于坐标原点 O. 随着磁化场 H 的增加，B 也随之增加，但两者之间不是线性关系. 当 H 增加到一定值时，B 不再增加或增加的十分缓慢，这说明该物质的磁化已达到饱和状态. H_m 和 B_m 分别为饱和时的磁场强度和磁感应强度（对应于图中 A 点）. 如果再使 H 逐步退到零，则与此同时 B 也逐渐减小. 然而，其轨迹并不沿原曲线 AO，而是沿另一曲线 AR 下降到 B_r，这说明当 H 下降为零时，铁磁物质中仍保留一定的磁性. 将磁化场反向，再逐渐增加其强度，直到 $H=-H_m$，这时曲线达到 A' 点（即反向饱和点），然后，先使磁化场退回到 $H=0$；再使正向磁化场逐渐增大，直到饱和值 H_m 为止. 如此就得到一条与 ARA' 对称的曲线 $A'R'A$，而自 A 点出发又回到 A 点的轨迹为一闭合曲线，称为铁磁物质的磁滞回线，其中，曲线和 H 轴的交点 H_c 和 H_c' 称为矫顽力，回线与 B 轴的交点 B_r 和 B_r'，称为剩余磁感应强度.

2. 利用示波器观测铁磁材料动态磁滞回线

电路原理图如图 4.16.2 所示.

图 4.16.2　用示波器测动态磁滞回线的电路图

　　将样品制成闭合环状,其上均匀地绕以磁化线圈 N_1 及副线圈 N_2. 交流电压 u 加在磁化线圈上,线路中串联了一取样电阻 R_1,将 R_1 两端的电压 u_1 加到示波器的 X 轴输入端上. 副线圈 N_2 与电阻 R_2 和电容 C 串联成一回路,将电容 C 两端的电压 u_C 加到示波器的 Y 轴输入端,在示波器上可以显示和测量铁磁材料的磁滞回线.

　　1) 磁场强度 H 的测量

　　设环状样品的平均周长为 l,磁化线圈的匝数为 N_1,磁化电流为交流正弦波电流 i_1,由安培回路定律 $Hl=N_1i_1$,而 $u_1=R_1i_1$,所以可得

$$H = \frac{N_1u_1}{lR_1} \tag{4.16.1}$$

式中,u_1 为取样电阻 R_1 上的电压. 由式(4.16.1)可知,在已知 R_1、l、N_1 的情况下,测得 u_1 的值,即可用式(4.16.1)计算磁场强度 H 的值.

　　2) 磁感应强度 B 的测量

　　设样品的截面积为 S,根据电磁感应定律,在匝数为 N_2 的副线圈中感生电动势 E_2 为

$$E_2 = -N_2S\frac{\mathrm{d}B}{\mathrm{d}t} \tag{4.16.2}$$

式中,$\dfrac{\mathrm{d}B}{\mathrm{d}t}$ 为磁感应强度 B 对时间 t 的导数.

　　若副线圈所接回路中的电流为 i_2,且电容 C 上的电量为 Q,则有

$$E_2 = R_2i_2 + \frac{Q}{C} \tag{4.16.3}$$

　　在式(4.16.3)中,考虑到副线圈匝数不太多,因此自感电动势可忽略不计. 在选定线路参数时,将 R_2 和 C 都取较大值,使电容 C 上电势降 $U_C=\dfrac{Q}{C}\ll R_2i_2$,可忽略不计,于是式(4.16.3)可写为

$$E_2 = R_2i_2 \tag{4.16.4}$$

把电流 $i_2=\dfrac{\mathrm{d}Q}{\mathrm{d}t}=C\dfrac{\mathrm{d}u_C}{\mathrm{d}t}$ 代入式(4.16.4)得

$$E_2 = R_2C\frac{\mathrm{d}u_C}{\mathrm{d}t} \tag{4.16.5}$$

把式(4.16.5)代入式(4.16.2)得

$$-N_2S\frac{\mathrm{d}B}{\mathrm{d}t} = R_2C\frac{\mathrm{d}u_C}{\mathrm{d}t}$$

　　两边对时间积分时,由于 B 和 u_C 都是交变的,积分常数项为零. 于是,在不考虑负号(在这里仅仅指相位差 $\pm\pi$)的情况下,磁感应强度为

$$B = \frac{R_2Cu_C}{N_2S} \tag{4.16.6}$$

式中,N_2、S、R_2 和 C 皆为常数,通过测量电容两端电压幅值 u_C 代入式(4.16.6),可以求得材料磁感应强度 B 的值.

当磁化电流变化一个周期,示波器的光点将描绘出一条完整的磁滞回线,以后每个周期都重复此过程,形成一个稳定的磁滞回线.

3) B轴(Y轴)和H轴(X轴)的校准

虽然示波器Y轴和X轴上有分度值可读数,但该分度值只是一个参考值,存在一定不确定度,且X轴和Y轴增益可微调会改变分度值.所以,用数字交流电压表测量正弦信号电压,并且将正弦波输入X轴或Y轴进行分度值校准是必要的.

将被测样品(铁氧体)用电阻替代,从R_1上将正弦信号输入X轴,用交流数字电压表测量R_1两端电压$U_{有效}$,从而可以计算示波器该挡的分度值(单位 V/cm),见图4.16.3.

图4.16.3 X轴校准电路

[注意事项]

(1) 数字电压表测量交流正弦信号,测得值为有效值$U_{有效}$.而示波器显示的该正弦信号值为正弦波电压峰-峰值$U_{峰-峰}$.两者关系是

$$U_{峰-峰} = 2\sqrt{2}U_{有效} \tag{4.16.7}$$

(2) 用于校准示波器X轴挡和Y轴挡分度值的波形必须为正弦波,不可用失真波形.

用上述方法可以对示波器Y轴和X轴的分度值进行校准.

[实验仪器]

动态磁滞回线实验仪由可调正弦信号发生器、交流数字电压表、示波器、待测样品(软磁铁氧体、硬磁Cr12模具钢)、电阻、电容、导线等组成.其外形结构如图4.16.4所示.仪器的主要技术指标:

(1) 正弦波信号发生器.频率15～115Hz,连续可调.输出信号交流0～7V,可连续细调.输出端与电源线中的地线隔离(浮地).

(2) 交流数字电压表.量程200mV,分辨率0.1mV,浮地.

(3) 待测磁性样品.软磁铁氧体1只(环状),初级200匝,次级200匝;硬磁模具钢(Cr12合金钢)1只(环状),初级200匝,次级200匝;两个样品内径23.0mm,外径38.0mm,高10.0mm.

(4) 初级线圈串联电阻$R_1 = 2.0\Omega$,次级线圈电路串联电阻$R_2 = 50.0k\Omega$,电容$C = 4.7\mu F$.

图 4.16.4 动态磁滞回线实验仪外观

[实验内容]

1. 观察和测量软磁铁氧体的动态磁滞回线

(1) 按图 4.16.2 要求接好电路图.

(2) 把示波器光点调至荧光屏中心. 磁化电流从零开始, 逐渐增大磁化电流, 直至磁滞回线上的磁感应强度 B 达到饱和(即 H 值达到足够高时, 曲线有变平坦的趋势, 这一状态属饱和). 磁化电流的频率 f 取 50Hz 左右. 示波器的 X 轴和 Y 轴分度值调整至适当位置, 使磁滞回线的 B_m 和 H_m 值尽可能充满整个荧光屏, 且图形为不失真的磁滞回线图形.

(3) 记录磁滞回线的顶点 B_m 和 H_m, 剩磁 B_r 和矫顽力 H_c 三个读数值(以长度为单位), 在作图纸上画出软磁铁氧体的近似磁滞回线.

(4) 对 X 轴和 Y 轴进行校准. 计算软磁铁氧体的饱和磁感应强度 B_m 和相应的磁场强度 H_m、剩磁 B_r 和矫顽力 H_c. 磁感应强度以 T 为单位, 磁场强度以 A/m 为单位.

（5）测量软磁铁氧体的基本磁化曲线. 现将磁化电流慢慢从大至小,退磁至零. 从零开始,由小到大测量不同磁滞回线顶点的读数值 B_i 和 H_i,用作图纸作铁氧体的基本磁化曲线(B-H 关系)及磁导率与磁感应强度关系曲线(μ-H 曲线),其中 $\mu = \dfrac{B}{H}$.

2. 观测硬磁 Cr12 模具钢(铬钢)材料的动态磁滞回线

（1）将样品换成 Cr12 模具钢硬磁材料,经退磁后,从零开始电流由小到大增加磁化电流,直至磁滞回线达到磁感应强度饱和状态. 磁化电流频率约为 $f=50\text{Hz}$. 调节 X 轴和 Y 轴分度值使磁滞回线为不失真图形. 注意硬磁材料交流磁滞回线与软磁材料有明显区别,硬磁材料在磁场强度较小时,交流磁滞回线为椭圆形回线,而达到饱和时为近似矩形图形,硬磁材料的直流磁滞回线和交流磁滞回线也有很大区别.

（2）对 X 轴和 Y 轴进行校准,并记录相应的 B_m 和 H_m,B_r 和 H_c 值,在作图纸上近似画出硬磁材料在达到饱和状态时的交流磁滞回线.

*3. 测量取样电阻 R_1 和电阻 R_2、电容 C 的值

（1）电阻的测量.

将电阻箱 R 和待测电阻 R_2(或 R_1)串联,并与正弦交流信号源相接,用交流电压表测量信号输出电压 U 和电阻箱两端电压 U_R,那么,由

$$\frac{U_R}{R} = \frac{U-U_R}{R_2}$$

得

$$R_2 = \frac{U-U_R}{U_R}R$$

同样,可测得 R_1 的值.

R_2 约为 $50\text{k}\Omega$,R_1 约 2Ω,但测量时应考虑怎样使测量不确定度最小,测小电阻时,电源又不短路. 测量电路如图 4.16.5 所示.

（2）电容的测量.

电容的值 C 约为 $4.7\mu\text{F}$. 若交流电频率 $f=50\text{Hz}$,即其阻抗约为 $Z_C = \dfrac{1}{\omega C} = \dfrac{1}{2\pi f C} = \dfrac{1}{100\pi \times 4.7 \times 10^{-6}} = 667.3\Omega$,测量电容的接线图如图 4.16.6 所示. 取 $R=677\Omega$,测量电源

图 4.16.5　用交流电压表测电阻　　　　图 4.16.6　用交流电压表测电容

电压 U 和电阻两端电压 U_R, 在已知频率 f 和 R 时可得电容 C 的值. 因为

$$U^2 = U_R^2 + U_C^2$$

所以

$$U_C = \sqrt{U^2 - U_R^2}$$

由此可得

$$U_C = Z_C I = \frac{1}{2\pi f C} \frac{U_R}{R}$$

$$C = \frac{U_R}{2\pi f R U_C} \tag{4.16.8}$$

[思考题]

(1) 在式(4.16.3)中, $U_C \ll R_2 i_2$ 时可将 U_C 忽略, $E_2 = R_2 i_2$. 考虑一下, 由这项忽略引起的不确定度有多大?

(2) 在测量 B-H 曲线过程, 为何不能改变 X 轴和 Y 轴的分度值?

(3) 示波器显示的正弦波电压值与交流电压表显示的电压值有何区别? 两者之间如何换算?

(4) 硬磁材料的交流磁滞回线与软磁材料的交流磁滞回线有何区别?

4.17 磁光效应实验

1845 年, 法拉第(M. Faraday)在探索电磁现象和光学现象之间的联系时, 发现了一种现象: 当一束平面偏振光穿过介质时, 如果在介质中, 沿光的传播方向上加上一个磁场, 就会观察到光经过样品后偏振面转过一个角度, 即磁场使介质具有了旋光性, 这种现象后来就称为法拉第效应. 法拉第效应第一次显示了光和电磁现象之间的联系, 促进了对光本性的研究. 之后韦尔代(Verdet)对许多介质的磁致旋光进行了研究, 发现了法拉第效应在固体、液体和气体中都存在.

法拉第效应有许多重要的应用, 在磁场测量方面, 利用法拉第效应弛豫时间短的特点制成的磁光效应磁强计可以测量脉冲强磁场、交变强磁场. 在电流测量方面, 利用电流的磁效应和光纤材料的法拉第效应, 可以测量几千安培的大电流和几兆伏的高压电流. 在激光技术发展后, 其应用价值越来越受到重视, 如用于光纤通信中的磁光隔离器.

磁光调制主要应用于光偏振微小旋转角的测量技术, 它是通过测量光束经过某种物质时偏振面的旋转角度来测量物质的活性, 这种测量旋光的技术在科学研究、工业和医疗中有广泛的用途, 在生物和化学领域以及新兴的生命科学领域中也是重要的测量手段.

[实验目的]

(1) 了解法拉第效应产生的原因和磁光调制原理;

(2) 学会精确测量不同样品的韦尔代常数.

[实验原理]

1. 法拉第效应

实验表明,在磁场不是非常强时,如图 4.17.1 所示,偏振面旋转的角度 θ 与光波在介质中走过的路程 d 及介质中的磁感应强度在光的传播方向上的分量 B 成正比,即

$$\theta = VBd \qquad (4.17.1)$$

比例系数 V 由物质和工作波长决定,表征着物质的磁光特性,这个系数称为韦尔代(Verdet)常数.

韦尔代常数 V 与磁光材料的性质有关,对于顺磁、弱磁和抗磁性材料(如重火石玻璃等),V 为常数,即 θ 与磁场强度 B 有线性关系;而对铁磁性或亚铁磁性材料(如 YIG 等立方晶体材料),θ 与 B 不是简单的线性关系.

图 4.17.1   法拉第磁致旋光效应

表 4.17.1 为几种物质的韦尔代常数.几乎所有物质(包括气体、液体、固体)都存在法拉第效应,不过一般都不显著.

表 4.17.1   几种材料的韦尔代常数   (单位:弧分/特斯拉・厘米)

物 质	λ/nm	V
水	589.3	1.31×10^2
二硫化碳	589.3	4.17×10^2
轻火石玻璃	589.3	3.17×10^2
重火石玻璃	830.0	$8 \times 10^2 \sim 10 \times 10^2$
冕玻璃	632.8	$4.36 \times 10^2 \sim 7.27 \times 10^2$
石英	632.8	4.83×10^2
磷素	589.3	12.3×10^2

不同的物质,偏振面旋转的方向也可能不同.习惯上规定,以顺着磁场观察偏振面旋转绕向与磁场方向满足右手螺旋关系的称为"右旋"介质,其韦尔代常数 $V > 0$;反向旋转的称为"左旋"介质,韦尔代常数 $V < 0$.

对于每一种给定的物质,法拉第旋转方向仅由磁场方向决定,而与光的传播方向无关(不管传播方向与磁场同向或者反向),这是法拉第磁光效应与某些物质的固有旋光效应的重要区别.固有旋光效应的旋光方向与光的传播方向有关,即随着顺光线和逆光线的方向观察,线偏振光的偏振面的旋转方向是相反的,因此当光线往返两次穿过固有旋光物质时,线偏振光的偏振面没有旋转.而法拉第效应则不然,在磁场方向不变的情况下,光线往返穿过磁致旋光物质时,法拉第旋转角将加倍.利用这一特性,可以使光线在介质中往返数次,从而使旋转角度加大.这一性质使得磁光晶体在激光技术、光纤通信技术中获得重要应用.

与固有旋光效应类似,法拉第效应也有旋光色散,即韦尔代常数随波长而变,一束白色的线偏振光穿过磁致旋光介质,则紫光的偏振面要比红光的偏振面转过的角度大,这就是旋光色散.实验表明,磁致旋光物质的韦尔代常数 V 随波长 λ 的增加而减小,如图 4.17.2 所示,旋光色散曲线又称为法拉第旋转谱.

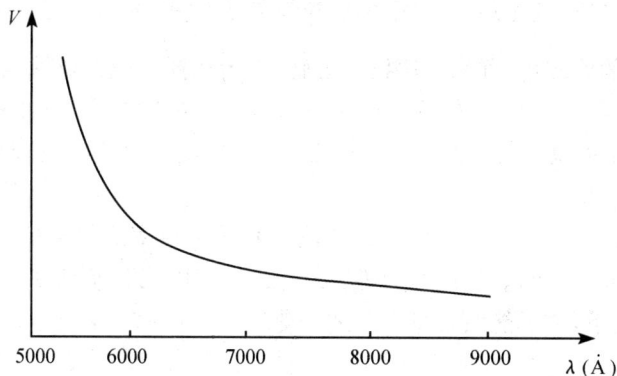

图 4.17.2　磁致旋光色散曲线

2. 法拉第效应的唯象解释

从光波在介质中传播的图像看,法拉第效应可以做如下理解:一束平行于磁场方向传播的线偏振光,可以看作是两束等幅左旋和右旋圆偏振光的迭加.这里左旋和右旋是相对于磁场方向而言的.

如果磁场的作用是使右旋圆偏振光的传播速度 c/n_R 和左旋圆偏振光的传播速度 c/n_L 不等,于是通过厚度为 d 的介质后,便产生不同的相位滞后:

$$\varphi_R = \frac{2\pi}{\lambda}n_R d, \quad \varphi_L = \frac{2\pi}{\lambda}n_L d \tag{4.17.2}$$

式中 λ 为真空中的波长.这里应注意,圆偏振光的相位即旋转电矢量的角位移;相位滞后即角位移倒转.在磁致旋光介质的入射截面上,入射线偏振光的电矢量 E 可以分解为图 4.17.3(a)所示两个旋转方向不同的圆偏振光 E_R 和 E_L,通过介质后,它们的相位滞后不同,旋转方向也不同,在出射界面上,两个圆偏振光的旋转电矢量如图 4.17.3(b)所示.当光束射出介质后,左、右旋圆偏振光的速度又恢复一致,我们又可以将它们合成起来考虑,即仍为线偏振光.从图上容易看出,由介质射出后,两个圆偏振光的合成电矢量 E 的振动面相对于原来的振动面转过角度 θ,其大小可以由图 4.17.3(b)直接看出,因为

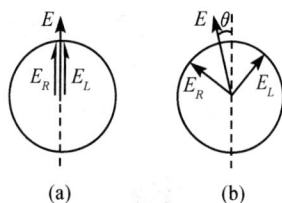

图 4.17.3　法拉第效应的
唯象解释

$$\varphi_R - \theta = \varphi_L + \theta \tag{4.17.3}$$

所以

$$\theta = \frac{1}{2}(\varphi_R - \varphi_L) \tag{4.17.4}$$

由式(4.17.2)得

$$\theta = \frac{\pi}{\lambda}(n_R - n_L)d = \theta_F \cdot d \qquad (4.17.5)$$

当 $n_R > n_L$ 时,$\theta > 0$,表示右旋;当 $n_R < n_L$ 时,$\theta < 0$,表示左旋. 假如 n_R 和 n_L 的差值正比于磁感应强度 B,由式(4.17.5)便可以得到法拉第效应公式(4.17.1). 式中的 $\theta_F = \frac{\pi}{\lambda}(n_R - n_L)$ 为单位长度上的旋转角,称为比法拉第旋转. 因为在铁磁或者亚铁磁等强磁介质中,法拉第旋转角与外加磁场不是简单的正比关系,并且存在磁饱和,所以通常用比法拉第旋转 θ_F 的饱和值来表征法拉第效应的强弱. 式(4.17.4)也反映出法拉第旋转角与通过波长 λ 有关,即存在旋光色散.

微观上如何理解磁场会使左旋、右旋圆偏振光的折射率或传播速度不同呢? 上述解释并没有涉及这个本质问题,所以称为唯象理论. 从本质上讲,折射率 n_R 和 n_L 的不同,应归结为在磁场作用下,原子能级及量子态的变化.

3. 磁光调制原理

根据马吕斯定律,如果不计光损耗,则通过起偏器,经检偏器输出的光强为:

$$I = I_0 \cos^2\alpha \qquad (4.17.6)$$

式中,I_0 为起偏器同检偏器的透光轴之间夹角 $\alpha = 0$ 或 $\alpha = \pi$ 时的输出光强. 若在两个偏振器之间加一个由励磁线圈(调制线圈)、磁光调制晶体和低频信号源组成的低频调制器,如图4.17.4所示,则调制励磁线圈所产生的正弦交变磁场 $B = B_0 \sin\omega t$,能够使磁光调制晶体产生交变的振动面转角 $\theta = \theta_0 \sin\omega t$,$\theta_0$ 称为调制角幅度. 此时输出光强由式(4.17.6)变为

$$I = I_0 \cos^2(\alpha + \theta) = I_0 \cos^2(\alpha + \theta_0 \sin\omega t) \qquad (4.17.7)$$

由式(4.17.7)可知,当 α 一定时,输出光强 I 仅随 θ 变化,因为 θ 是受交变磁场 B 或信号电流 $i = i_0 \sin\omega t$ 控制的,从而使信号电流产生的光振动面旋转,转化为光的强度调制,这就是磁光调制的基本原理.

图4.17.4 磁光调制装置

根据倍角三角函数公式由式(4.17.7)可以得到

$$I = \frac{1}{2} I_0 \left[1 + \cos^2(\alpha + \theta) \right] \tag{4.17.8}$$

显然,在 $0 \leqslant \alpha + \theta \leqslant 90°$ 的条件下,当 $\theta = -\theta_0$ 时输出光强最大,即

$$I_{\max} = \frac{I_0}{2} \left[1 + \cos^2(\alpha - \theta_0) \right] \tag{4.17.9}$$

当 $\theta = \theta_0$ 时,输出光强最小,即

$$I_{\min} = \frac{I_0}{2} \left[1 + \cos^2(\alpha + \theta_0) \right] \tag{4.17.10}$$

定义光强的调制幅度

$$A \equiv I_{\max} - I_{\min} \tag{4.17.11}$$

由式(4.17.9)和式(4.17.10)代入上式得到

$$A = I_0 \sin^2\alpha \sin^2\theta \tag{4.17.12}$$

由上式可以看出,在调制角幅度 θ_0 一定的情况下,当起偏器和检偏器透光轴夹角 $\alpha = 45°$ 时,光强调制幅度最大,

$$A_{\max} = I_0 \sin^2\theta_0 \tag{4.17.13}$$

所以,在做磁光调制实验时,通常将起偏器和检偏器透光轴成 45° 角放置,此时输出的调制光强由式(4.17.8)知

$$I \big|_{\alpha = 45°} = \frac{I_0}{2} (1 - \sin^2\theta) \tag{4.17.14}$$

当 $\alpha = 90°$ 时,即起偏器和检偏器偏振方向正交时,输出的调制光强由式(4.17.7)知

$$I \big|_{\alpha = 90°} = I_0 \sin^2\theta \tag{4.17.15}$$

当 $\alpha = 0°$,即起偏器和检偏器偏振方向平行时,输出的调制光强由式(4.17.7)知

$$I \big|_{\alpha = 0°} = I_0 \cos^2\theta \tag{4.17.16}$$

若将输出的调制光强入射到硅光电池上,转换成光电流,在经过放大器放大输入示波器,就可以观察到被调制了的信号. 当 $\alpha = 45°$ 时,在示波器上观察到调制幅度最大的信号,当 $\alpha = 0°$ 或 $\alpha = 90°$,在示波器上可以观察到由式(4.17.15)和式(4.17.16)决定的倍频信号. 但是因为 θ 一般都很小,由式(4.17.15)和式(4.17.16)可知,输出倍频信号的幅度分别接近于直流分量 0 或 I_0.

[实验仪器]

FD-MOC-A 磁光效应综合实验仪主要有导轨、滑块、光学部件、两个控制主机、直流可调稳压电源及手提零件箱组成. 另外实验时需要一台双踪示波器.

其中一米长的光学导轨上有八个滑块,分别有激光器、起偏器、检偏器、测角器(含偏振片)、调制线圈、会聚透镜、探测器、电磁铁. 直流可调稳压电源通过四根连接线与电磁铁相连,电磁铁既可以串联,也可以并联,具体连接方式及磁场方向可以通过特斯拉计测量确定.

两个控制主机主要有五部分组成:特斯拉计、调制信号发生器、激光器电源、光功率计和选频放大器.

1. **特斯拉计及信号发生器面板说明**(如图 4.17.5)

图 4.17.5 特斯拉计及信号发生器面板

1. 调零旋钮;2. 接特斯拉计探头;3. 调节调制信号的频率;4. 调节调制信号的幅度;5. 接示波器,观察调制信号;6. 半导体激光器电源;7. 电源开关;8. 调制信号输出,接调制线圈;9. 特斯拉计测量数值显示

2. **光功率计和选频放大器面板说明**(如图 4.17.6)

图 4.17.6 光功率计和选频放大器面板

1. 琴键换挡开关;2. 调零旋钮;3. 基频信号输入端,接光电接收器;4. 倍频信号输入端,接光电接收器;5. 接示波器,观察基频信号;6. 接示波器,观察倍频信号;7. 电源开关;8. 光功率计输入端,接光电接收器;9. 光功率计表头显示

[实验内容]

(1) 用特斯拉计测量电磁铁磁头中心的磁感应强度,分析线性范围.

(2) 法拉第效应实验:消光法检测磁光玻璃的韦尔代常数.

（3）磁光调制实验：熟悉磁光调制的原理，理解倍频法精确测定消光位置.

（4）磁光调制倍频法研究法拉第效应，精确测量不同样品的韦尔代常数.

[实验步骤]

1. 电磁铁磁头中心磁场的测量

（1）将直流稳压电源的两输出端（"红""黑"两端）用四根带红黑手枪插头的连接线与电磁铁相连，注意：一般情况下，电磁铁两线圈并联.

（2）调节两个磁头上端的固定螺丝，使两个磁头中心对准（验证标准为中心孔完全通光），并使磁头间隙为一定数值，如：20mm 或者 10mm.

（3）将特斯拉计探头与装有特斯拉计的磁光效应综合实验仪主机对应五芯航空插座相连，另外一端通过探头臂固定在电磁铁上，并使探头处于两个磁头正中心，旋转探头方向，使磁力线垂直穿过探头前端的霍尔传感器，这样测量出的磁感应强度最大，对应特斯拉计此时测量最准确，连接示意图如图 4.17.7 所示.

图 4.17.7　磁场测量装置连接示意图

（4）调节直流稳压电源的电流调节电位器，使电流逐渐增大，并记录不同电流情况下的磁感应强度.然后列表画图分析电流－中心磁感应强度的线性变化区域，并分析磁感应强度饱和的原因.

2. 正交消光法测量法拉第效应实验

（1）将半导体激光器、起偏器、透镜、电磁铁、检偏器、光电接收器依次放置在光学导轨上；

（2）将半导体激光器与主机上"3V 输出"相连，将光电接收器与光功率计的"输入"端相连；

（3）将恒流电源与电磁铁相连（注意电磁铁两个线圈一般选择并联），连接示意图如图 4.17.8 所示；

图4.17.8 正交消光法测量法拉第效应装置连接示意图

(4) 在磁头中间放入实验样品,样品共两种;

(5) 调节激光器,使激光依次穿过起偏器、透镜、磁铁中心、样品、检偏器,并能够被光电接收器接收;

(6) 由于半导体激光器为部分偏振光,可调节起偏器来调节输入光强的大小;调节检偏器,使其与起偏器偏振方向正交,这时检测到的光信号为最小,读取此时检偏器的角度 θ_1;

(7) 打开恒流电源,给样品加上恒定磁场,可看到光功率计读数增大,转动检偏器,使光功率计读数为最小,读取此时检偏器的角度 θ_2,得到样品在该磁场下的偏转角 $\theta = \theta_2 - \theta_1$;

(8) 关掉半导体激光器,取下样品,用高斯计测量磁隙中心的磁感应强度 B,用游标卡尺测量样品厚度,根据公式:$\theta = V \cdot B \cdot d$,可以求出该样品的韦尔代常数;

(9) 教师可以根据实际需要,合理安排实验过程,比如可以采用改变电流方向求平均值的方法来测量偏转角;也可以通过改变励磁电流而改变中心磁场的场强,测量不同场强下的偏转角,以研究材料的磁光特性.

3. 磁光调制实验

(1) 将激光器、起偏器、调制线圈、检偏器、光电接收器依次放置在光学导轨上;

(2) 将主机上调制信号发生器部分的"示波器"端与示波器的"CH1"端相连,观察调制信号,调节"幅度"旋钮可调节调制信号的大小,注意不要使调制信号变形,调节"频率"旋钮可微调调制信号的频率;

(3) 将激光器与主机上"3V 输出"相连,调节激光器,使激光从调制线圈中心样品中穿过,并能够被光电接收器接收;

(4) 将调制线圈与主机上调制信号发生器部分的"输出"端用音频线相连;

(5) 将光电接收器与主机上信号输入部分的"基频"端相连;用 Q9 线连接选频放大部分的"基频"端与示波器的"CH2"端,连接示意图如图4.17.9所示;

图 4.17.9　磁光调制实验连接示意图

（6）用示波器观察基频信号，调节调制信号发生器部分的"频率"旋钮，使基频信号最强，调节检偏器与起偏器的夹角，观察基频信号的变化；

（7）调节检偏器到消光位置附近，将光电接收器与主机上信号输入部分的"倍频"端相连，同时将示波器的"CH2"端与选频放大部分的"倍频"端相连，调节调制信号发生器部分的"频率"旋钮，使倍频信号最强，微调检偏器，观察信号变化，当检偏器与起偏器正交时，即消光位置，可以观察到稳定的倍频信号．

4. 磁光调制倍频法测量法拉第效应实验

（1）将半导体激光器、起偏器、透镜、电磁铁、调制线圈、有测微机构的检偏器、光电接收器依次放置在光学导轨上；

（2）在电磁铁磁头中间放入实验样品，将恒流电源与电磁铁相连，将主机上调制信号发生器部分的"示波器"端与示波器的"CH1"端相连；将激光器与主机上"3V 输出"相连，调节激光器，使激光依次穿过各元件，并能够被光电接收器接收；将调制线圈与主机上调制信号发生器部分的"输出"端用音频线相连；将光电接收器与主机上信号输入部分的"基频"端相连；用 Q9 线连接选频放大部分的"基频"端与示波器的"CH2"端，连接示意图如图 4.17.10 所示；

（3）用示波器观察基频信号，旋转检偏器到消光位置附近，将光电接收器与主机上信号输入部分的"倍频"端相连，同时将示波器的"CH2"端与选频放大部分的"倍频"端相连，微调检偏器的侧微器到可以观察到稳定的倍频信号，读取此时检偏器的角度 θ_1；

（4）打开恒流电源，给样品加上恒定磁场，可看到倍频信号发生变化，调节检偏器的侧微器至再次看到稳定的倍频信号，读取此时检偏器的角度 θ_2，得到样品在该磁场下的偏转角 $\theta = \theta_2 - \theta_1$；

图 4.17.10　磁光调制倍频法测量法拉第效应连接示意图

（5）关掉半导体激光器，取下样品，用高斯计测量磁隙中心的磁感应强度 B，用游标卡尺测量样品厚度，根据公式：$\theta = V \cdot B \cdot d$，可以求出该样品的韦尔代常数.

[注意事项]

（1）实验时不要将直流的大光强信号直接输入进选频放大器，以避免对放大器的损坏.

（2）起偏器和检偏器都是两个装有偏振片的转盘，读数精度都为 1°，仪器还配有一个装有螺旋测微头的转盘，转盘中同样装有偏振片，其中外转盘的精度也为 1°，螺旋测微头的精度为 0.01mm，测量范围为 8mm，即将角位移转化为直线位移，实现角度的精确测量.

（3）实验仪的电磁铁的两个磁头间距可以调节，这样不同宽度的样品均可以放置于磁场中间，并且实验中可以将手臂形特斯拉计探头固定架测量中心磁场的磁感应强度.

（4）实验结束后，将实验样品及各元件取下，依次放入手提零件箱内.

（5）样品及调制线圈内的磁光玻璃为易损件，使用时应加倍小心.

（6）用正交消光法测量样品韦尔代常数时，必须注意加磁场后要求保证样品在磁场中的位置不发生变化，否则光路改变会影响到测量结果.

[思考题]

（1）光电检测器前面的可调光阑，在实验时起什么作用？
（2）实验时直流稳压电源和电磁铁如果靠近示波器，是否对示波器的工作有影响？

4.18　光导纤维中光速的测定实验

光纤中光速的测定是一个十分有趣的实验，通过这一实验能使学生亲身感受到光在介质中传播的真实物理过程和深刻了解介质折射率的物理意义.

[实验目的]

(1) 学习光纤中光速测定的基本原理;

(2) 了解双波信号电光/光电变换及再生原理;

(3) 熟悉数字相位检测器原理、特性测试方法;

(4) 掌握光纤光速测定系统的调试技术.

[实验原理]

光导纤维的结构如图 4.18.1 所示,它由纤芯和包层两部分组成,纤芯半径为 α,折射率为 $n_1(p)$,包层的外半径为 b,折射率为 n_2,且 $n_1(p)>n_2$. 从物理光学的角度考虑,光波实际上是一种振荡频率很高的电磁波,当光波在光导纤维中传播时,光导纤维就起着一种光波导的作用. 应用电磁场理论中 $\boldsymbol{E}$ 矢量和 $\boldsymbol{H}$ 矢量应遵从的麦克士威尔方程及它们在芯纤和包层面处应满足的边界条件可知:在光导纤维中主要存在着两大类电磁场形态. 一类是沿光纤横载面呈驻波状,而沿光导纤维轴线方向为波行

图 4.18.1 阶跃型多模
光纤的结构示意图

的电磁场形态,这种形态的电磁场其能量沿横向不会辐射,只沿轴线方向传播,故称这类电磁场形态为**传导模式**;另一类电磁场形态其能量在轴线方向传播的同时沿横向方向也有辐射,这类电磁场形态称为**辐射模**. 利用光导纤维来传输光信息时就是依靠光纤中的传导模式. 随着光导纤维芯径 α 的增加,光导纤维中允许存在的传导模式的数量也会增多,纤芯中存在多个传导模式的光纤称为多模光纤;当光纤芯径小到某一程度后,纤芯中只允许称为基模的一种电磁场形态存在,这种光纤就称为单模光纤. 目前光纤通信系统上使用的多模光纤纤芯直径为 $50\mu m$,包层外径为 $125\mu m$. 单模光纤的芯径为 $5\sim10\mu m$ 范围内,包层外径也为 $125\mu m$. 在纤芯范围内折射率不随径向坐标 ρ 变化,即 $n_1(p)=n_1=$ 常数的光纤,称为阶跃型光纤,否则称渐变型光纤.

当一束由光导纤维的入射端耦合到光导纤维内部之后,会在光纤内同时激励起传导模式和辐射模式,但经过一段传输距离,辐射模的电磁场能量沿横向方向辐射尽后,只剩下传导模式沿光纤轴线方向继续传播,在传播过程中只会因光导纤维纤芯材料的杂质和密度不均引起的吸收损耗和散射损耗外,不会有辐射损耗. 目前的制造工艺能使光导纤维的吸收和散射损耗做到很小的程度,所以传导模式的电磁场能在光纤中传输很远的距离.

假设光纤的几何尺寸和折射率分布具有轴对称和沿轴向不变的特点,这样我们就能将光纤中光波的电磁场矢量 $\boldsymbol{E}$ 和 $\boldsymbol{H}$ 表示为:

$$\left\{\begin{matrix}\boldsymbol{E}\\\boldsymbol{H}\end{matrix}\right\}=\left\{\begin{matrix}e(\rho,\varphi)\\h(\rho,\varphi)\end{matrix}\right\}\exp[\mathrm{i}(\omega t-\beta z)] \tag{4.18.1}$$

此处 (ρ,φ) 是把光纤轴线取作 Z 轴方向的圆柱坐标系中的坐标变数,$\omega=2\pi\nu$ 是光波的角频率,ν 是光波的频率,而 β 是光导纤维中所论传导模式电磁波的轴向传播常数.

对于光纤中允许的每种传导模式都有各自的轴向传播常数,但是根据理论分析可知:光纤中的传导模式的轴向传播常数 β 的取值只可在 $k_2<\beta\leqslant k_1$ 范围内那些使 $\boldsymbol{E},\boldsymbol{H}$ 矢量在

光纤纤芯——包层界面处满足边界条件的一些不连续值,其中 $k_1 = n_1 k_0$, $k_2 = n_2 k_0$ 而 $k_0 = (\omega^2 \mu_0 \varepsilon_0)^{1/2}$ 是所论光波在自由空间中的传播常数. 根据式(4.18.1),具有轴向传播常数 β 的某一传导模式的电磁波,沿光纤轴线方向传播的相速度

$$V_P = \omega/\beta = 2\pi\nu/\beta \tag{4.18.2}$$

对于光纤中允许的每种传导模式都有各自的轴向传播常数,但它们不能任意取值,只能由以下关系式:

$$\beta^2 \equiv \omega^2 \mu_0 \varepsilon_0 \varepsilon_1 - U^2/a^2 \tag{4.18.3}$$

决定. 其中 U 是由 E 矢量和 H 矢量在芯纤和包层界面处应满足的边界条件导出的模式特征方程的特征根. 根据光波导的理论分析,对于光纤中的传导模式,特征根 U 的值只能变化在 $0 \sim R$ 的范围内. 此处 R 由下式定义:

$$R^2 \equiv \omega^2 \mu_0 (\varepsilon_1 - \varepsilon_2) a^2 = (2\pi a/\lambda)^2 (n_1^2 - n_2^2) \tag{4.18.4}$$

它是一个表征光纤波导结构的重要参数,称归一化频率. 它不仅与光纤的几何参数和光学参数有关,也与激励光波的波长有关. 所以光纤中各传导模式的轴向传播常数 β 就只能变化在

$$k_2 < \beta \leqslant k_1 \tag{4.18.5}$$

范围内. 其中 $k_1 = n_1 k_0$, $k_2 = n_2 k_0$, 而 $k_0 = (\omega^2 \mu_0 \varepsilon_0)^{1/2}$ 是所论光波在自由空间中的传播常数.

与 k_1 值接近的传播常数 β 所对应的模式,称为低阶模式(因这些模式对应的模式特征方程的特征根 U 具有较小的值),低阶模式在射线光学的理论范畴内对应与光纤轴线平行或夹角很小的那些传播射线;与 k_2 值接近的传播常数 β 所对应的模式,称为高阶模式,在射线光学的理念下这些模式对应着既满足全反射条件但又很接近临界状态的那些光射线. 由式(4.18.2)可知:低阶模式的相速较高阶模式的相速小.

在接收端光电检测器件检测到的是与光波的振幅有关的电磁场能量. 描述光振动幅度传播速度的物理量是群速 V_g. 在光纤入射端面激励光波的波谱具有一定宽度时,群速的表达式为

$$V_g = \mathrm{d}\omega/\mathrm{d}\beta \tag{4.18.6}$$

对于通信用光纤,为了减少模式色散,包层折射率 n_2 与纤芯折射率 n_1 的差异很小. 因此,通信用多模光纤具有弱波导结构. 在弱波导近似下,多模光纤中同一模式场的相速 V_P 和群速 V_g 之间具有以下关系:

$$V_g \times V_P = (c/n_1)^2 \tag{4.18.7}$$

也即相速 V_P 和群速 V_g 两者的乘积等于折射率为纤芯折射率 n_1 的介质中光速的平方. 相对多模光纤的模式色散,材料色散很小,式(4.18.7)等号右边可视为常量.

如上所述,由于各传导模式的相速不同,所以各模式的群速也有差异,最低阶模式(称为基模)的群速最快,它所携带的电磁场能量最先到达光纤终点. 最高阶模式(称截止模)的群速最慢,它所携带的电磁场能量最后到达光纤终点. 对于长度为 L 的给定光纤,在输入端同时激励起多个传导模式的情况下,各个模式的电磁场能量到达光纤另一端所需时间($t = L/V_g$)也略有差异. 初略估计,所需最长时间不会大于

$$t_{max} = \frac{L n_1^2}{c n_2} \tag{4.18.8}$$

其中 $C = 2\pi\nu/k_0$ 是光波在自由空间中的传播速度. 而最短时间不会小于

$$t_{\min} = \frac{Ln_1}{c} \tag{4.18.9}$$

所以各传导模式到达光纤另一端的最大时间差为:

$$\Delta t = t_{\max} - t_{\min} = \frac{Ln_1}{c} \cdot \frac{n_1 - n_2}{n_2} \tag{4.18.10}$$

这一差值与基模和截止模传播同样长度光纤所需时间的平均值 $t_{平均}$ 的比为:

$$\frac{\Delta t}{t_{平均}} = \frac{2(n_1 - n_2)}{n_1 + n_2} \tag{4.18.11}$$

对于通信用的石英光纤,纤芯折射率一般在 1.5 左右,包层折射率 n_2 与 n_1 的差异只有 0.01 的量级,故各传导模式到达光纤终点的时间差异与它们所需的平均传播时间的比值不会大于 0.66%,而实际值比这一百分比要小得多. 也即,各模式场在光导纤维中传播的群速虽然不同,但各模式的群速与按以下表达式算得的群速平均值

$$V_{g平均} = \frac{L}{t_{平均}} = \frac{c}{n_2} \cdot \frac{2n_2}{n_1 + n_2} \doteq \frac{c}{n_2} \tag{4.18.12}$$

相差甚微. 所以在测定光导纤维光速的实验中,可近似认为各种传导模式的电磁能量是以平均群速 $V_{g平均}$ "同时"到达光纤另一端的(**在分析光纤的带宽特性时不能作这样的近似!**). 由式(4.18.12)可知,在弱波导近似下平均群速 $V_{g平均}$ 就以很高的准确度,近似等于折射率为 n_1 的纤心介质中的光速. 这一近似与测量装置的系统误差相比是完全允许的.

[实验设备]

(1) FOV—B 型光导纤维中光速测定实验仪;

(2) 双踪示波器.

[实验内容]

1. 调制信号周期 T 的测定

用双踪示波器的任一通道观测光信号发送模块中**调制信号**插孔的波形可以测得调制信号周期 T. 拨动仪器后面板的**时钟切换**开关可成倍改变调制信号的频率.

2. 光信号的发送实验

用一导线连接光信号发送模块中**调制信号**和**调制输入**插孔,用示波器观测光信号发送模块的**电流波形**插孔的波形. 若有类似于调制信号的波形出现,表明光源器件 LED 的驱动及调制电路工作正常. 若 LED 也是处于正常工作状态,就有一个周期为 T、占空比为 50% 的方波光信号从 LED 发出,经传输光纤送到光信号接收模块的光电探头的入照窗口. 此时把光信号接收模块中的 SPD 的切换开关拨向**光功率计**一侧,光功率计应有某一读数. 调节光信号发送模块中的 **W1 调节旋钮**,使这一读数大于 $30\mu\mathrm{W}$.

3. 光信号的光电转换及再生调节

(1) 把双踪示波器的 CH2 通道接至光信号接收模块中的**再生输出**端和 **GND** 端,并把这一通道置于直流工作状态,示波器的**同步选择**选取 **CH2**. 观察示波器 CH2 的扫描线

是否是处于高电平状态. 若是,就可继续进行以下实验操作;否则,就需调节光信号接收模块中的 **W2 调节**旋钮,使双踪示波器的 CH2 通道的扫描线到达高电平状态. 若无论怎样调节 **W2 调节**旋钮无法使 CH2 通道的扫描线到达高电平状态,表明仪器的光电转换及再生调节电路有故障,仪器需要维修.

(2) 完成(1)项调节后,保持示波器的连接和上述各种选择状态不变. 把光信号接收模块中的 SPD 的切换开关从**光功率计**一侧拨向另一侧. 观察示波器的 CH2 通道波形,若所观察到方波序列的占空比大于 50%(包括 CH2 的扫描线全为低电平状态),顺时针方向(否则,顺时针方向)调节 **W2 调节**旋钮,使这一波形占空比为 50%;若所观察到方波序列的占空比小于 50%(包括 CH2 的扫描线全为高电平状态),反时针方向调节 **W2 调节**旋钮,使这一波形占空比为 50%.

能实现上述两项调节,就表明光信号接收模块的光电转换和再生调节功能正常.

4. 光纤中光速的测定

(1) 示波器法

利用示波器法测量光纤中光速时实验系统的连接如图 4.18.2 所示.示波器的两个通

图 4.18.2 示波器法测量光信号延时的系统连接

道均选"DC"工作状态.示波器的时标分度值选 $2\mu S$. 为了使调节光电转换信号占空比的操作更为方便,示波器同步信号选择 CH2.

先把长度为 L_1 的光纤信道接入实验系统.按以上要求调节 **W1 调节旋钮**和 **W2 调节旋钮**使接收端光电转换信号占空比 50%. 从示波器上读取再生信号相对于调制信号的延时 τ_1. 然后,把长度为 L_2 的光纤信道接入实验系统,**在保持实验系统电路状态不变的基础上,改变 SPD 光电探头与光纤信道出光端的光耦合状态,使示波器 CH2 通道波形的占空比再次为 50%.** 从示波器上再次读取再生信号相对于调制信号的延时 τ_2. 根据实验数据,按下式计算光纤中的光速

$$V_Z = (L_1 - L_2)/(\tau_1 - \tau_2) \qquad (4.18.13)$$

(2) 相位检测器法

利用相位检测器法测量光纤中光速时实验系统的连接如图 4.18.3 示.具体测量之前,要把异或门两个输入端与**调制信号**端和**再生输出**端的连接断开,用仪器前面板的 **GND** 端和 **5V** 输出端,分别对它们进行"同"输入和"异"输入的连接.在"同"输入连接情况下,调节 V_b **调节旋钮**使相位指示器的读数为全 0;在"异"输入连接的情况下,**调节 V_r 调节旋钮**使相位指示器的读数为 180.0. 在完成相位指示器的零点调节和满度调节后,按图 4.18.3 示,恢复异或门两个输入端与**调制信号**和**再生输出**端的连接.

图 4.18.3 相位检测器法测量光信号延时的系统连接

把长度为 L_1 的光纤信道接入实验系统. 按 4.1 示波器法所述, 先调节 **W1 调节**旋钮使光功率计读数大于 30μW, 然后调节 **W2 调节**旋钮使 CH2 通道的波形占空比达到 50% 时, 读取并记录下相位指示器的读数 $\Delta\phi_1$.

把长度为 L_2 的光纤信道接入实验系统, 在保持实验系统电路状态不变的基础上, 改变 SPD 光电探头与光纤信道出光端的光耦合状态, 使示波器 CH2 通道波形的占空比再次为 50%. 读取并记录下相位指示器的读数 $\Delta\phi_2$. 根据实验数据, 按下式计算光纤中的光速

$$\Delta\tau = \frac{\Delta\phi_1 - \Delta\phi_2}{180} \cdot \frac{T}{2} \qquad (4.18.14)$$

$$V_z = \frac{L_1 - L_2}{\Delta\tau} \qquad (4.18.15)$$

[思考题]

（1）光导纤维中, 传导模式和辐射模式有何区别?

（2）如何判断光信号接收模块的光电转换和再生调节功能正常?

4.19　数字信号光纤通信技术实验

[实验目的]

（1）了解数字信号光纤通信技术的基本原理;

（2）掌握数字信号光纤通信技术实验系统的检测及调试技术.

[实验原理]

1. 数字信号光纤通信的基本原理

数字信号光纤通信的基本原理如图 4.19.1 示(图中仅画出一个方向的信道). 工作的基本过程如下:语音信号经模/数转换成 8 位二进制数码送至信号发送电路, 加上起始位(低电平)和终止位(高电平)后, 在发时钟 TxC 的作用下以串行方式从数据发送电路输出. 此时输出的数码称为**数据码**, 其码元结构是随机的. 为了克服这些随机数据码出现长 0 或长 1 码元时, 使接收端数字信号的时钟信息下降给时钟提取带来的困难, 在对数据码进行电/光转换之前还需按一定规则进行编码, 使传送至接收端的数字信号中的长 1 或长 0 码元个数在规定数目内. 由编码电路输出的信号称为**线路码信号**. 线路码数字信号在接收端经过光/电转换后形成的数字电信号一方面送到解码电路进行解码, 与此同时也被送至一个高 Q 值的 RLC 谐振选频电路进行时钟提取. RLC 谐振选频电路的谐振频率设计在线路码的时钟频率处. 由时钟提取电路输出的时钟信号作为收时钟 RxC, 其作用有两个:

（1）为解码电路对接收端的线路码进行解码时提供时钟信号;

（2）为数字信号接收电路对由解码电路输出的再生数据码进行码值判别时提供时钟

信号.接收端收到的最终数字信号,经过数/模转换恢复成原来的语音信号.

图 4.19.1 数字信号光纤通信系统的结构框图

在单极性不归零码的数字信号表示中,用高电平表示 1 码元,低电平表示 0 码元.码元持续时间(亦称码元宽度)与发时钟 TxC 的周期相同.为了增大通信系统的传输容量,就要求提高收、发时钟的频率.发时钟频率愈高码元宽度愈窄.

由于光纤信道的带宽有限,数字信号经过光纤信道传输到接收端后,其码元宽度要加宽.加宽程度由光纤信道的频率特性和传输距离决定.单模光纤频带宽,多模光纤频带窄.光纤是一种圆柱形介质波导,光在其中传播时实际上是一群满足麦克斯韦方程和纤芯—包层界面处**边界条件**的电磁波,每个这样的电磁波称为一个模式.光纤中允许存在的模式的数量与纤芯半径和数字孔径有关.纤芯半径和数字孔径愈大,光纤中参与光信号传输的模式也愈多,这种光纤称为**多模光纤**(芯径 50 或 62.5μm).多模光纤中每个模式沿光纤轴线方向的传播速度都不相同.因此,在光纤信道的输入端同时激励起多个模式时,每个模式携带的光功率到达光纤信道终点的时间也不一样,从而引起了数字信号码元的加宽.码元加宽程度显然与模式的数量有关.由多模传输引起的码元加宽称为**模式色散**.当光纤纤芯半径减小到一定程度时,光纤中只允许存在一种模式(基模)参与光信号的传输.这种光纤称为**单模光纤**(芯径 5～10μm).单模光纤中虽然无模式色散存在,但是由于光源器件的发光光谱不是单一谱线、光纤的材料色散和波导效应等原因,光信号在单模光纤中传输时仍然要引起码元加宽.这些因素产生的码元加宽称为**材料色散**和**波导色散**.材料色散和波导色散比起模式色散要小很多.

当码元加宽程度超过一定范围,就会在码值判别时产生误码.通信系统的传输率愈高,码元宽度愈窄,允许码元加宽的程度也就愈小.所以,多模光纤只适用于传输率不高的局域数字通信系统.在远距离、大容量的高速数字通信系统中光纤信道必须采用单模光纤.

长距离、高速数字信号光纤通信系统中常用的光源器件是发光波长为 1.3μm 和 1.5μm 的半导体激光器 LD.在传输速率不高的数字信号光纤通信系统中也可采用发光中心波长为 0.86μm 的半导体发光二极管 LED.光电探测器件,主要有 PIN 光电二极管和雪崩光电二极管.

2. 实验系统的硬件结构及工作原理

为了使非通信专业的理工科学生在物理实验中学习到有关数字信号光纤通信的基本

原理,我们在《数字信号光纤通信实验》中着重于对光信号的发送、接收和再生;数字信号的并串/串并转换;模拟信号的 AD/DA 转换以及误码现象和原因等问题加以论述.有关编码、时钟提取和解码问题先不作为本实验的基本要求.

1) 实验系统的硬件结构

实验系统的结构如图 4.19.2 示.其中,光信号发送部分采用中心波长为 $0.86\mu m$ 的半导体发光二极管(LED)作光源器件.传输光纤采用多模光纤.光信号接收部分采用硅光电二极管(SPD)作光电检测元件.计算机通过 RS-232 串口控制单片机.单片机再去控制模数转换电路 ADC0809、数模转换电路 DAC0832 和数字信号并串/串并转换电路 8251,实现 A/D、D/A 转换和数字信号的并串/串并转换.图中的单片机、ADC0809、DAC0832 及 8251 等部分是集中在实验系统的电端机内,而 LED 的调制和驱动电路、SPD 的光电转换部分是集中在实验系统的光端机内.

图 4.19.2　数字信号光纤通信实验系统的基本结构

2) 工作过程

实验系统传输的数字信号可以是 ASCII 字符的二进制代码,也可是语音信号经 ADC0809 集成芯片进行 A/D 转换后的数字信号.在实验内容基本要求阶段(避开编、译码和收时钟提取问题,此时图 4.19.2 中的开关 K_1、K_2 和 K_3 均应打在"1"位),实验系统的工作过程如下:

(1) 传输 ASCII 字符时,ASCII 字符的二进制代码由计算机提供,经 RS—232 串口送至电端机,经电端机内的 8251 数据发送端(TxD)送至光端机 LED 调制电路输入端,进行数字信号的电-光变换.从 LED 发出的数字式光信号,经传输光纤、光电二极管(SPD)和再生电路变换成数字式电信号送至电端机内的 8251 数据接收端 RxD,经码值判别后再由 RS—232 串口送回计算机,并在计算机屏幕上显示出相应的字符.

(2) 传输语音信号时,语音信号放大后送至电端机内 ADC0809 模拟信号输入端进行 A/D 转换,所形成的数字信号经 8251 并/串转换后由其数据发送端 TxD 送至光端机对 LED 进行调制.然后经过 ASCII 字符同样的传输过程在实验系统接收端形成的数字信号再送至电端机,进行 D/A 转换.由此生成的模拟信号经滤波、放大后再由音箱输出.

以上过程均在程序控制下由计算机和电端机中的单片机完成.

3) 数字信号的发送和电光转换

在 8251 芯片设定为异步传输工作方式并波特率因子等于 1 的情行下,电端机发送端所发送的数据码是由起始位(S)、数据位($D_0 \sim D_7$)和终止位(E)等共 10 位码元组成.第一位是起始位,紧接着是从 D_0 到 D_7 的 8 位数据,最后一位是终止位.每位码元起始时刻与发送时钟 TxC 的下降沿对应、码元持续时间与发送时钟 TxC 的周期相等.对数字信号进行电-光转换的 LED 驱动和调制电路如图 4.19.3 示.由于电端机内的 8251 集成电路的数据发送端 TxD 在传输系统处于空闲状态时始终是高电平,为了延长发光二极管 LED 的使用寿命,对应这一状态应使 LED 无电流流过.为此,在其驱动调制电路输入端设置了一个由 IC_1 组成的反相器.因此 LED 发光,对应电信号的 0 码,无光则对应电信号 1 码.图 4.19.3 中 W_1 是调节 LED 工作电流的电位器.

图 4.19.3　LED 的驱动和调制电路

4) 数字信号的光电转换及再生调节

由传输光纤输出的数字光信号在接收端经过硅光电二极管 SPD 和再生调节电路变换成数字电信号,再送至电端机内 8251 集成电路的数据接收端 RxD 进行码值判别.

图 4.19.4　数字信号的光电转换及再生

图 4.19.4 是数字信号光电转换及再生调节电路的原理图,其工作原理如下:当传输系统处于空闲状态时,传输光纤中无光,硅光电二极管无光电流流过,这时只要 R_C 和 R_{b2} 的阻值适当,晶体管 BG_2 就有足够大的基极电流 I_b 注入,使 BG_2 处于深度饱和状态,因此它的集-射极之间的电压 V_{ce} 极低,既使经过后面放大也能使反相器 IC_2 的输出电压维持在高电平状态,以满足实验系统数据接收端 RxD 在空闲状态时也应为高电平的要求.当传输 0 码元时,发送端的 LED 发光,光电二极管有光电流 I_3 流过,它是从 SPD 的负极流向正极,这对 BG_2 的基极电流具拉电流作用,能使 BG_2 的基极电流 I_b 减小.由于 SPD 结电容、其出脚接线的线间电容以及 BG_2 基-射极间杂散电容的存在(在图 4.19.4 中用 C_a 表示以上三种电容的总效应),使得 BG_2 基极电流的这一减小不是突变的,而是按某一时间常数的指数规律变化.随着 BG_2 基极电流的减小,BG_2 逐渐脱离深饱和状态,向浅饱和状态和

放大区过渡,其集-射极电压V_{ce}也开始按指数规律逐渐上升.由于后面的放大器放大倍数很高,V_{ce}还未上升到其渐近值时,放大器输出电压就到达了能使反相器IC_2状态翻转的电压值,这时IC_2输出端为低电平.在下一个1码元到来时,接收端的SPD无光电流,BG_2的基极电流I_b又按指数规律逐渐增加,因而使BG_2原本按指数规律上升的V_{ce}在达到某一值时就停止上升,并在此后又按指数规律下降.V_{ce}下降到某一值后,IC_2的输出由低电平翻转成高电平.调节图4.19.3中W_1或图4.19.4中W_2,使LED的工作电流与SPD无光照射时BG_2饱和深度之间适当的配匹,既使在被传输的数据码中1码元和0码元随机组合的情况下,也能使接收端所接收到的数字信号在码元结构和码元宽度方面与发送的数字信号一致.

5) 数字信号的码值判决和误码

数字信号传输到接收端8251的RxD端后还不能算信号传输过程的结束.此后,尚需在收时钟RxC上升沿时刻对再生信号每位码元的码值进行"0"、"1"判别.在8251芯片设定为异步传输工作方式时,码值判别过程如下:8251内部有一时钟和计数系统,它随时检测着数据接收端RxD的电平状态,一旦检测到RxD的电平为低电平,接收端得知被传数据的起始位已到的信息.此后开始计时,计时到半个码元宽度时再次对RxD端的电平状态进行检测,若仍为低电平,表明先前检测到的低电平状态确实是被传数据的起始位,而不是噪声干扰.确认了传数据起始位的确到来之后,从确认时刻开始,每隔一个收时钟RxC周期对RxD端的电平状态进行一次检测,若检测到为高电平,赋予的码值为"1",反之为"0".若判别结果所形成的二进制代码与发送数据的代码一致,表明码值判别结果正确.根据正确判别结果的二进制代码从计算机字符库内调出的字符就会与发送字符一致;若判别结果所形成的二进制代码与发送字符代码不一致,计算机屏幕上显示的字符就与发送字符不一样,这表明实验系统在信号传输过程中有误码产生.

在本实验系统中误码原因有以下两种:

(1) 送到8251数据接收端RxD信号的码元宽度还未调节到再生状态(与TxC相比过宽或过窄);

(2) 在以上实验过程中收时钟RxC不时从时钟提取电路获得,而是与发时钟TxC采用同一时钟.在此情况下,由于再生信号的波形相对于发送信号的波形具有一定延迟,当这一延迟超过一定范围时,既使接收端数字信号的码元宽度调节到了与TxC相等的再生状态,在码值判别时也要发生错误.以上延迟既包含了信号在传输过程中光路上的延迟,也包括了电路上的延迟.在实验系统所提供的光纤长度情况下,电路延迟是主要的.而电路延迟又与再生调节电路中晶体管BG_2的饱和深度有关.BG_2的饱和深度不同,为使接收端的数字信号达到再生状态所要求SPD的光电流也不同.BG_2的饱和深度愈深,要求SPD提供的光电流也愈大.所以,若在接收端虽有再生波形但仍有误码现象出现的情况下,适当调节图4.19.3中W_1使LED导通时工作电流为另一值后,再调节图4.19.4中W_2可使再生波形的以上延迟达到无误码的状态.

[实验仪器]

本实验所用仪器由:数字信号光纤通信实验仪和示波器组成.其中数字信号光纤通信

实验仪采用四川大学研制的 DOF-D 型仪器,它由光端机、电端机和光纤信道三部分组成.光端机和电端机前、后面板的布局如图 4.19.5 和图 4.19.6 所示.

K_1-电源开关;L_3-时钟信号输出;L_1-LED调制信号输入;L_2-GND;W_1-LED电流调节电;C_1-LED插孔;
C_2-SPD插孔;K_2-SPD切换开关;W_2-信号再生调节;L_5-再生信号输出;L_6-电端机8251数据接收端RxD;
M_1-直流毫安表;M_2-光功率计;K_3-模拟信号切换开关;K_5-时钟信号切换开关

(a) 光端机前面板的布局

C_1-电源插座;C_2-与电端机连接的20线电缆插座;C_3-外接音箱插孔;K-音箱切换开关
W-正弦信号波形调节电位器

(b) 光端机后面板布局

图 4.19.5　DOF-D 型数字信号光纤通信实验仪光端机前、后面板的布局

[实验内容]

1. 传输系统发送时钟 TxC 周期的测定

把双迹示波器扫描时间分度值选为 $2\mu s$ 后、用示波器 CH_1 通道测量并记录电端机前面板"TxC"插孔输出的发时钟信号的周期.

2. 时钟信号的电-光/光-电转换及再生调节

按 DOF-D 型数字信号光纤通信实验仪使用说明书,把光纤信道、LED 和 SPD 接入光端机.调节 LED 在时钟信号调制状态下的平均工作电流为适当值(比如 20mA)并保持这一工作电流不变.用示波器观察光端机接收端光电转换和再生电路输出端是否有时

(a) 电端机前面板的布局

(b) 电端机后面板的布局图

图 4.19.6 DOF-D 型数字信号光纤通信实验仪电端机前、后面板的布局图

钟信号的波形出现. 若无, 并示波器上显示出一条代表低电平的直线, 就需沿顺时钟方向缓慢调节光端机仪器前面板的再生调节电位器 W_2, 直到示波器出现占空比为 50% 的时钟信号为止; 若示波器显示出一条代表高电平的直线, 就需沿反时钟方向缓慢调节 W_2, 直到时钟信号的波形出现. 有以上现象, 表明光端机工作正常.

3. ASCII 字符代码的光纤传输

1) 数字信号发送功能的检测

在按图 4.19.7 连接好实验系统并把光纤信道、LED 和 SPD 接入光端机后, 启动计算机、运行配套软件. 按计算机屏幕上出现的界面提示, 首先进行串口号 (COM$_1$ 或 COM$_2$) 和 "**数字传输**" 工作方式的选择. 待计算机屏幕上出现图 4.19.8 示界面时, 把光标移至 "**请输入十进制数**" 的窗口中, 从键盘输入想要传输的 ASCII 字符的十进制数代码 (比如, 字符 U、Z 和 7 等等, 它们相应的十进制数代码分别为 85、90 和 55 等等), 再点击 "**发送**" 按钮, 界面的 "**本地回显**" 栏将显示出该代码的 ASCII 字符. 用双迹示波器 CH$_1$ 通道观察电

图 4.19.7 实验系统的连接

图 4.19.8　软件界面图

端机前面板"TxD"端是否有与此 ASCII 字符二进制代码一致的数字信号波形出现. 若有,表示实验系统的发送功能正常. 若示波器上观察不到这一波形,按电端机的"Reset"复位按钮,用以上方式重新发送.

2) 数字信号的电-光/光-电转换及再生调节

在以上连线不变的基础上,再用导线把电端机的数据发送端 TxD 和"地"端分别与光端机的调制输入端和"地"端连在一起. 然后再把双迹示波器 CH$_2$ 通道接至光端机前面板的"再生输出"插孔 L$_5$. 按实验内容 3(1)所述,发送十进制代码"85"的 ASCII 字符"U". 该字符发送成功后,调节光端机前面板 W_1 电位器使 LED 的平均工作电流为 2mA 左右. 然后保持 W_1 的这一调节位置不变,按实验内容二、所述,调节 W_2 电位器,直到示波器 CH$_2$ 通道出现码元宽度和数码结构均与 CH$_1$ 通道一样的再生波形为止.

3) 码值判别、误码及实验系统无误码状态的调节

完成了上一步调节之后,虽然光电转换和再生调节电路输出信号的码元结构和码元宽度均与发送信号 TxD 的波形一样,但数字信号传输过程还不能算结束. 在此之后还必须把再生信号送至电端机内的 8251 的数据接收端 RxD,在收时钟 RxC 的上升沿时刻进行码值判别. 为此,需把光端机前面板的开关 K$_4$ 打在"通"的位置,并观察计算机屏幕上"接收"栏内出现的字符是否与"本地回显"栏内的字符同样. 若两者一致(如图 4.19.8 示),表明系统无误码传输,否则码值判别有误.

调节光端机前面板上的"W_2 调节"电位器,使接收端再生信号 1 码元的宽度为不同值,并观察计算机屏幕上"接收"栏内显示的误码状况. 最终把再生信号的 1 码元宽度调节到与发时钟周期 TxC 相等的无误码传输状态. 如果再生信号的 1 码元宽度已等于 TxC 时仍然有误码现象出现,此时就应适当调节光端机前面板 W_1 电位器,使 LED 导通时工作电流为另一值后,再调节 W_2 就可使实验系统达到无误码传输状态.

实验系统对于字符"U"的传输调节到无误码传输状态后,按以上步骤操作发送其他

不同的 ASCII 字符. 并从示波器和计算机的屏幕上监测字符传输过程的码元结构和误码情况. 若对于某个字符的传输有误码出现,还需按以上方式继续调节实验系统,直到传输任意字符时均无误码产生为止.

4. 语音信号的光纤传输及模/数转换采样周期的测定

点击图 4.19.8 示界面中的"退出"按钮,待计算机屏幕再次回到工作方式选择界面时,选择"语音传输"工作方式. 在此情况下,由于每次传输的数字信号代码不一样,故在示波器上看不到稳定波形. 但每次传输的数字信号起始位都是低电平,所以调节示波器的同步旋钮可清楚观察到起始位在荧光屏上的位置. 两个相邻起始位间隔的时间就是实验系统模/数转换过程的采样周期,该周期的倒数就是采样频率. 根据采样定理:采样频率应大于或等于模拟信号频谱的最高频率两倍时,在以后的数-模转换中被采的信号才能得到恢复. 因语音信号的频率在 300—3400Hz 范围内,故采样频率应大于 7000 次/每秒,通信部门规定为 8000 次/每秒.

切换光端机前面板的发时钟选择开关,在两个不同时钟频率下进行语音信号的传输实验. 在这两种情况下,用示波器观测模-数转换的采样周期、计算相应的采样频率、用采样定理评估实验系统传输语音信号的性能.

[思考题]

(1) 语音信号数字光纤通信经历哪些过程?

(2) 数字信号的码元宽度与什么因素有关?

(3) 数字光信号经光纤信道传输后码元宽度为什么要变宽?

(4) 如果利用一条光纤信道分时传输 32(或更多)路模拟语音信号,在对语音信号以每秒 8000 次采样进行 8 位模数转换的情况下,光纤数字通信系统的发时钟的频率 f_{TxC} 至少应等于多少?

(5) 为什么在数字信号发送端进行数据发送之前要进行编码?

(6) 在接收端由时钟提取电路输出的时钟信号有哪些作用?

4.20 超声定位和形貌成像实验

[实验目的]

(1) 了解脉冲回波型声成像的原理;

(2) 观察脉冲回波波形;

(3) 利用脉冲回波测量水中声速;

(4) 应用脉冲回波法对目标物体进行定位;

(5) 应用脉冲回波法来研究物体的运动状态.

[实验原理]

采用收发一体式的超声换能器来完成信号的发射与回波信号的接收;用 DSP 处理器

对超声传感器的发射和接收信号进行控制和高速采集,基于 FFT 变换来对数据进行分析和处理,并把处理数据传递到电脑,由电脑软件来显示测量的回波波形,完成物体的表面形貌成像或二维断面像、研究物体的运动状态以及对目标物体进行定位等实验.

1. 超声定位的基本原理

超声定位的基本原理是由超声波发生器向目标物体发射脉冲波,然后接收回波信号;当超声波发生器正对着目标物体时,接收到的回波信号强度将最大,这时得到发射波与接收波之间的时间差 Δt,再根据脉冲波在介质中的传播速度 v 而得到目标物体离脉冲波发射点的距离.这样就可以得出目标物体离脉冲波发射点的方位和距离,即图 4.20.1 中的 θ 和 S,$S = v \times \Delta t$.

2. 水中声速的测量

用脉冲回波法测量水中声速的原理:改变目标物体离脉冲声源的距离得到不同的接收回波时间差,用时差法来测量水中声速.假设目标物体到声源的垂直距离为 S_1 时,脉冲发射波到接收波的时间为 t_1;改变目标物体到声源的垂直距离为 S_2,此时脉冲发射波到接收波的时间为 t_2;这样,水中的声源传播速度为:$v = 2 \dfrac{|S_2 - S_1|}{|t_2 - t_1|} = 2 \dfrac{\Delta S}{\Delta t}$ m/s,具体见图 4.20.2(说明:S 为声源离目标物体的垂直距离,t 为声源发射到接收到回波信号之间的时间)

图 4.20.1 超声定位的基本原理　　　图 4.20.2 时差法测量水中声速

3. 超声成像的基本原理

超声成像是使用超声波的声成像.它包括脉冲回波型声成像和透射型声成像.前者是发射脉冲声波,接收其回波而获得物体图像的一种声成像方法;后者是利用透射声波获得物体图像的声成像方法.目前,在临床应用的超声诊断仪都是采用脉冲回波型声成像.而透射型声成像的一些成像方法仍处于研究之中,如某些类型的超声 CT 成像.目前研究较多的有声速 CT 成像和声衰减 CI 成像.

本实验以脉冲回波型超声成像(也称反射式超声成像)为研究对象,来研究介绍和研究超声成像.也就是利用超声波照射物体,通过接收和处理载有物体组织或结构性质特征信息的回波,获得物体组织性质与结构的可见图像的方法和技术.

4. 超声成像的一般规律

所有脉冲回波型声成像凭借回声来反映物体组织的信息,而回声则来自组织界面的反射和散射体的后散射.回声的强度取决于界面的反射系数、粒子的后散射强度和组织的衰减.

物体组成界面的组织之间声阻抗差异越大,则反射的回声越强.反射声强还和声束的入射角度有关,入射角越小,反射声强越大,声束垂直于入射界面时,即入射角为零时,反射声强最大,而入射角为90°时,反射声强为零.

物体组织对声能的衰减取决于该组织对声强的衰减系数和声束的传播距离(即检测深度).物体衰减特征主要表现在后方的回声.

多重反射超声遇强反射界面,在界面后出现一系列的间隔均匀的依次减弱的影像,称为多次反射,这是声束在探头与界面之间往返多次而形成.

[实验仪器]

DH6001超声定位综合实验仪由以下部分组成:DH6001超声定位综合实验仪、超声换能器、DH6001-MC直流电机控制器、水槽与测试架、VC++电脑数据处理软件、数据线以及电脑.

1) 实验水槽与测试架

水槽采用透明有机玻璃设计,成像物体放在水槽正面的载物台(图4.20.3-21)上,超声换能器头悬挂在导轨滑块(图4.20.3-5)上的吊杆(图4.20.3-10)旋转机构(图4.20.3-2)固定座(图4.20.3-11)上,该机构可以实现换能器的旋转,并带角度指示(图4.20.3-2),用于定位物体的角度方位;水槽后面的旋转梁(图4.20.3-7)用于悬挂目标物体(图4.20.3-8),可以改变物体在水槽中的位置,用于超声定位实验;水槽正上方测试架上的电机控制系统用于带动超声传感器对物体进行动态扫描,得到物体表面数据信息,成像出物体表面形状或断面像;水槽的右侧壁的台体上还有一个换能器固定座(图4.20.3-9),用于研究物体运动状态实验,具体实验时,换能器安装在此固定座上(图4.20.3-9),目标物体放在与吊杆(图4.20.3-10)相连的固定座(图4.20.3-11)上,由电机控制使之运动.

2) 超声成像实验仪

实验仪器与超声传感器相连,超声传感器(换能器)采用收发一体式石英晶振结构,换能器的工作频率2.5MHz左右.该实验仪器的实际工作原理是:由DSP处理器控制高速D/A变换器产生2.5MHz的频率信号,信号经过放大处理后接到超声传感器上作为发射波;发射波碰见不同的物体组织后将产生回波信号,回波信号经过高速运放进行放大滤波处理后由高速A/D对接收到的信号进行采集,采用FFT变换作数据分析处理,并把数据传输到电脑上.

3) 电脑分析界面

采集的数据信号被传送到电脑后,电脑可以显示回波波形;可以对物体进行扫描成像,得出物体的剖面像图;同时也可以测量物体的运动速度和对水中物体目标进行定位.

图 4.20.3 测试架正视图以及俯视图

1. 撑线杆；2. 角度旋转座；3. 导轨；4. 行程撞块；5. 滑块；6. 电机座；7. 旋转梁；8. 定位物体；
9. 换能器固定座(测速时用于放置超声换能器)；10. 吊杆；11. 固定座(用于放置超声换能器或运
动目标物体)；12. 右行程开关；13. 直流减速电机；14. 主动轮；15. 电机控制插座；16. 限位插座；
17. 标尺；18. 指针；19. 从动轮；20. 左行程开关；21. 载物台；22. 水槽；23. 底板

软件界面如图 4.20.4 所示，其功能描述如下：

读数据/存数据：对采集数据进行读取和存储.

工作方式：共提供**成像采集**，**定位**，**测速**以及**波形**四种工作方式.

工作状态显示窗：指示当前的工作方式.

清除显示：用于清除显示的波形或成像图.

成像操作功能:对采集的数据进行**成像处理**,处理的时候可以通过调整门限滚动条来改变门限值,从而调整成像图.

信号放大/信号减小:对接收信号的显示强度进行放大和缩小.

串口通信:用于启动和关闭通信口,启动后**串口状态**显示"OK!!"或"END",关闭后显示"Close!!".

坐标点一/坐标点二:显示坐标点的具体坐标,分别对应时间和距离,表示该时刻超声传感器扫过物体时对应的垂直距离.

平均速度:两坐标点之间的平均速度.

回波时间:显示第一次回波时间,用于时差法测水中声速.

切换显示:用于切换显示数据和成像.

消二次波:用鼠标左键框中成像线条中的二次波,然后按消二次波按钮即可消除二次波成像图.

图 4.20.4   软件界面图

(4) DH6001-MC 直流电机控制器.

提供成像扫描以及目标物体的运动速度控制.

[实验内容]

1. 观察水中物体的回波波形(参见图 4.20.5 和图 4.20.6)

图 4.20.5 换能器实际发射波形与接收

图 4.20.6 经过 DSP 数据处理后电脑显示的回波信号

(1) 换能器安装在测试架上并放在水槽(图 4.20.3-22)中,载物台(图 4.20.3-21)上放置表面不规则的有机玻璃样品;调整换能器头,使之对准水槽正面的载物台上的物体.

(2) 连接换能器与信号源前面板上的"传感器"插座,并把仪器后面板上的串口与电脑相连,开启电源.

注意:通电工作时,一定确保换能器置水中.

（3）打开电脑软件，用鼠标左键单击显控画面右下角的**串口通信**按钮，串口状态框上出现"OK！！"，然后变成"END"，说明计算机的串口已打开，可以与实验仪进行数据和命令通信.

（4）用鼠标左键单击显控画面上**工作方式**框中的**波形**按钮，**工作状态**下面显示红色的**波形显示**，画面上将显示实时波形如图 4.20.7 所示.

图 4.20.7　回波波形图

（5）通过角度旋转座水平旋转换能器探头，改变换能器的入射角，观察回波波形.

2. 水中声速的测量

（1）把超声换能器放置在水槽右侧面的固定座（图 4.20.3-9）上，运动物块放在滑块吊杆旋转机构下的固定座（图 4.20.3-11）上，换能器的方向与导轨（图 4.20.3-3）方向一致，并对准小运动目标物体（见附录）.

注意：在通电时不要把换能器露出水面，最好关掉实验仪电源后再操作.

（2）启动电源，打开串口，用鼠标左键单击显控画面上**工作方式**框中的**波形**按钮，**工作状态**下面显示红色的**波形显示**，画面上将显示实时波形以及发射脉冲波到接收回波之间的时间.

(3) 启动电机控制系统,使带着目标物体一起运动的滑块到 S_1 的位置后停止,记下此时发射波到接收波之间的时间 t_1;再启动电机,改变目标滑块到位置 S_2,记下此时发射波到接收波之间的时间 t_2.

(4) 计算声速:$v = 2\dfrac{|S_2 - S_1|}{|t_2 - t_1|}$ m/s.

(5) 多次测量求平均值.

3. 对水中目标物体进行定位

(1) 拿出载物台(图 4.20.3-21)上的有机玻璃样品,先转动测试架后面的悬挂梁(图 4.20.3-7),使目标物体(图 4.20.3-8)处在某个位置.

(2) 用鼠标左键单击显控画面上**工作方式**框中的**定位**按钮,**工作状态**下面显示红色的**定位**两字,**工作方式**框中的左边数据显示框显示经过的时间(单位:秒),右边数据显示框显示传感器离目标的距离(单位:厘米),画面上有成像图显示.

(3) 启动电机控制系统,使滑块(图 4.20.3-5)移动到导轨(图 4.20.3-3)中间位置.

(4) 切换到**波形**工作方式,通过传感器吊杆(图 4.20.3-10)旋转机构(图 4.20.3-2),缓慢旋转超声传感器,当传感器对准目标物体后,电脑界面上将显示最大的回波值,此时记下旋转机构(图 4.20.3-2)上的物体方位角度 θ 值;然后再切换到**定位**工作方式,记下电脑上显示的目标物体距离换能器之间的距离 Y(cm).(超声传感器正对着前方载物台时为 0 度,实验前要调节好)

(5) 转动旋转梁(图 4.20.3-7),改变目标物体的位置,重新测量目标物体离超声换能器的距离和方位.

4. 测量水中物体的运动状态

(1) 把超声换能器放置在水槽右侧面的固定座(图 4.20.3-9)上,运动物块放在滑块吊杆旋转机构下的固定座(图 4.20.3-11)上,换能器的方向与导轨(图 4.20.3-3)方向一致,并对准小运动目标物体(见附录).(注意:在通电时不要把换能器露出水面,最好关掉实验仪电源后再操作)

(2) 用鼠标左键单击显控画面上**工作方式**框中的**测速**按钮,**工作状态**下面显示洋红色的**测速**两字,**工作方式**框中的左边数据显示框显示目标运动的速度(单位:厘米/秒),同时画面上显示成像图,X 轴代表时间 t,Y 轴代表物体离超声传感器的距离 S.运行速度较小时,速度的动态显示误差将会比较大,必须通过 S-t 曲线来分析物体的运动状态.

(3) 启动 DH6001-MC 直流电机控制器,让电机带动吊杆上的物体运动起来,就可以看见 S-t 曲线,左边的显示框显示目标物体的运动速度.

(4) 分析 S-t 曲线,可以通过 $\Delta S/\Delta t$ 得到物体运动的平均速度.具体方法是:在 S-t 曲线上单击两个坐标点,对应的坐标点坐标以及两坐标点间的平均速度将在界面中显示出来.

(5) 通过直流电机控制器,改变物体的运动速度,再次测量观察物体的运动曲线并计算运动物体平均速度.

(6) 具体的实例如图 4.20.8 所示.

图 4.20.8 目标物体运动状态曲线

5. 扫描成像物体组织结构剖面图或表面形貌

(1) 操作步骤同 1 观察成像物体的回波波形的步骤(1)~(3).

(2) 连接直流电机控制系统,启动检查运行是否正常.

(3) **成像操作**. 用鼠标左键单击显控画面上**工作方式**框中的**成像采集**按钮,**工作状态**下面显示洋红色的**成像**两字,画面上有成像图显示. 采集结束后,用鼠标左键单击显控画面上**成像操作**框中的**成像处理**按钮,显示处理后的成像画面,如图 4.20.9 所示. 根据显示效果,用鼠标左键点击**增加门限**或**减小门限**按钮,可对其进行后置处理,得到相对较好的成像图. 在采集的过程中,可以按**信号放大**和**信号缩小**来改变接收信号的强度.

(4) 启动直流电机控制系统,使换能器垂直扫描物体,观察实时成像图. 为使成像效果好,可以设置控制器,使扫描速度最慢,具体设置见直流电机控制器说明.

(5) 该成像不仅可以显示物体表面轮廓图(形貌),如图 4.20.10 所示,对于超声透射效果比较好的物体,还可以清晰地观察出二维剖面图.

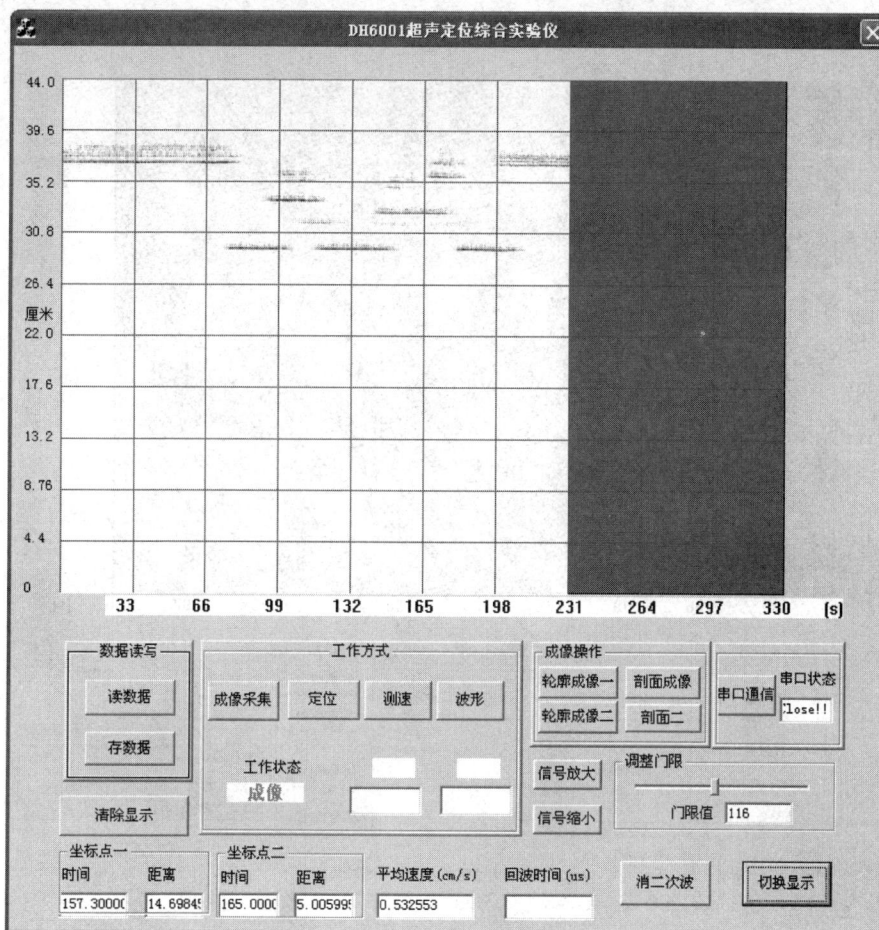

图 4.20.9　实时扫描物体得到的回波成像图

（6）要使成像效果好，需要选择合适的扫描距离，也就是被成像物体离超声传感器的距离要合适，可以通过观察回波波形以及**信号放大**或**信号缩小**来确定距离；由于超声传感器的波束角不为零，距离太远会造成回波信号重叠，两个不同反射面的回波信号叠加在一起，降低了成像分辨率，波形重叠现象可以从图 4.20.9 中看出，所以成像物体尽可能离超声传感器近些；成像物体太近，则会产生多次反射，同一个反射面会出现一次、两次或多次回波.

[**注意事项**]

仪器启动时，确保测试架上的滑块在导轨的中间位置，即处在两个限位行程开关之间，以提供一个初始位置. 建议每次实验完毕后，启动电机，把滑块停在导轨中间处，方便下组学生实验. 如果电机越限失控（当行程撞块始终触碰行程开关时），可以用十字螺丝刀松开皮带，把滑块小心移动到导轨中间即可（电机的减速比较大，不能用手强行转动）. 若初次启动电机时，发现滑块停在行程开关外面，可以按"正向"或"反向"键，使滑块运行到两限位行程开关之间后"停车"，按"复位"后即可可控运行.

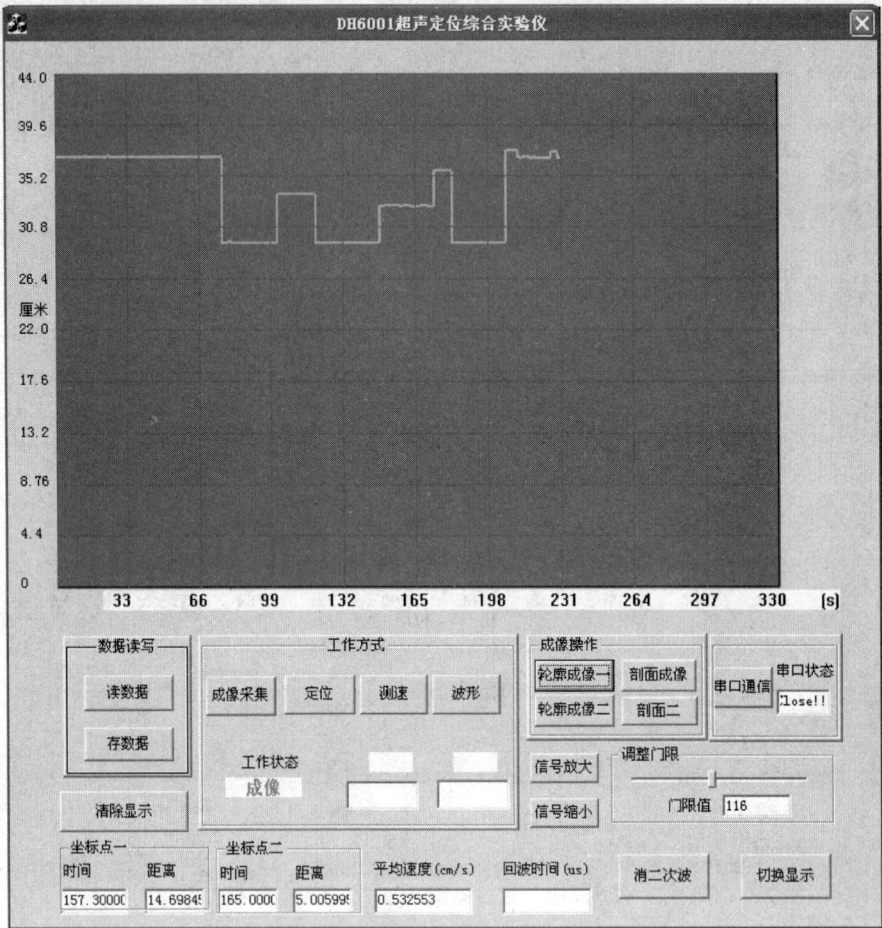

图 4.20.10　经成像处理后的物体形状(形貌)

正常的运行状态是:在两限位行程开关之间,电机可以正反运动控制;按"正向",滑块向
"右"运行;按"反向",滑块向"左"运行;按"停止",滑块停止.按"正向"键向"右"运行时,越限
右限位行程开关后,电机将停止运行,此时只能按"反向"键向"左"运行.按"反向"键向"左"
运行时,越限左限位行程开关后,电机将停止运行,此时只能按"正向"键向"右"运行.

[思考题]

(1) 超声成像中脉冲回波型声成像和透射型声成像的区别是什么?

(2) 被成像物体离超声传感器的距离太远对成像效果有何影响?

第 3 篇　设计性实验、研究与创新性实验

第5章 设计性实验

5.1 用单摆测量重力加速度

[实验目的]

(1) 研究单摆的摆长与周期之间的关系,求出重力加速度 g;

(2) 研究摆角与周期之间的关系,作 $2T - Sin^2(\theta/2)$ 关系图,求出重力加速度 g.

[设计要求及实验内容]

(1) 利用实验室提供的实验仪器和实验仪器的使用说明书,设计研究单摆的摆长与周期之间关系的实验步骤,求出重力加速度 g;

(2) 利用实验室提供的实验仪器和实验仪器的使用说明书,设计研究单摆摆角与周期之间关系的实验步骤,作 $2T - Sin^2(\theta/2)$ 关系图,求出重力加速度 g.

[主要实验器材]

(1) 单摆实验仪;

(2) 集成开关霍尔传感器.

[实验原理、方法提示]

1. 单摆摆长与周期之间的关系

如果在一固定点上悬挂一根不能伸长无质量的线,并在线的末端悬一质量为 m 的质点,这就构成一个单摆. 当摆角 θ_m 很小时(小于 3°),单摆的振动周期 T 和摆长 L 有如下近似关系:

$$T = 2\pi\sqrt{\frac{L}{g}} \quad \text{或} \quad T^2 = 4\pi^2\frac{L}{g} \tag{5.1.1}$$

当然,这种理想的单摆实际上是不存在的,因为悬线是有质量的,实验中又采用了半径为 r 的金属小球来代替质点. 所以,只有当小球质量远大于悬线的质量,而它的半径又远小于悬线长度时,才能将小球作为质点来处理,并可用式(5.1.1)进行计算. 但此时必须将悬挂点与球心之间的距离作为摆长,即 $L = L_1 + r$,其中 L_1 为线长. 如固定摆长 L,测出相应的振动周期 T,即可由式(5.1.1)求 g. 也可逐次改变摆长 L,测量各相应的周期 T,再求出 T^2,最后在坐标纸上作 T^2-L 图. 如图是一条直线,说明 T^2 与 L 成正比关系. 在直线上选取二点 $P_1(L_1, T_1^2)$, $P_2(L_2, T_2^2)$,由二点式求得斜率 $k = \dfrac{T_2^2 - T_1^2}{L_2 - L_1}$;再从 $k = \dfrac{4\pi^2}{g}$ 求得重

力加速度,即

$$g = 4\pi^2 \frac{L_2 - L_1}{T_2^2 - T_1^2} \tag{5.1.2}$$

2. 单摆摆角与周期之间的关系

在忽略空气阻力和浮力的情况下,由单摆振动时能量守恒,可以得到质量为 m 的小球在摆角为 θ 处动能和势能之和为常量,即

$$\frac{1}{2}mL^2\left(\frac{\mathrm{d}\theta}{\mathrm{d}t}\right)^2 + mgL(1 - \cos\theta) = E_0 \tag{5.1.3}$$

式中,L 为单摆摆长,θ 为摆角,g 为重力加速度,t 为时间,E_0 为小球的总机械能. 因为小球在摆幅为 θ_m 处释放,则有 $E_0 = mgL(1 - \cos\theta_m)$. 代入式(5.1.3),解方程得到

$$\frac{\sqrt{2}}{4}T = \sqrt{\frac{L}{g}}\int_0^{\theta_m} \frac{\mathrm{d}\theta}{\sqrt{\cos\theta - \cos\theta_m}} \tag{5.1.4}$$

式(5.1.4)中 T 为单摆的振动周期.

令 $k = \sin(\theta_m/2)$,并作变换 $\sin(\theta/2) = k\sin\varphi$ 有

$$T = 4\sqrt{\frac{L}{g}}\int_0^{\pi/2} \frac{\mathrm{d}\varphi}{\sqrt{1 - k^2\sin^2\varphi}}$$

这是椭圆积分,经近似计算可得到

$$T = 2\pi\sqrt{\frac{L}{g}}\left[1 + \frac{1}{4}\sin^2\left(\frac{\theta_m}{2}\right) + \cdots\right] \tag{5.1.5}$$

在传统的手控计时方法下,单次测量周期的误差可达 $0.1 \sim 0.2$s,而多次测量又面临空气阻尼使摆角衰减的情况,因而式(5.1.4)只能考虑到一级近似,不得不将 $\frac{1}{4}\sin^2\left(\frac{\theta_m}{2}\right)$ 项忽略. 但是,当单摆振动周期可以精确测量时,必须考虑摆角对周期的影响,即用二级近似公式. 在此实验中,测出不同的 θ_m 所对应的二倍周期 $2T$,作出 $2T - \sin^2\left(\frac{\theta_m}{2}\right)$ 图,并对图线外推,从截距 $2T$ 得到周期 T,进一步可以得到重力加速度 g.

5.2 碰 撞 打 靶

[实验目的]

(1) 研究两个球体的碰撞及碰撞后的平抛运动;
(2) 应用已学到的力学定律解决打靶的实际问题,从而更深入地了解力学原理.

[设计要求及实验内容]

(1) 用一悬挂撞击球去撞击另一个放在升降台上的被撞球,使被撞球击中指定位置的靶心;
(2) 设计方案要求计算被撞球击中靶心时,撞击球的初始理论高度;

（3）通过实验测出被撞球击中靶心时,撞击球的初始实验高度;

（4）计算碰撞前后机械能的损失,分析能量损失的各种来源,设计实验测出各部分能量损失的大小.

[主要实验器材]

（1）碰撞打靶实验仪;

（2）各种质量和大小的球体;

（3）游标卡尺、天平、钢尺等.

[实验原理、方法提示]

（1）碰撞:指两运动物体相互接触时,运动状态发生迅速变化的现象."正碰"是指两碰撞物体的速度都沿着它们质心连线方向的碰撞;其他碰撞则为"斜碰".

（2）碰撞时的动量守恒:两物体碰撞前后的总动量不变.

（3）平抛运动:将物体用一定的初速度 v_0 沿水平方向抛出,在不计空气阻力的情况下,物体所作的运动称平抛运动,运动学方程为 $x=v_0t, y=\frac{1}{2}gt^2$ (式中 t 是从抛出开始计算的时间, x 是物体在时间 t 内水平方向的移动距离, y 是物体在该时间内竖直下落的距离, g 是重力加速度).

（4）在重力场中,质量为 m 的物体在被提高距离 h 后,其势能增加了 $E_p=mgh$.

（5）质量为 m 的物体以速度 v 运动时,其动能为 $E_k=\frac{1}{2}mv^2$.

（6）机械能的转化和守恒定律:任何物体系统在势能和动能相互转化过程中,若合外力对该物体系统所做的功为零,内力都是保守力(无耗散力),则物体系统的总机械能(即势能和动能的总和)保持恒定不变.

（7）弹性碰撞:在碰撞过程中没有机械能损失的碰撞.

（8）非弹性碰撞:碰撞过程中的机械能不守恒,其中一部分转化为非机械能(如热能).

5.3 用电势差计校准电表

[实验目的]

（1）了解电势差计的工作原理;

（2）掌握校准电流表的方法.

[设计要求及实验内容]

（1）组装电势差计;

（2）学会用电势差计测量电压;

（3）使用电势差计校准电流表;

（4）绘制校准曲线并确定待测电流表的精度等级.

[主要实验器材]

（1）UJ31 型电势差计、标准电池、检流计、直流稳压电源；

（2）待测电流表、干电池、滑动变阻器.

[实验原理、方法提示]

1. 分流作用

普通电表接入电路后由于分流或分压的作用会影响原电路,导致测量不准确(如图 5.3.1).

2. 补偿原理

如图 5.3.2 所示,附加一个电流源 $E_0 > E$ 及相应电路,向被测系统补充能量.合上 K_1(K_2 先断开),使 R 上有电流 I_0 通过,则在 AC 段(R_{AC})上测得的电势降 $U_{AC} = I_0 R_{AC}$. 合上 K_2,调节 R_P,可能出现下列 3 种情况:

（1）$E > U_{AC}$,G 中有电流正向通过;

（2）$E < U_{AC}$,G 中有电流反向通过;

（3）$E = U_{AC}$,G 中无电流通过,达到"补偿平衡"状态.

图 5.3.1　电压表对被测量的干扰

图 5.3.2　补偿电路图

图 5.3.3　电势差计原理图

3. 电势差计原理

依据上述补偿原理,能够正确地测量电势差 E_x. 为提高测量精度,进一步使用一个标准电池(它有着十分精确、稳定的电动势)E_S,组成图 5.3.3 的电路,进行对比测量(比较法).图中 AB 间是一条十分均匀的电阻丝(单位长度上的电阻值 r_0).在调节好 R_P 之后,则在 R_{AB} 上有稳定的电流 I_0 通过.电阻丝上长度 L 的电势降

$$U_L = I_0 r_0 L$$

测量时,先将开关 K_3 扳到 E_S 一侧,移动活动触点至 S,使 G 中无电流通过,这时有

$$E_S = U_{AS} = I_0 r_0 L_S$$

再将开关 K_3 扳到 E_X 一侧,调整活动触点至 C,使 G 中无电流通过,则有

$$E_X = U_{AC} = I_0 r_0 L_C$$

两相对比,得

$$E_X = E_S L_C / L_S$$

这表明,待测电源电动势 E_X 可用标准电池电动势 E_S 和处于同一工作电流(I_0)下的电势差计处于补偿平衡状态测得的 L_S、L_C 数值来确定. 电势差计操作面板如图 5.3.4 所示.

图 5.3.4 电势差计操作面板

4. 校准曲线

如图 5.3.5 所示,$I_示$ 表示待测电流表读数,δI 表示标准表与待测表读数差,从原点开始,用折线依次连接各个点,得到校准曲线.

5. 精度等级

根据国家标准,电表的精度等级分为:0.1、0.2、0.5、1.0、1.5、2.5、5.0 七个等级. $\alpha = \dfrac{|\delta I|_{\max}}{量程} \times 100$,根据 α 可判断电表的精度等级.

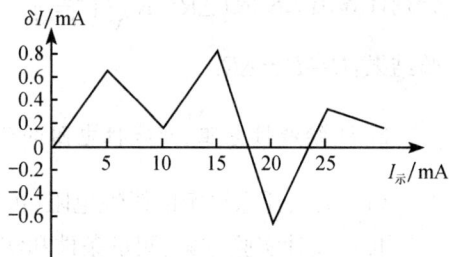

图 5.3.5 校准曲线

5.4 电子元件的伏安特性的测绘及电源外特性的测量

[实验目的]

(1) 学习测量线性和非线性电阻元件伏安特性的方法,并绘制其特性曲线;

(2) 根据设计性实验的要求,学会选择设计方案.

[设计要求及实验内容]

(1) 测量给定电阻的阻值 R_X,要求 $\dfrac{\Delta R_X}{R_X} \leqslant 1.5\%$,自行设计实验方案、测量条件和实验线路图;

(2) 测绘线性电阻、非线性电阻的伏安特性曲线.

[主要实验器材]

(1) 直流恒压源恒流源、低频功率信号源、数字存储示波器;

(2) 滑线变阻器(140Ω,1A)、直流电压表(0.5级,多量程可调)、直流电流表(0.5级,多量程可调)、线路板、导线、待测电阻、电阻箱、灯泡、二极管、稳压二极管、九孔插件方板.

[实验原理、方法提示]

1. 测量给定电阻的阻值 R_X,要求 $\dfrac{\Delta R_X}{R_X} \leqslant 1.5\%$

(1) 根据你所选择的两个电阻,分别计算出该电阻的额定电压和额定电流,实验中注意应小于这个值.

(2) 再根据实验要求 $\dfrac{\Delta R_X}{R_X} \leqslant 1.5\%$,计算出电源所需的最大输出电压、电流表、电压表的量程(设计实验线路要分别采用内接法和外接法).

(3) 设计实验表格. 注意自变量应选择整数值. 每个实验表格的数据应采集 6～10 个数据点.

(4) 根据实验数据,分别计算电阻 R 值和 $\bar{R}$(进行内、外接修正). 取 1,3,5,7 组数据分别计算出 ΔR 值 $\left(\Delta R = \bar{R} \sqrt{\left(\dfrac{\Delta U}{U} \right)^2 + \left(\dfrac{\Delta I}{I} \right)^2} \right)$ 检查是否与实验要求相吻合,最后写出实验结果:$R = \bar{R} \pm \Delta R$.

2. 测绘线性电阻、非线性电阻的伏安特性曲线(至少选择下述 2 个实验题目)

(1) 测绘任意给定的线性电阻(可任选阻值)的伏安特性曲线.

自行设计实验方案、测量条件和实验线路图(可参阅实验内容 1 的要求),对内、外接分别用坐标纸画出实验曲线,并写出函数关系.

(2) 测量灯泡(12V,0.4A)电阻(非线性电阻)的伏安特性曲线.

本实验为钨丝灯泡,温度系数为 $4.8 \times 10^{-3}/℃$,在一定的电流范围内,电压和电流的关系为

$$U = KI^n$$

式中,U:灯泡二端电压;I:灯泡流过的电流;K、n:与灯泡有关的常数,可以通过两次测量所得 U_1、I_1 和 U_2、I_2,得到常数 K 和 n,即

$$n = \frac{\lg \dfrac{U_1}{U_2}}{\lg \dfrac{I_1}{I_2}}, \quad K = U_1 I_1^{-n}$$

注意:要控制好钨丝灯泡的两端电压! 不要超过12V!

灯泡电阻在端电压12V范围内,大约为几欧到一百多欧姆,电压表内阻为$500 \dfrac{\Omega}{V}$,远大于灯泡电阻,而电流表内阻很小,宜采用电流表外接法测量,自行设计电路图及实验步骤.通电前应确认电压源的输出为零.

(3)实验记录(仅作参考).

表 5.4.1 钨丝灯泡伏安特性测试数据

灯泡电压 U/V									
灯泡电流 I/mA									
灯泡电阻计算值/Ω									

由实验数据在坐标纸上画出钨丝灯泡的伏安特性曲线.

选择合适的数据点,计算出K、n数值.由此写出经验公式,并进行多点验证.

3. 测绘直流电压源、直流电流源伏安特性曲线

1)直流电压源

理想的直流电压源输出固定幅值的电压,而它的输出电流大小取决于所连接的外电路.如图5.4.1(a)中实线所示理想的直流电压源外特性曲线.而实际电压源的外特性曲线如图5.4.1(a)虚线所示,它可以用一个理想电压源U_S和内阻R_S相串联的电路模型来表示,如图5.4.1(b)所示.θ越大,说明实际电压源R_S值越大.实际电压源的电压U和电流I的关系式为

$$U = U_S - R_S \cdot I$$

图 5.4.1 电压源外特性

2)直流电流源

理想的直流电流源输出固定幅值的电流,而其端电压的大小取决于外电路,如图5.4.2(a)中实线所示直流电流源的外特性曲线.实际电流源的外特性曲线如图5.4.2(a)

中虚线所示. 可用一个理想电流源 I_S 和内电导 $G_S(G_S=1/R_S)$ 相并联的电路模型来表示,如图 5.4.2(b)所示. θ 越大,说明实际电流源内电导 G_S 值越大. 实际电流源的电流 I 和电压 U 的关系式为

$$I = I_S - U \cdot G_S$$

将电压源与一可调负载电阻串联,改变负载电阻 R_L 的阻值,测量出相应的电压源电流和端电压,便可以得到被测电压源的外特性. 电流源外特性的测量与电压源的测量方法一样.

图 5.4.2 电流源外特性

3）测量直流电压源的伏安特性

设计线路图,参考图 5.4.3、图 5.4.4,将直流稳压电源视作直流电压源,取 $R=100\Omega$. 稳压电源的输出电压调节为 $U_S=10\mathrm{V}$,改变电阻 R_L 的值,使其分别为 100Ω、47Ω、20Ω、10Ω、5.1Ω、1Ω,测量其相对应的电流 I 和直流电压源端电压 U,设计表格. 根据测得的数据在坐标纸上绘制出直流电压源的伏安特性曲线.

图 5.4.3 电压源实验线路图   图 5.4.4 实际电压源实验线路图

4）测量实际直流电压源的伏安特性

将直流稳压电源 U_S 与电阻 R_0(取 47Ω)相串联来模拟实际直流电压源,取 $R=100\Omega$. 将稳压电源输出电压调节为 $U_S=10\mathrm{V}$,改变电阻 R_L 的值,使其分别为 100Ω、47Ω、20Ω、10Ω、5.1Ω、1Ω,测量其相对应的实际电压源端电压 U 和电流 I,记入数据表格中(自行设计). 根据测得的数据在坐标纸上绘制实际电压源的伏安特性曲线.

5）测量直流电流源的伏安特性

参考电路图 5.4.5,R_L 为可变负载电阻. 调节直流电流源的输出电流为 $I_S=25\mathrm{mA}$,改变 R_L 的值,测量对应的电流 I 和电压 U 值,记入数据表格中(自行设计). 根据测得的

数据在坐标纸上绘制电流源的伏安特性曲线.

6）测量实际直流电流源的伏安特性

参考实际电流源实验线路图 5.4.6，R_L 为负载电阻，取 $r_0=1\text{k}\Omega$，将 r_0 与电流源并联来模拟实际电流源. 调节电流源输出电流 $I_S=25\text{mA}$，改变 R_L 的值，测量对应的电流 I 和电压 U 值，记入数据表格中（自行设计）. 根据测得的数据在坐标纸上绘制实际电流源的伏安特性曲线.

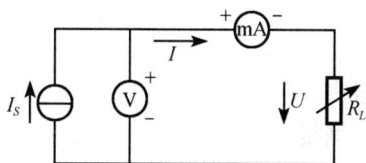

图 5.4.5　电流源实验线路　　　　图 5.4.6　实际电流源实验线路

4. 二极管 IN4007、稳压管 2CW56 伏安特性曲线的研究（可用外接法）

（1）反向特性测试电路.

二极管的反向电阻值很大，采用电流表内接测试电路可以减少测量误差. 设计实验线路，电阻选择 510Ω.

（2）正向特性测试电路.

二极管在正向导通时，呈现的电阻值较小，拟采用电流表外接测试电路. 电源电压在 0~10V 内调节，变阻器开始设置 510Ω，调节电源电压，以得到所需电流值. 自行设计实验线路. 注意实验时二极管正向电流不得超过 20mA.

（3）根据测得的数据在坐标纸绘制电流源的伏安特性曲线（参见图 5.4.7）.

IN4007 作用是整流，特性是单向导电，正向压降 0.6V 到 0.7V，电流 1A，反向耐压 1000V. 2CW56 稳压二极管也称齐纳二极管或反向击穿二极管，在电路中起稳定电压作用. 它是利用二极管被反向击穿后，在一定反向电流范围内反向电压不随反向电流变化这一特点进行稳压的.

图 5.4.7　锗、硅二极管伏安特性曲线

5.5   设计数字万用表

[实验目的]

(1) 了解数字万用表的基本原理、了解常用双积分模数转换芯片外围参数的选择原则及电表的校准原则；

(2) 了解数字万用表的特性、组成及工作原理；

(3) 掌握分压、分流电路的原理；

(4) 设计制作多量程直流电压表、电流表及电阻表；

(5) 了解交流电压、三极管和二极管相关参数的测量.

[设计要求及实验内容]

(1) 设计制作多量程直流数字电压表，并进行校准（自拟校准表格，量程为：200mV,2V）；

(2) 设计制作多量程直流数字电流表，并进行校准（自拟校准表格，量程为：200mA, 20mA）；

(3) 设计制作多量程数字欧姆表，并进行校准（自拟校准表格，量程为：200Ω, $2k\Omega$, $20k\Omega$）；

(4) 设计制作多量程交流数字电压表，并进行校准（自拟校准表格，量程为：AC, 200mV,2V）；

(5) 二极管正向压降的校准和测量；

(6) 三极管 h_{FE} 参数的测量.

以上实验,在 1 至 3 中选择 2~3 个实验题目为必做内容,4 至 6 为选做内容.

[主要实验器材]

(1) DH6505 数字电表原理及万用表设计实验仪；

(2) 四位半通用数字万用表；

(3) 标准电阻箱.

[实验原理、方法提示]

1. 数字电表原理

常见的物理量都是幅值大小连续变化的所谓模拟量,指针式仪表可以直接对模拟电压和电流进行显示. 而对数字式仪表,需要把模拟电信号（通常是电压信号）转换成数字信号,再进行显示和处理.

1) 双积分模数转换器（ICL7107）的基本工作原理

我们将完成从模拟电信号转换成数字信号的电路称为模数转换器（AD 转换器）. 数字万用表常用的转换器为双积分 AD 转换器.

双积分模数转换电路的原理比较简单,当输入电压为 V_x 时,在一定时间 T_1 内对电量为零的电容器 C 进行恒流(电流大小与待测电压 V_x 成正比)充电,这样电容器两极之间的电量将随时间线性增加,当充电时间 T_1 到后,电容器上积累的电量 Q 与被测电压 V_x 成正比式(5.5.1);接着让电容器恒流放电(电流大小与参考电压 V_{ref} 成正比),这样电容器两极之间的电量将线性减小,直到 T_2 时刻减小为零. 如果用计数器在 T_2 开始时刻对时钟脉冲进行计数,结束时刻停止计数,就会得到计数值 N_2,则 N_2 与 V_x 成正比.

$$Q_0 = \int_0^{T_1} \frac{V_x}{R} dt = \frac{V_x}{R} T_1 \tag{5.5.1}$$

$$V_0 = -\frac{Q_0}{C} = -\frac{V_x}{RC} T_1 \tag{5.5.2}$$

$$V_0 + \frac{1}{C} \int_0^{T_2} \frac{V_{ref}}{R} dt = 0 \tag{5.5.3}$$

把式(5.5.2)代入式(5.5.3),得

$$T_2 = \frac{T_1}{V_{ref}} V_x \tag{5.5.4}$$

从式(5.5.4)可以看出,由于 T_1 和 V_{ref} 均为常数,所以 T_2 与 V_x 成正比. 若时钟最小脉冲单元为 T_{CP},则 $T_1 = N_1 T_{CP}$,$T_2 = N_2 T_{CP}$,代入式(5.5.4),即有

$$N_2 = \frac{N_1}{V_{ref}} V_x \tag{5.5.5}$$

测量的计数值 N_2 与被测电压 V_x 成正比. 式中,N_1、N_2 即为转换后的数字量,其中 N_2 是数字表头的显示值,这样的数字表头,再加上电压极性判别显示电路和小数点选择位,即为最终显示结果.

2) 数字万用表的工作原理

数字万用表的核心部分是直流数字电压表(DVM),如图 5.5.1 中虚线框所示,它由滤波器、A/D 转换器、LED 液晶显示器组成. 在数字电压表的基础上再增加交流—直流、电流—电压、电阻—电压转换器,就构成了数字万用表.

图 5.5.1 数字万用表的原理框图

2. 用 ICL7107 模数转换器进行常见物理量的测量

本实验采用的 DH6505 数字电表原理及万用表设计实验仪提供的直流数字电压表量程为 200mV.

1) 直流电压测量的实现(直流电压表)

(1) 当参考电压 $V_{ref}=100mV$ 时,$R_{int}=47k\Omega$,电压表的量程 V_0 为 200mV. 此时采用分压法实现测量 0～2V 的直流电压,电路见图 5.5.2.

由于电表内阻 $r \gg r_2$,所以分压比为 $\dfrac{V_0}{V_{in}}=\dfrac{r_2}{r_1+r_2}$、扩展后的量程为 $V_{in}=\dfrac{r_1+r_2}{r_2}V_0$.

分挡电阻 r_1、r_2 可从实验仪提供的分压器 b 中得到. 此电路虽然可以扩展电压表的量程,但在小量程挡明显降低了电压表的输入阻抗,这在实际应用中是行不通的. 所以,实际通用数字万用表的直流电压挡分压电路如图 5.5.3 所示(实验仪提供的分压器 a),它能在不降低输入阻抗(大小为 $R/\!/r$,$R=R_1+R_2+R_3+R_4+R_5$)的情况下,达到同样的分压效果.

图 5.5.2   分压法测量直流电压

图 5.5.3   实用分压器 a 测量直流电压

(2) 直接使参考电压 $V_{ref}=1V$,$R_{int}=470K\Omega$ 来测量 0～2V 的直流电压,电路如图 5.5.4 所示.

2) 直流电流测量的实现(直流电流表)

直流电流的测量通常有两种方法,第一种为欧姆压降法,如图 5.5.5 所示,即让被测电流流过一定值电阻 R_i(由实验仪中的分流器提供),然后用 200mV 的电压表测量此定值电阻上的压降 R_iI_s(在 $V_{ref}=100mV$ 时,保证 $R_iI_s \leqslant 200mV$ 就行),由于对被测电路接入了电阻,因而此测量方法会对原电路有影响,测量电流变成 $I_s'=R_0I_s/(R_0+R_i)$,所以被测电路的内阻越大,误差将越小. 第二种方法是由运算放大器组成的 I-V 变换电路来进行电流的测

图 5.5.4   测量直流电压电路($V_{ref}=1V$)

图 5.5.5   欧姆压降法测量直流电流

量,此电路对被测电路无影响,但是由于运放自身参数的限制,因此只能够用在对小电流的测量电路中,所以在这里就不再详述.

图 5.5.6 中的分流器 b 在实际使用中有一个缺点,就是当换挡开关接触不良时,被测电路的电压可能使数字表头过载,所以,实际数字万用表的直流电流挡电路(实验仪中的分流器 a)如图 5.5.7 所示.

图 5.5.7 中各挡分流电阻的阻值的计算方法:先计算最大电流挡的分流电阻 R_5

$$R_5 = \frac{U_0}{I_{m5}} = \frac{0.2}{2} = 0.1\Omega$$

同理下一挡的 R_4 为

$$R_4 = \frac{U_0}{I_{m4}} - R_5 = \frac{0.2}{0.2} - 0.1 = 0.9\Omega$$

这样依次可以计算出 R_3、R_2 和 R_1 的值.

图 5.5.6　多量程分流器 b 原理

图 5.5.7　实用分流器 a 原理

图 5.5.7 中的 FUSE 是 2A 保险丝管,起到过流保护作用.两只反向连接且与分流电阻并联的二极管 D_1、D_2 为硅整流二极管,它们起双向限幅过压保护作用.正常测量时,输入电压小于硅二极管的正向导通压降,二极管截止,对测量毫无影响.一旦输入电压大于 0.7V,二极管立即导通,两端电压被钳制在 0.7V 内,保护仪表不被损坏.

用 2A 挡测量时,若发现电流大于 1A 时,应尽量减小测量时间,以免大电流引起的较高温升而影响测量精度甚至损坏电表.

3)电阻值测量的实现(欧姆表)

(1)当参考电压选择在 100mV 时,此时选择 $R_{int} = 47k\Omega$,测试的接线图如图 5.5.8 所示,图中 D_w 是提供测试的基准电压,而 R_t 是正温度系数(PTC)热敏电阻,既可以使参考电压低于 100mV,同时也可以防止误测高电压时损

图 5.5.8　电阻测量电路一

坏转换芯片,所以必须满足 $R_x = 0$ 时,$V_r \leqslant 100\text{mV}$. 由前面所讲述的 ICL7107 的工作原理,存在

$$V_r = (V_r +) - (V_r -) = V d R_s / (R_s + R_x + R_t) \qquad (5.5.6)$$

$$V_{IN} = (IN +) - (IN -) = V d R_x / (R_s + R_x + R_t) \qquad (5.5.7)$$

由前述理论 $N_2 / N_1 = V_{IN} / V_r$ 有

$$R_x = (N_2 / N_1) R_s \qquad (5.5.8)$$

图 5.5.9 电阻测量电路二

所以从上式可以得出电阻的测量范围始终是 $0 \sim 2R_S\Omega$.

(2) 当参考电压选择在 1V 时,此时选择 $R_{int} = 470\text{k}\Omega$,测试电路可以用图 5.5.9 实现,此电路仅供有兴趣的同学参考,因为它不带保护电路,所以必需保证 $V_r \leqslant 1\text{V}$. 在进行多量程实验时(万用表设计实验),为了设计方便,我们的参考电压都将选择为 100mV,但比例法测量电阻要使 $R_{int} = 470\text{k}\Omega$,以及在进行二极管正向导通压降测量时,也使 $R_{int} = 470\text{k}\Omega$ 并且加上 1V 的参考电压.

其他物理量的测量可查阅相关资料自行设计.

5.6 自组望远镜和显微镜

[实验目的]

(1) 加深理解透镜成像规律;
(2) 了解望远镜和显微镜的基本结构和工作原理;
(3) 掌握简单光路的分析与调整方法;
(4) 掌握透镜焦距的测量方法.

[设计要求及实验内容]

(1) 根据望远镜和显微镜的基本结构,利用实验室提供的实验器材,分别组装一台结构简单的望远镜和显微镜;
(2) 自己设计出合理的光路,测出凸透镜和凹透镜的焦距.

[主要实验器材]

(1) 光具座、支架、物屏、像屏;
(2) 凸透镜、凹透镜.

[实验原理、方法提示]

1. 放大镜

望远镜和显微镜都用到了目镜,目镜实际上就是一个放大镜.其作用就是将被观察的物体放大,其主要指标是放大倍数,也就是人眼所看到的最终图像的大小与原物体大小的比值.

2. 显微镜

显微镜是观察微小物体和测量微小距离的光学仪器,其光路图如图5.6.1所示.物镜 L_o 的焦距非常短(一般小于1cm),目镜 L_e 的焦距大于物镜的焦距,但也不超过几厘米.分划板 P 与物镜 L_o 之间的距离为 l 将物屏 y 置于物镜焦点 F_o 外一点,调节 y 与 L_o 之间的距离,使其通过物镜 F_o 成一放大、倒立的实像 y' 于分划板 P 处.然后通过目镜 L_e 观察像 y',先调节目镜 L_e 与分划板 P 之间的距离,以使人眼看清分划板 P,然后看清 y' 时,也同时看清了分划板 P.而目镜 L_e 起到了一个放大镜的作用,又将 y' 成一放大的虚像 y''(分划板 P 也同时成放大虚像,并与 y'' 重合).则人眼观察的微小物体 y 被大大地放大成 y'' 了.

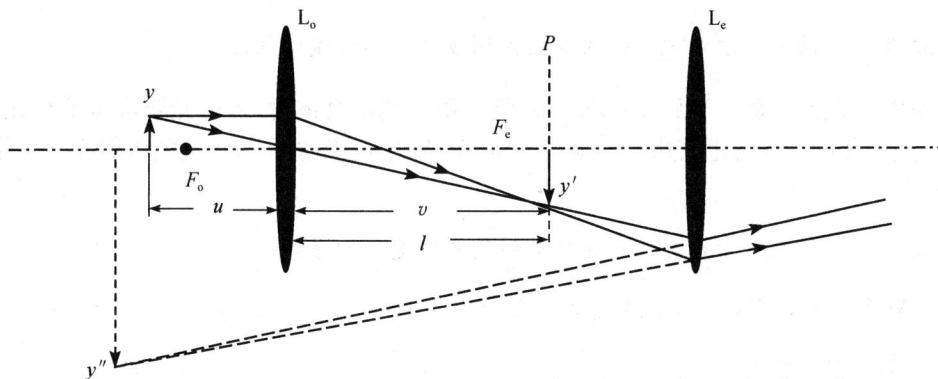

图 5.6.1　显微镜光路图

3. 望远镜

望远镜分为开普勒望远镜和伽利略望远镜,开普勒望远镜的物镜和目镜均为凸透镜,而伽利略望远镜的物镜为凸透镜,目镜为凹透镜.下面以开普勒望远镜为例,介绍望远镜的基本工作原理.

开普勒望远镜的光路如图5.6.2所示.无穷远处的物屏上的一点发出的光(平行光)经物镜 L_o 成实像 y' 于 L_o 的焦平面处(处于目镜 L_e 的焦点 F_e 内),分划板 P 也处于 L_o 的焦平面处,则 y' 与分划板 P 重合.如物 y 不处于无穷远处,则 y' 与 P 位于 F_o 之外.人眼通过目镜 L_e 看 y'' 的过程与显微镜的观察过程相同,由此可见,人眼通过望远镜观察物体,相当于将远处的物体拉到了近处观察,实质上起到了视角放大的作用.

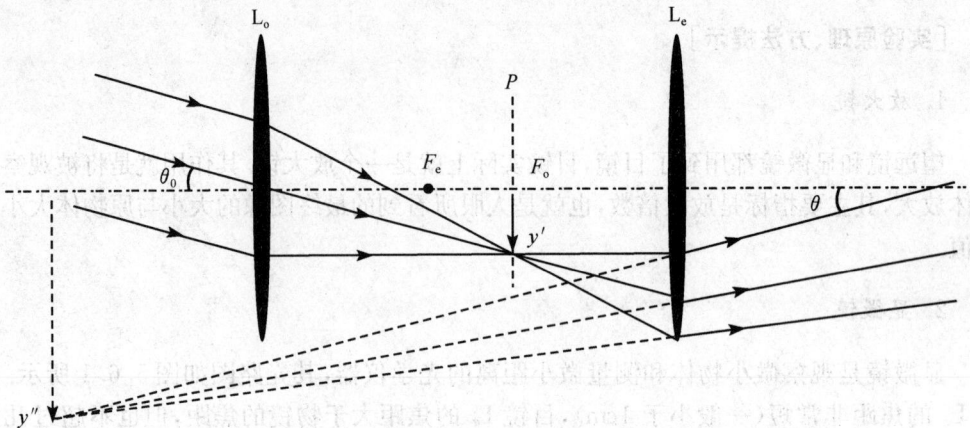

图 5.6.2 望远镜光路图

4. 自组一台聚焦于无穷远处的望远镜

需要一个长焦距的凸透镜、一个短焦距的凸透镜、一个带十字叉丝的分划板和一个物屏. 聚焦于无穷远处的望远镜的特点是分划板与物镜之间的距离等于物镜的焦距,因此要设法准确测出物镜的焦距.

5. 用自组的聚焦于无穷远处的望远镜测量另一凸透镜的焦距

该望远镜是一聚焦于无穷远处的望远镜,用其观察物体时,入射光要求是平行光,否则是看不清物体的,因此,物屏上一点发出的光经被测透镜进入望远镜的入射光一定是平行光.

6. 用自组的聚焦于无穷远处的望远镜测量凹透镜的焦距

可在上一实验内容的基础上进行实验操作.

7. 自组显微镜

根据显微镜原理,在所给的光学元件中要选焦距最短的凸透镜作为物镜,另一短焦距凸透镜作为目镜. 在实验中可通过改变物镜位置的办法来改变显微镜的放大率.

5.7 用迈克耳孙干涉仪测定透明薄片的折射率

[实验目的]

(1) 进一步掌握迈克耳孙干涉仪的调节和使用方法;
(2) 掌握用迈克耳孙干涉仪测量透明薄片折射率的原理和方法.

[设计要求及实验内容]

(1) 利用实验室提供的实验器材观察白光干涉的彩色条纹;

(2) 利用实验室提供的实验器材自己设计出合理的光路,测出透明薄片的折射率(推导出计算公式).

[主要实验器材]

(1) 迈克耳孙干涉仪;
(2) 白光光源、透明薄片等.

[实验原理、方法提示]

(1) 迈克耳孙干涉仪的结构、原理、调节和使用方法参考实验 3.24.

(2) 由于白光中包含各种波长的光,除了中心零级条纹外,对于其他级次的衍射,会发生某个波长光的某一级次的明条纹刚好落入到另一个波长光的暗条纹中,造成高级次的干涉条纹难以观察的现象.因而使得白光干涉只发生在零光程差附近一个极小的范围内,只能在 M_1、M_2' 完全重合附近才能看到干涉条纹.利用着一特性可以测量透明薄片的折射率.如图 5.7.1 所示,以白光为光源,先调出白光干涉条纹,使零级彩色干涉条纹出现在视场中央,再次读出 M_1 的位置.这时 M_1 所移动的距离就是放入薄片所产生的附加光程差.测出该薄片的厚度,就可算出该薄片的折射率.

图 5.7.1 用迈克耳孙干涉仪测定透明薄片的折射率的示意图

5.8 用分光仪测定液体折射率

[实验目的]

(1) 进一步掌握分光仪的调节和使用方法;
(2) 掌握用折射极限法测量液体折射率的原理和方法.

[设计要求及实验内容]

(1) 利用实验室提供的实验器材自己设计出合理的光路;

（2）推导出计算公式；

（3）用折射极限法测量水的折射率.

［主要实验器材］

（1）分光仪；

（2）三棱镜、低压钠灯、毛玻璃等.

［实验原理、方法提示］

（1）分光仪的结构、原理、调节和使用方法参考实验 3.18.

（2）在三棱镜 AB 面一侧用单色扩展光源照射（用钠灯照明毛玻璃获得），当单色扩展光从各个方向射向 AB 面时，以 90° 入射的光线经折射后光线的入射角 i_d 为最小，称为折射极限角，凡入射折射角小于 90° 的光线，其出射角必大于此折射极限角. 于是在 AC 面观察时就会发现在极限角方向有一明暗视场的分界，可以证明棱镜材料的折射率

$$n = \{1 + [(\cos\alpha + \sin i_d)/\sin\alpha]^2\}^{1/2} \tag{5.8.1}$$

在棱镜 AB 面滴上液滴，再用一块毛玻璃片夹住，于是毛玻璃与棱镜面就形成一液体层. 从毛玻璃射出的单色扩展光经液层进入棱镜再折射出去，其中一部分光线在通过液层时其传播方向平行于棱镜面，这时光线经折射后的出射角 i_d 称为折射极限角，在棱镜出射面一侧观察时形成明暗分界，三棱镜材料的折射率为 n，可以证明

$$n_{液} = \sin\alpha(n^2 - \sin^2 i_d)^{1/2} \pm \cos\alpha\sin i_d \tag{5.8.2}$$

其中"±"号对应于明暗分界的出射方向分别在出射面法线的右侧和左侧.

5.9　磁悬浮导轨碰撞设计性实验研究

［实验目的］

（1）了解磁悬浮的物理思想和永磁悬浮技术.

（2）用两个磁悬浮滑块，设计多种弹性和非弹性碰撞实验.

（3）观察系统中物体间的各种形式的碰撞，考察动量守恒定律.

（4）观察碰撞过程中系统动能的变化，分析实验中的碰撞是属于那种类型的碰撞.

［设计要求及实验内容］

（1）设计一种相对弹性碰撞.

（2）设计一种相对非弹性碰撞.

（3）设计一种尾随弹性碰撞.

（4）设计一种尾随非弹性碰撞.

以上实验需画出发生碰撞实验的示意图. 设计数据记录和处理的表格，表格中必须列入动量增量和动能增量及其相对变化值.

[主要实验器材]

（1）DHSY 型磁悬浮动力学实验仪.
（2）DHSY 型磁悬浮导轨实验智能测试仪.
（3）磁悬浮滑块.

[实验原理、方法提示]

1. 磁悬浮原理

随着科技的发展,磁悬浮技术的应用成为技术进步的热点,例如磁悬浮列车.永磁悬浮技术作为一种低耗能的磁悬浮技术,也受到了广泛关注.本实验使用的永磁悬浮技术,是在磁悬导轨与滑块两组带状磁场的相互斥力作用之下,使磁悬滑块浮起来,从而减少了运动的阻力,来进行多种力学实验.

实验装置如图 5.9.1 所示.磁悬浮导轨实际上是一个槽轨,长约 1.2m,在槽轨底部中心轴线嵌入钕铁硼 NdFeB 磁钢,在其上方的滑块底部也嵌入磁钢,形成两组带状磁场.由于磁场极性相反,上下之间产生斥力,滑块处于非平衡状态.为使滑块悬浮在导轨上运行,采用了槽轨.在导轨的基板上安装了带有角度刻度的标尺.根据实验要求,可把导轨设置成不同角度的斜面.

图 5.9.1　磁悬浮实验装置

1. 手柄；2. 光电门Ⅰ；3. 磁浮滑块；4. 光电门Ⅱ；5. 导轨；6. 标尺；7. 角度尺；8. 基板；9. 计时器

2. 碰撞

本实验是在磁悬浮导轨上进行的,提供三个滑块;一个滑块是一头装有弹簧;一个滑块装有黏性尼龙毛,一个滑块装有黏性尼龙刺.磁悬浮导轨截面和碰撞试验装置如图 5.9.2和图 5.9.3 所示.

图 5.9.2 磁悬浮导轨截面图

1. 磁浮滑块
2. 导向滑轮
3. 磁浮导轨
4. 基板

图 5.9.3 碰撞实验装置图

设有两物,其质量各为 m_1 和 m_2,碰撞前的速度各为 $\vec{v}_{01}$ 和 $\vec{v}_{02}$,碰撞后的速度各为 $\vec{v}_{11}$ 和 $\vec{v}_{12}$ 而且在碰撞的瞬间,此二物体构成的系统,在所考察的速度方向上不受外力的作用或所受的外力远小于碰撞时物体间的相互作用力,则根据动量守恒定律,系统在碰撞前的总动量等于碰撞后的总动量. 即

$$m_1\vec{v}_{01}+m_2\vec{v}_{02}=m_1\vec{v}_{11}+m_2\vec{v}_{12}$$

系统在碰撞前后的动能,却不一定守恒,根据动能的变化和运动状态,把碰撞分为三种类型:

(1) 碰撞过程中没有机械能损失,系统的总动能保持不变,称为"弹性碰撞".

(2) 碰撞过程中有机械能损失,系统碰撞后的动能小于碰撞前的动能,称为"非弹性碰撞".

(3) 碰撞后两物体连接在一起运动,即两物体在碰撞后的速度相等,称为"完全非弹性碰撞".

碰撞形式可以多种多样,就是在导轨上也可以有相对碰撞和尾随碰撞,$\vec{v}_{01}$ 和 $\vec{v}_{02}$ 速度方向可以相反也可以相同,$\vec{v}_{11}$ 和 $\vec{v}_{12}$ 亦是如此,$\vec{v}_{01}$ 亦也可以为零.

3. DHSY 型磁悬浮导轨实验智能测试仪使用方法

磁浮导轨上有两个光电门,本光电测试仪测定并存贮了运动滑块上的二条挡光片通过第一光电门时的第一次挡光与第二次挡光的时间间隔 Δt_1 和通过第二光电门时的第一次挡光与第二次挡光的时间间隔 Δt_2,运动滑块从第一光电门到第二光电门所经历的时间间隔 Δt. 根据两挡光片之间的距离参数即可运算出滑块上两挡光片通过第一光电门时

的平均速度 $v_1 = \dfrac{\Delta x}{\Delta t_1}$ 和通过第二光电门时的平均速度 $v_2 = \dfrac{\Delta x}{\Delta t_2}$. 根据加速度定义,在 Δt 时间内的加速度为:$a = \dfrac{v_2 - v_1}{\Delta t}$.

根据测得的 Δt_1、Δt_2、Δt 和键入的挡光片间隔 Δx 值,经智能测试仪运算显示,得 v_1、v_2,a_0;如图 5.9.4 所示,测试仪中显示的 t_1,t_2,t_3 对应上述的 Δt_1、Δt_2、Δt.

图 5.9.4 DHSY 型磁悬浮导轨实验智能测试仪

(1)按'功能'按钮,选择工作模式,选择加速度模式,相应指示灯亮.

(2)按'翻页'按钮,可选择需存储的组号或查看各组数据.

(3)按'开始'按钮,即开始一次测量过程,测量结束后数据会自动保存在当前组中.

(4)测量数据依次显示顺序:加速度:t1—>v1—>t2—>v2—>t3—>a,碰撞:At1—>Av1—>At2—>Av2—>Bt1—>Bv1—>Bt2—>Bv2,对应的指示灯会依次亮,每个数据显示时间为 2 秒.

(5)清除所有数据按'复位'按钮.

'→'向右运动;'←'向左运动;'__0'静止

(6)碰撞模式说明(碰撞模式:见表 5.9.1).

表 5.9.1 实验设置模式及操作方法

模式	初始状态			结束状态
1	A 位于光电门 1 左侧向右运动,B 静止于两光电门之间	A—> B _ 0	A—> B—>	A 过光电门 1 光电门 2 后向右运动 B 过光电门 2 后向右运动
2		A—> B _ 0	A—> B—>	A 过光电门 1 后折返向左运动 B 过光电门 2 后向右运动
3		A—> B _ 0	A _ 0 B—>	A 过光电门 1 后静止在两光电门中间 B 过光电门 2 后向右运动

续表

模式	初始状态			结束状态
4	A 位于光电门 1 左侧向右运动, B 位于光电门 2 右侧向左运动	A—>　B<—	A—>　B—>	A 过光电门 1 光电门 2 后向右运动 B 过光电门 2 后折返向右运动
5		A—>　B<—	A—>　B<—	A 过光电门 1 后折返向左运动 B 过光电门 2 光电门 1 后向左运动
6		A—>　B<—	A—>　B—>	A 过光电门 1 后折返向左运动 B 过光电门 2 后折返向右运动
7		A—>　B<—	A_0　B—>	A 过光电门 1 后静止在两光电门中间 B 过光电门 2 后折返向右运动
8		A—>　B<—	A<—　B_0	A 过光电门 1 后折返向左运动 B 过光电门 2 后静止在两光电门中间
9		A—>　B<—	A_0　B_0	A 过光电门 1 后静止在两光电门中间 B 过光电门 2 后静止在两光电门中间
A	A 和 B 都位于光电门 1 左侧,A 撞击 B 后同时向右侧运动	A—>　B—>	A—>　B—>	A 过光电门 1 光电门 2 后向右运动 B 过光电门 1 光电门 2 后向右运动
B		A—>　B—>	A<—　B—>	A 过光电门 1 后折返向左运动 B 过光电门 1 光电门 2 后向右运动
C		A—>　B—>	A_0B—>	A 过光电门 1 后静止在两光电门中间 B 过光电门 1 光电门 2 后向右运动

注:A、B 分别表示导轨中的滑块

4. 注意事项

实验做完后,磁浮滑块不可长时间放在导轨中,防止滑轮被磁化.

第6章 研究与创新性实验

6.1 简谐振动的研究

［研究背景］

振动现象是自然界中广泛存在的一种运动现象,它也是研究声学、建筑学、地震学、机械、电工、无线电技术等学科的基础.虽然振动的类型各异,但是描写它们的数学规律却有许多共同之处.简谐振动是最简单、最基本的振动,任何一种复杂的振动都可以由若干个不同频率、不同振幅的简谐振动合成.因此,研究简谐振动是非常有必要的.

［研究内容］

(1) 利用气垫导轨设计一个验证简谐振动运动规律的实验方案;

(2) 测量弹簧的劲度系数、研究简谐振动的 $v\text{-}t$ 关系,并验证设计结果;

(3) 研究弹簧振子中滑块质量、弹簧有效质量、弹簧振子的振幅、周期、气轨倾斜角度之间的相互关系.

［实验要求］

(1) 设计一个验证简谐振动运动规律的实验模型;

(2) 写出有关简谐振动的运动规律及验证方法;

(3) 拟出弹簧振子的振动周期、复合弹簧振子的劲度系数、周期与滑块质量的关系、周期与气轨倾斜角度的关系的测量步骤,给出测量数据,并对测量结果作误差分析;

(4) 完成一篇符合规范要求的实验研究论文或实验研究报告.

［实验原理、方法提示］

由于气垫导轨可以提供近乎无摩擦的实验条件,在研究简谐振动时,只考虑空气黏滞阻力就可以得到接近实际情况的振动.

气垫导轨上质量为 m 的滑块两端各连接一个劲度系数为 k_1、k_2 的弹簧,弹簧的另一端固定在导轨两端,滑块处于平衡位置时每个弹簧的伸长量为 x_0,滑块在气轨上作往返运动时,略去阻尼,其运动应该是一个简谐振动.当滑块距平衡位置为 x 时,按照牛顿第二定律 $F=ma$ 及弹力公式 $F=-(k_1+k_2)x$ 可得其运动方程为

$$m \frac{\mathrm{d}^2 x}{\mathrm{d}t^2} = -(k_1 + k_2)x$$

令 $\omega^2 = \dfrac{k_1+k_2}{m}$,则有 $\dfrac{\mathrm{d}^2 x}{\mathrm{d}t^2} = -\omega^2 x$,解得

$$x = \mathrm{Asin}(\omega t + \varphi_0)$$

则

$$T = \frac{2\pi}{\omega} = 2\pi\sqrt{\frac{m}{k_1 + k_2}}$$

6.2　亥姆霍兹线圈扩展应用研究

[研究背景]

理论和实验都表明亥姆霍兹线圈中央存在均匀磁场. 在某些工程应用中, 往往需要较大范围的均匀磁场环境. 本实验研究的内容是利用亥姆霍兹线圈中央存在均匀磁场这一特性, 进行深入研究, 对亥姆霍兹线圈进行改进, 获得更大范围的均匀磁场.

[研究内容]

(1) 根据单个线圈轴线上的磁感应强度 B 的计算公式和磁场叠加原理及亥姆霍兹线圈的基本特征, 用数学的方法, 改良亥姆霍兹线圈的绕线结构, 得到更大范围的均匀磁场;

(2) 在理论计算的基础上, 给出具体的实验设计方案及测量检验装置(建议使用霍尔效应实验仪);

(3) 用霍尔效应法测量改良型亥姆霍兹线圈轴线上磁场, 验证设计结果.

[实验要求]

(1) 给出理论计算模型及计算结果(包括图表和曲线);

(2) 设计改良型亥姆霍兹线圈, 并安装在霍尔效应实验仪上, 得到实验装置;

(3) 用实验的方法, 给出测量数据(包括图表和曲线), 并对测量结果作误差分析;

(4) 总结本实验研究结论, 有何特点或创新点, 如果理论结果和实验结果不吻合, 说明理由;

(5) 完成一篇符合规范要求的实验研究论文或实验研究报告.

[实验原理、方法提示]

(1) 理论研究中可利用单个线圈轴线上的磁感应强度 B 的计算公式和磁场叠加原理;

(2) 实验原理可以参考霍尔效应法测量磁场;

(3) 实验方法可以根据线圈个数和线圈之间的间隔距离, 再根据设计参数在半径为 R 的非金属圆管上绕制对应线圈, 然后想办法固定在霍尔效应实验仪上, 利用霍尔效应法测量磁场的方法, 测量新制线圈轴线上的磁场分布.

6.3　用读数显微镜测量光波波长和液体的折射率

[研究背景]

最初关于"牛顿环现象"的描述是在 1665 年胡克(Robert Hooke)的著作中, 他描述了薄云母片、肥皂泡、吹制玻璃和两块压在一起的平玻璃板上所产生的彩色条纹. 1675 年牛顿在进一步考察胡克研究的肥皂泡薄膜的色彩问题时,首次对观察到的彩色圆环进行了周密而详细的研究,精密测量并找出了环的直径和透镜曲率半径的关系.利用牛顿环干涉现象,还可以测量光波波长和液体的折射率,在光学加工技术上也有重要应用,可以用来检验光学元件质量,如检验光学元件的球面度和材料表面的平整度和光洁度.

[研究内容]

(1) 利用牛顿环干涉现象测量光波波长;

(2) 测量透明液体的折射率;

(3) 观察白光干涉现象.

[实验要求]

(1) 给出理论计算公式及计算结果;

(2) 用实验的方法,给出测量数据,并对测量结果作误差分析;

(3) 总结本实验研究结论,有何特点或创新点,如果理论结果和实验结果不吻合,说明理由;

(4) 完成一篇符合规范要求的实验研究论文或实验研究报告.

[实验原理、方法提示]

1. 测量光波波长

根据"牛顿环"实验测量透镜曲率半径公式 $R = \dfrac{D_m^2 - D_n^2}{4(m-n)\lambda}$,选择一个已知光波波长的光波作光源,测出干涉条纹的直径,计算出透镜曲率半径,再用待测波长的光波作光源,用相同的方法,测出透镜曲率半径,两式相等即可求出待测光波波长.

2. 测量透明液体的折射率

把一个曲率半径很大的平凸透镜 AOB 放在一块滴有少许待测透明液体的平面玻璃板 D 上,两者之间形成一层厚度不均匀的液体薄膜(设其折射率为 n),观察其干涉条纹,根据牛顿环实验,得到测量透镜曲率半径公式 $R = \dfrac{(D_m^2 - D_n^2)n}{4(m-n)\lambda}$,同理,对于空气薄膜,$R = \dfrac{D_m'^2 - D_n'^2}{4(m-n)\lambda}$,观察空气膜和液体膜条纹宽度的变化,两式相比得 $n = \dfrac{D_m'^2 - D_n'^2}{D_m^2 - D_n^2}$. 只要测出同一装置(相同的平凸透镜和平面玻璃板)下的空气膜和液体膜的条纹直径,即可求出液体的折射率.

3. 用白炽灯作光源,观察白光干涉现象

6.4　全息光栅的制作

[研究背景]

1967 年,联邦德国的鲁道夫(Rudolph)和施玛尔(Schmahl)提出了采用全息照相的方法来制作光栅,并首先利用全息照相的方法制作出了光栅.全息光栅具有良好的性能,可作为色散元件应用于光谱仪器,而且与刻划光栅相比,全息光栅具有杂散光少,没有鬼线和伴线,分辨率高,适用光谱范围宽,有效孔径大,生产效率高,成本低廉等优点.

[研究内容]

(1) 制作全息光栅的原理;
(2) 制作全息光栅的技术.

[实验要求]

(1) 设计一个拍摄全息光栅的光路,给出拍摄时两束平行相干光夹角的确定方法,对光路中每个元件进行说明并给出必要的参数,写出实验步骤;

(2) 制作一块空间频率 $\nu=300$ 条/mm 的全息光栅.设计一种方法来检测所制作的全息光栅的空间频率,写出测量方法及测量结果;

(3) 检验所制作光栅的光栅常数 d,要求相对误差 $Er(d)<2\%$;

(4) 总结制作全息光栅的要点和注意事项;

(5) 完成一篇符合规范要求的实验研究论文或实验研究报告.

[实验原理、方法提示]

(1) 两束相干的单色平行光以一定角度 θ 相交时,在两束光相交面上将形成干涉条纹.设两束平行光入射到平面上的夹角为 α、β,那么干涉条纹的间距

$$d = \frac{\lambda}{2\sin\frac{\alpha+\beta}{2}\cos\frac{\alpha-\beta}{2}}$$

式中,λ 为入射光波长.

当 $\alpha=\beta$ 时,$\alpha=\beta=\frac{\theta}{2}$,则

$$d = \frac{\lambda}{\sin\frac{\theta}{2}}$$

改变 θ 角,可使条纹密度变化,θ 越大条纹越密.光栅的空间频率 $f=\frac{1}{d}$.

(2) 若在两束光的重合区上放上焦距为 f 的透镜,两束光在透镜的后焦平面上聚成两个亮点,测出两个亮点的距离,就可求出两束光的夹角 θ.

(3) 若将两束平行光的相交平面换成全息干板,并把干涉条纹拍摄下来,经显影,定影处理后便是一块全息光栅.

(4) 要提高光栅的衍射效率,可在定影后进行漂白处理.

(5) 在分光计上检验光栅常数 d.

6.5 晶体电光调制研究

[研究背景]

激光是一种光频电磁波,具有良好的相干性,与无线电波相似,可用来作为传递信息的载波.激光具有很高的频率,可供利用的频带很宽,故传递信息的容量很大.再有,光具有极短的波长和极快的传递速度,加上光波的独立传播特性,可以借助光学系统把一个面上的二维信息以很高的分辨率瞬间传递到另一个面上,为二位并行光信息处理提供条件.所以激光是传递信息的一种很理想的光源.

要用激光作为信息的载体,就必须解决如何将信息加到激光上去的问题.例如激光电话,就需要将语言信息加载与激光,由激光"携带"信息通过一定的传输通道送到接收器,再由光接收器鉴别并还原成原来的信息.这种将信息加载激光的过程称之为调制,到达目的地后,经光电转换从中分离出原信号的过程称之为解调.其中激光称为载波,起控制作用的信号称之为调制信号.与无线电波相似的特性,激光调制按性质分,可以采用连续的调幅、调频、调相以及脉冲调制等形式.但常采用强度调制.强度调制是根据光载波电场振幅的平方比例于调制信号,使输出的激光辐射强度按照调制信号的规律变化.激光之所以常采用强度调制形式,主要是因为光接收器(探测器)一般都是直接地响应其所接收的光强度变化的缘故.

电光效应在工程技术和科学研究中有许多重要应用,它有很短的响应时间,可以在高速摄影中作快门或在光速测量中作光束斩波器等.在激光出现以后,电光效应的研究和应用得到迅速的发展,电光器件被广泛应用在激光通信,激光测距,激光显示和光学数据处理等方面.

[研究内容]

(1) 探讨晶体电光调制的原理和实验方法;

(2) 研究利用实验装置测量晶体的半波电压,计算晶体的电光系数;

(3) 观察研究晶体电光效应引起的晶体会聚偏振光的干涉现象.

[实验要求]

(1) 能将铌酸锂晶体,电光调制电源,半导体激光器,偏振器,四分之一波片,接收放大器,双踪示波器组成电光调制仪;

(2) 得出改变直流偏压选择工作点对输出特性的影响

① 当 $V_0 = V_{\pi/2}$, $V_m \ll V_\pi$ 时将工作点选定在线性工作区的中心处,此时,可获得较高频率的线性调制.

② 当 $V_0 = V_{\pi/2}$, $V_m > V_\pi$ 时调制器的工作点虽然选定在线性工作区的中心,但不满足小信号调制的要求,调制信号的幅度较大,奇次谐波不能忽略.因此,这时虽然工作点选定在线性区,输出波形仍然失真.

③ 当 $V_0=0$，$V_m \ll V_\pi$，时，输出光是调制信号频率的二倍，即产生"倍频"失真.

④ 直流偏压 V_0 在零伏附近或在附近变化时，由于工作点不在线性工作区，输出波形将分别出现上下失真.

[实验原理、方法提示]

某些晶体(固体或液体)在外加电场中，随着电场强度的改变，晶体的折射率会发生改变，这种现象称为电光效应.

由一次项引起折射率变化的效应，称为一次电光效应，也称线性电光效应或普克尔电光效应(pokells)；由二次项引起折射率变化的效应，称为二次电光效应，也称平方电光效应或克尔效应(kerr). 一次电光效应只存在于不具有对称中心的晶体中，二次电光效应则可能存在于任何物质中，一次效应要比二次效应显著.

光在各向异性晶体中传播时，因光的传播方向不同或者是电矢量的振动方向不同，光的折射率也不同. 通常用折射率椭球来描述折射率与光的传播方向、振动方向的关系.

当晶体上加上电场后，折射率椭球的形状、大小、方位都发生变化，电光效应根据施加的电场方向与通光方向的相对关系，可分为纵向电光效应和横向电光效应. 利用纵向电光效应的调制，叫做纵向电光调制；利用横向电光效应的调制，叫做横向电光调制. 晶体的一次电光效应分为纵向电光效应和横向电光效应两种. 把加在晶体上的电场方向与光在晶体中的传播方向平行时产生的电光效应，称为纵向电光效应，通常以类型晶体为代表. 加在晶体上的电场方向与光在晶体里传播方向垂直时产生的电光效应，称为横向电光效应. 这次实验中，我们只做晶体的横向电光强度调制实验. 晶体属于三角晶系，3m 晶类，主轴 Z 方向有一个三次旋转轴，光轴与 Z 轴重合，是单轴晶体，折射率椭球是旋转椭球，加上电场后折射率椭球发生畸变，对于 3m 类晶体，由于晶体的对称性，电光系数为矩阵形式. 当 X 轴方向加电场，光沿 Z 轴方向传播时，晶体由单轴晶体变为双轴晶体，垂直于光轴 Z 方向折射率椭球截面由圆变为椭圆.

本研究依据晶体的透过率曲线(即 T-V 曲线)，选择工作点. 测出半波电压，算出电光系数，并和理论值比较. 我们用两种测量方法：

1. 极值法

晶体上只加直流电压，不加交流信号，并把直流偏压从小到大逐渐改变时，示波器上可看到输出光强出现极小值和极大值.

具体做法：取出毛玻璃，撤走白屏，接收器对准出光点，加在晶体上的电压从零开始，逐渐增大，这时可看到示波器上光强极大和极小有一明显起落，直流偏压值由电源面板上的三位半数字表上读出. 先测对应于 $V_0>0$ 时，当光强最大时，测一组最大值，然后改变极性，光强最大时再测一组数据，两个极大之间对应的电压之和就是半波电压的两倍，多次测量取平均值，可以减少误差.

2. 调制法

晶体上直流电压和交流正弦信号同时加上，当直流电压调到输出光强出现极小值或极大值对应时,输出的交流信号出现倍频失真,通过示波器可看出.出现相邻倍频失真对应的直流电压之差就是半波电压.

3. 改变直流偏压,选择不同的工作点,观察正弦波电压的调制特性.

6.6　光 纤 熔 接

[研究背景]

光纤是一种利用光在玻璃或塑料制成的纤维中的全反射原理而制成的光传导工具.光纤传输具有传输频带宽,通信容量大,损耗低,不受电磁干扰,光缆直径小,质量轻,原材料来源丰富等优点,因而,光纤通信在许多领域得到了广泛应用.光纤熔接是光纤传输系统中工程量最大、技术要求最复杂的重要工序,其质量好坏直接影响光纤线路的传输质量和可靠性.光纤熔接的方法一般有熔接、活动连接、机械连接三种.在实际工程中基本采用熔接法,因为熔接方法的节点损耗小,反射损耗大,可靠性高.

[研究内容]

(1) 光纤涂覆层的剥除对光纤损耗的影响;
(2) 包层表面的清洁对光纤损耗的影响;
(3) 光纤端面切割对光纤损耗的影响;
(4) 光纤端面研磨对光纤损耗的影响.

[实验要求]

(1) 研究光纤端面处理工艺流程;
(2) 研究光纤端面的切割和研磨方法;
(3) 对光纤熔接过程给出具体要求,提供最优化工艺流程;
(4) 分析熔接前、熔接后的损耗数据,给出熔接损耗的大小,给出定量的结论.

[实验原理、方法提示]

1. 光纤结构

光纤结构如图 6.6.1 所示,其内层是一根极细的玻璃柱,称为轴芯(Core).轴芯被一圈玻璃包围,称为被覆层(Cladding),被覆层的折射率比轴芯的小,所以轴芯里传导的光线如果折射到被覆层,便会折回轴芯内.最外层为涂层(Coating),起保护作用.

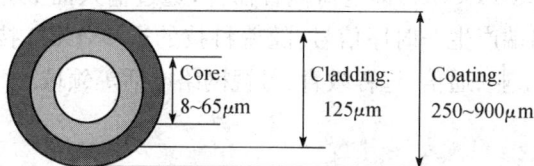

图 6.6.1　光纤结构

2. 光纤熔接机原理

光纤熔接机主要用于光通信中光缆的施工和维护. 主要是靠放出电弧将两头光纤熔化,同时运用准直原理平缓推进,以实现光纤模场的耦合. 一般光纤熔接机由熔接部分和监控部分组成,两者用多芯软线连接. 熔接部分为执行机构,主要有光纤调芯平台、放电电极、计数器、张力试验装置以及监控系统的传感器(TV 摄像头)和光学系统等. 张力试验装置和光纤夹具装在一起,用来试验熔接后接头的强度,传感器和光学系统示意图如图 6.6.2 所示,由于光纤径向折射率各点分布不同,光线通过时透过率不同,经反射进入摄像管的光亦不相同,这样即可分辨出待接光纤而在监视器荧光屏上成像. 从而监测和显示光纤耦合和熔接情况,并将信息反馈给中央处理机,后者再回控微调架执行调接,直至耦合最佳.

图 6.6.2　监控光学系统及传感器

光纤熔接通过以下步骤完成:剥离光纤;光纤端面处理;光纤熔接;热缩加固.

3. 光纤涂覆层的剥除

可采用剥线钳、刀片等方法进行剥除;包层表面的清洁既可采用物理方法,也可采用化学方法;采用不同的切割工具对光纤端面进行切割.

6.7　光电转换器件特性的研究

[研究背景]

光电转换器件主要是利用光电效应将光信号转换成电信号. 自光电效应发现至今,光电转换器件获得了突飞猛进的发展,目前各种光电转换器件已广泛地应用在各行各业. 常用的光电转换器件有光电倍增器、光电池、光敏电阻、光电二极管、电荷耦合器件 CCD 等. 光电倍增器是把微弱的输入转换为电子,并使电子获得倍增的电真空器件. 光电池是把光能直接变成电能的器件,可作为能源器件使用,如卫星上使用的太阳能电池. 它也可作为光电子探测器件. 光电二极管有耗尽层光电二极管和雪崩光电二极管两种. 耗尽层光电二极管将光信号转变为电信号,血崩光电二极管常用于超高频的调制光和超短光脉冲的探测. CCD(Charge Coupled Device)即电荷耦合器件,通过输入面上光电信号逐点的转换、储存和传输,在其输出端产生一时序信号. 随着科技的进步,CCD 技术日臻完善,已广泛用于安全防范、电视、工业、通信、远程教育、可视网络电话等领域.

[研究内容]

(1) 研究光电二极管伏安特性;

(2) 研究光电二极管的频谱曲线、峰值响应频率；

(3) 研究光电流与光强的关系；

(4) 研究提高光电二极管的量子效率的途径.

[实验要求]

(1) 给出光电二极管伏安特性曲线；

(2) 给出光电二极管的频谱曲线、峰值响应频率；

(3) 设计电路，测量光电流与光强的关系；

(4) 设计电路，测量量子效率；

(5) 完成一篇符合规范要求的实验研究论文或实验研究报告.

[实验原理、方法提示]

1. 光电转换器件主要利用物质的光电效应、光电导效应、二次电子发射效应

光电效应：是指当物质在一定频率的光的照射下，释放出光电子的现象. 当光照射金属、金属氧化物或半导体材料的表面时，会被这些材料内的电子所吸收，如果光子的能量足够大，吸收光子后的电子可挣脱原子的束缚而逸出材料表面成为光电子.

光电导效应：某些半导体材料在光的照射下，内部电子吸收光子后，挣脱原子的束缚而形成自由电子，使其导电性能增加，电阻率下降，这种半导体器件称为光敏电阻，这种现象称为光电导效应. 当光停止辐照后，自由电子又被失去电子的原子所俘获，其电阻率恢复原值. 利用光敏电阻的这种特性制成的光控开关在我们日常生活中随处可见.

二次电子发射效应：当电子轰击某物体时，如果该电子的动能足够大，被轰击物体将会有新的电子发射出来，该现象称为二次电子发射效应. 轰击物体的电子称为一次电子，物体吸收一次电子后激励体内的电子到高能态，这些高能电子的一部分向物体表面运动，到达表面时仍具有足够的能量克服表面势垒而发射出来的电子称为二次电子.

2. 光电二极管的工作原理

光电二极管是一种光电变换器件，其基本原理是光照到 pn 结上时，吸收光能转变为电能. 它有两种工作状态：① 当光电二极管上加有反向电压时，管子中的反向电流将随光照强度的改变而改变，光照强度越大，反向电流越大，大多数情况都工作在这种状态. ② 光电二极管上不加电压，利用 pn 结在受光照射时产生正向电压的原理，把它用作微型光电池. 这种工作状态一般作光电检测器.

3. 量子效率

光电转换器件吸收光子产生光电子，光电子形成光电流. 因此，光电流 I 与每秒入射的光子数，即光功率 P 成正比. 根据统计光学理论，光电流与入射光功率的关系为

$$I = \alpha P = \frac{\eta e}{h\nu}P$$

式中 I 为光电流，P 为光功率，$\alpha = \dfrac{\eta e}{h\nu}$ 是光电转换因子，e 为电子电荷，h 为普朗克常量，ν 为入射光频率，η 为量子效率. 从上式可知

$$\eta = \frac{Ih\nu}{eP}$$

6.8 光学信息处理

[研究背景]

光学信息处理，就是对光学图像或光波的振幅分布作进一步的处理. 各种经典的光学信息处理的全过程局限于空域之中，即对图像本身进行处理. 自从阿贝成像理论提出以来，近代光学信息处理通常在频域中进行. 在图像的频谱面上设置各种滤波器，对图像的频谱进行改造，滤掉不需要的信息和噪声，提取或增强我们感兴趣的信息；滤波后的频谱还可以再经过一个透镜还原成为空域中经过修改的图像或信号. 近代光学信息处理具有容量大、速度快、设备简单，可以处理二维图像信息等许多优点，是一门既古老而又年青的迅速发展学科. 光学信息处理在信息存储、遥感、医疗、产品质量检验等方面有着重要的应用.

[研究内容]

（1）研究阿贝成像原理；

（2）研究高通滤波、低通滤波、方向滤波等空间滤波的实现；

（3）研究透镜的傅里叶变换功能.

[实验要求]

（1）设计光路，解释阿贝成像原理；

（2）实测一维光栅衍射场中（频谱面）不同级别场点到 0 级的距离，计算其空间频率，理解空间频率与衍射场点位置的关系；

（3）用一维光栅作为物，在其频谱面上放置不同的滤波器观察成像情况的变化并测量和记录像（条纹）的条纹周期数值. 并对上述所有的实验现象给出合理的解释；

（4）用"光"字和"+"字作物，在其频谱面上放置不同的滤波器观察成像情况的变化并给出合理的解释.

[实验原理、方法提示]

1. 阿贝成像原理

阿贝认为透镜的成像过程可以分成两步：第一步是通过物的衍射光在透镜后焦面（即频谱面）上形成空间频谱，这是衍射所引起的"分频"作用；第二步是代表不同空间频率的各光束在像平面上相干叠加而形成物体的像，这是干涉所引起的"合成"作用. 成像过程的这两步，从频谱分析的观点来看，本质上就是两次傅里叶变换，如果物光的复振幅分布是 $g(x_0, y_0)$，可以证明在物镜后焦面 (ξ, η) 上的复振幅分布是 $g(x_0, y_0)$ 的傅里叶变换

$G(f_x, f_y)$. 所以第一步就是将物光场分布变换为空间频率分布. 第二步是将谱面上的空间频率分布作逆傅氏变换还原成为物的像(空间分布).

　　2. 空间滤波

　　如果在谱面上人为的插上一些滤波器(吸收板可移相板)以改变谱面上的光场分布, 就可以根据需要改变像面上的光场分布, 这就叫空间滤波. 最简单的滤波器就是一些特种形状的光阑. 把这种光阑放在谱面上, 使一部分频率分量能通过而挡住其他的频率分量, 从而使像平面上的图像中某部分频率得到相对加强或者减弱, 以达到改善图像质量的目的. 常用的滤波方法有如下这些:

　　1) 低通滤波

　　低通滤波目是滤去高频成分, 保留低频成分, 由于低频成分集中在谱面的光轴(中心)附近, 高频成分落在远离中心的地方, 所以, 低通滤波器就是一个圆孔. 图像的精细结构及突变部分主要由高频成分起作用, 所以经过低通滤波器滤波后图像的精细结构将消失, 黑白突变处也变的模糊.

　　2) 高通滤波

　　高通滤波目的是滤去低频成分而让高频成分通过, 滤波器形状是一个圆屏. 其结果正好与前面的低通滤波相反, 是使物的细节及边缘清晰.

　　3) 方向滤波(波特实验)

　　只让某一方向(如横向)的频率成分通过, 则像面上将突出了物的纵向线条. 这种滤波器呈狭缝状.

6.9　光纤通信

[研究背景]

　　光纤通信是指一种利用光与光纤传递资讯的一种方式. 属于有线通信的一种. 光经过调制后便能携带资讯. 自 1980 年起, 光纤通信系统对于电信工业产生了革命性的作用, 同时也在数字时代里扮演非常重要的角色. 光纤通信具有传输容量大, 保密性好等许多优点. 光纤通信现在已经成为当今最主要的有线通信方式. 将需传送的信息在发送端输入到发送机中, 将信息叠加或调制到作为信息信号载体的载波上, 然后将已调制的载波通过传输媒质传送到远处的接收端, 由接收机解调出原来的信息.

[研究内容]

(1) 用示波器观察光传输模块中各个测试点的波形, 掌握电/光转换原理;

(2) 研究光发端机输出光功率的测试方法;

(3) 观察各种数字信号在光纤传输系统中的波形;

(4) 观察 CMI 编码的波形, 光纤通信中 CMI 的编码规则测试;

(5) 观察 CMI 解码的波形, 掌握 CMI 码解码的规律.

[实验要求]

(1) 画出实验过程中测试波形,标上必要的实验说明;

(2) 归纳出光发射机输出的光功率与输入电信号的哪些参数有关,并测试数字光发端机的输出光功率;

(3) 记录并画出各种数字信号调制过程中各测试点波形;

(4) 观察输出编码波形,验证你的序列.

[实验原理、方法提示]

1. 光纤通信系统

如图 6.9.1,光纤通信系统主要由三部分组成:光发射机、传输光纤和光接收机. 光发射端机集成了调制电路、自动功率控制电路、激光管、自动温度控制等,光接收机集成了光检测器、放大器、均衡和再生电路.

图 6.9.1 光纤通信实验系统

实现过程如下:输入电信号既可以是模拟信号(如视频信号、电话语音信号),也可以是数字信号(如计算机数据、PCM 编码信号);调制器将输入的电信号转换成适合驱动光源器件的电流信号并用来驱动光源器件,对光源器件进行直接强度调制,完成电/光变换的功能;光源输出的光信号直接耦合到传输光纤中,经一定长度的光纤传输后送达接收端;在接收端,光电检测器对输入的光信号进行直接检波,将光信号转换成相应的电信号,再经过放大恢复等电处理过程,以弥补线路传输过程中带来的信号损伤(如损耗、波形畸变),最后输出和原始输入信号相一致的电信号,从而完成整个传送过程.

2. 数字信号 CMI 码编码与译码

数字光纤通信传输信道中,对于低速率系统采用 CMI(Coded Mark Inversion)码,传号翻转码,即"1"码交替地用"00"和"11"表示,而"0"码则固定用"01"表示,因此在 1 个时钟周期内,CMI 编码器输入 1bit 的时间内输出变为 2bit. CMI 码属于二电平的不归零(NRZ)的 1B2B 码型.

CMI 译码的设计是采用串并变换电路把串行码变成并行码,即把 CMI 码的每一组 00、11 或 01 码中的奇数码与偶数码分离开来,变成奇偶分列的、时序一致的码序列,再用判决电路逐一加以比较,判决输出传号还是空号,从而解出单极性信码.

6.10　蒸发-凝结法制备金属纳米粒子研究

[研究背景]

　　纳米是一种度量单位,一纳米为百万分之一毫米,它是研究微观世界的最合适、最理想的尺子,也就是达到了度量原子间距离的物理量.纳米级的物体极其微小,拿大的东西头发丝来比,一根普通人的头发丝就有 60000～70000nm;用小的东西原子来比,1nm 也就是 5 个原子排列起来的长度.1nm 的物体放到乒乓球上,就像 1 个乒乓球放在地球上一样.研究纳米级物质(包括分子、原子、电子)在 100pm(1pm＝10^{-12} m)～100nm 空间内的运动规律和内在运动的特点,并利用这些特性制造特定功能产品的高新尖技术,就是科技界通称的纳米技术.纳米材料分为纳米结构材料和纳米相/纳米粒子材料.前者指凝聚的块体材料,由具有纳米尺寸范围的粒子构成;而后者通常是分散态的纳米粒子.

　　纳米粒子具有许多特性,如表面效应、量子尺寸效应、小尺寸效应、量子隧道效应等,从而导致其光学、热学、电学、磁学、力学及化学方面的性质既有别于微观粒子又与大块固体显著不同,也决定了纳米粒子广阔的应用前景.纳米粉体广泛应用于信息与电子工业、军事工业、化工和环保工业、机械工业、医学及生物工程、新材料领域等.

[研究内容]

　　(1) 蒸发-凝结法制备纳米粒子原理;
　　(2) 研究蒸发-凝结法制备纳米粒子的制备过程和制备工艺;
　　(3) 研究制备的纳米粒子的结构、结晶惯态和形貌.

[实验要求]

　　(1) 根据实验室的蒸发-凝结法制备纳米粒子实验装置,设计纳米粒子制备过程,给出一种纳米粒子的制备工艺;
　　(2) 对制备的纳米粒子的结构、结晶惯态和形貌进行表征;
　　(3) 总结本实验研究结论,有何特点或创新点;
　　(4) 完成一篇符合规范要求的实验研究论文或实验研究报告.

[实验原理、方法提示]

1. 蒸发-凝结法制备纳米粒子原理

　　蒸发-凝结法是指通过适当的热源,使块体在高温下蒸发,然后在惰性气体气氛下骤冷,从而形成纳米粒子.作为纳米粒子的制备方法,惰性气体冷凝技术是最先发展起来的.1963 年 R. Uyeda 和 K. Kimoto 及合作者率先发展了蒸发-冷凝法,并制备了较高纯度的金属纳米粒子.至 20 世纪 70 年代,该方法得到很大发展,并成为制备纳米粒子的主要手段之一.

　　本研究利用电流通过钨舟产生焦耳热而实现对原料的加热蒸发.一般焦耳热产生的

图 6.10.1　蒸发-凝结法制备纳米粒子
原理示意图

温度高达 2000K 以上,使待蒸发的材料蒸发. 为使蒸发原子不能直接到达器壁,充入一些惰性气体使真空度下降. 所以,蒸发的金属原子与气体分子碰撞后速度减小,成为游离状态原子,这些原子之间相互碰撞结合形成粒子. 惰性气体的压力越大,在加热蒸发源附近空间,速度被降低的金属原子的密度越高,粒子生长得就越大. 因此,控制气体的压力,可以调节制备的纳米粒子的粒径. 蒸发-凝结法制备纳米粒子的设备原理如图 6.10.1 所示.

该方法的主要特点:实验设备简单、设备成本低、易操作,制备的纳米粒子结晶形态好、纯度高,特别适合制备低熔点的各类金属及合金.

2. 蒸发-凝结法制备纳米粒子的方法

蒸发-凝结法制备纳米粒子的过程分为五个阶段:抽真空、充气、制备、钝化和收集. 制备纳米粒子的工艺条件包括:电流、电压、惰性气体种类和气压大小.

3. 纳米粒子的结构、结晶惯态和粒度表征

纳米粒子的结构可用 X 射线衍射仪等仪器分析;结晶惯态和粒度可用扫描电子显微镜或透射电子显微镜等仪器分析.

6.11　直流电弧等离子体法制备纳米粒子研究

[研究背景]

众所周知,人们把眼睛可以看到的物质体系叫做宏观体系,把理论研究中所接触到的原子、分子体系叫做微观体系. 但是,在宏观与微观之间还存在着物质颗粒,有人定义其为介观体系. 这一体系主要是用人工方法,重新组合原子、分子形成具有全新特性的颗粒,人们把它们称做纳米颗粒或者纳米粒子. 在化学工程领域,也常将纳米颗粒称为纳米粉末.

目前根据研究问题的侧重点不同,制备方法有多种分类. 按学科分类,可将其分为物理方法、化学方法和物理化学方法;按制备技术分类,可分为机械粉碎法、气体蒸发法、溶液法、激光合成法、等离子体合成法、射线辐照合成法、溶胶-凝胶法等;按物质的原始状态分类,又可分为固相法、液相法和气相法. 无论何种分类方式,都是突出某一特点,如机理、技术特征、宏观状态等. 本实验研究用直流电弧等离子体法制备纳米粒子.

[研究内容]

(1) 直流电弧等离子体法制备纳米粒子原理;

(2) 研究纳米粒子的制备过程和制备工艺;

(3) 研究制备的纳米粒子的结构和形貌.

[实验要求]

(1) 根据实验室的纳米粒子制备装置,设计纳米粒子制备过程,给出一种纳米粒子的制备工艺;

(2) 对纳米粒子的结构和形貌进行表征;

(3) 总结本实验研究结论,有何特点或创新点;

(4) 完成一篇符合规范要求的实验研究论文或实验研究报告.

[实验原理、方法提示]

1. 直流电弧等离子体法制备纳米粒子原理

直流电弧等离子体法制备纳米粒子是利用等离子体的高温实现对原料的加热蒸发. 一般等离子体火焰温度高达 2000K 以上,存在着大量的高活性原子、离子. 当它们以 $100\sim500 \text{m/s}$ 的速度轰击金属原料表面时,可使其熔融并大量迅速地溶解于金属熔体中,在金属熔体内形成溶解的超饱和区、过饱和区和饱和区. 这些原子、离子或分子与金属熔体对流与扩散,使金属蒸发. 同时原子或离子又重新结合成分子从金属熔体表面溢出. 蒸发出的金属原子经急速冷却后收集,即得到金属物质的纳米粒子. 采用直流电弧等离子体法可以制备出金属、合金或金属化合物纳米粒子. 其中金属或合金可以直接蒸发、急冷而形成原物质的纳米粒子,制备过程为纯粹的物理过程;而金属化合物,如氧化物、碳化物、氮化物的制备,一般需经过金属蒸发-化学反应-急冷,最后形成金属化合物纳米粒子. 直流电弧等离子法制备纳米粒子实验装置原理示意图如图 6.11.1 所示. 采用直流电弧等离子法制备纳米粒子的优点在于纯度高、回收率大,特别适合制备中高熔点的各类金属和合金纳米粒子.

图 6.11.1　直流电弧等离子体法制备纳米粒子实验装置原理示意图

2. 直流电弧等离子体法制备纳米粒子的方法

一个完整的纳米粒子制备过程分为五个阶段:抽真空、充气、制备、钝化和收集. 制备纳米粒子的工艺条件包括:电弧参数、工作气体选择及混合气体中各种气体的比例.

3. 纳米粒子的结构和形貌表征

纳米粒子的结构可用 X 射线衍射仪等仪器分析;形貌可用扫描电子显微镜或透射电子显微镜等仪器分析.

6.12　直流电弧等离子体法制备一维纳米材料研究

[研究背景]

从国内外发展现状来看,纳米线材料在工业上尚未得到广泛的实际应用,然而基于其所具有的优异性能,它们有可能在制备纳米尺寸的电子、光电、电化学、导热和电机械器件时作为连接和功能单元发挥重要作用. 特别是宽带隙的 AlN 纳米线物性研究备受关注. AlN 纳米线在光电子等许多领域将有着重要的应用前景,在大规模集成电路的基片、大功率半导体器件的绝缘基片、散热器等有许多有待探索的新空间. 如何获得所需的 AlN 纳米线将是未来研究的重点. 探讨制备 AlN 纳米线的生长机制和一些新的性能,具有特别重要的理论与实际意义. 目前,合成高质量、尺寸可控的无机纳米线这一研究领域相当活跃. 毫无疑问,可以预见将会有更多的无机纳米线被合成及表征,其奇异的性能将被开发出来,新的材料合成方法也会不断的涌现. 催化辅助可控生长的直流电弧等离子体法制备一维纳米材料研究将有着更为广阔的前景.

[研究内容]

(1) 直流电弧等离子体法制备纳米线的原理;

(2) 研究直流电弧等离子体法制备纳米线的过程和制备工艺;

(3) 研究制备的纳米线的结构、形貌和机理.

[实验要求]

(1) 了解直流电弧等离子体法制备纳米线的实验装置,在老师指导下能够独立操作;

(2) 提出直流电弧等离子体法制备纳米线方案,设计纳米线制备技术路线;

(3) 总结出可行的直流电弧等离子体法制备纳米线工艺;

(4) 对纳米线的结构、形貌进行表征和探讨生长机理;

(5) 完成一篇符合规范要求的实验研究论文或实验研究报告.

[实验原理、方法提示]

1. 直流电弧等离子体法制备纳米线原理

直流电弧等离子体法制备纳米线是利用等离子体的高温实现对原料的加热蒸发. 电弧等离子体产生需要有阴阳极,所以被蒸发物体必须导电,即一般是金属. 一般离子体火焰温度高达 2000K 以上,使金属蒸发,同时工作气氛分子被电离、增加其活性. 蒸发金属原子与工作气体反应形成纳米线. 纳米线形成条件比较苛刻,需一直保持一定的高温,只有在高温条件原子才能不断反应补充分子使其长大. 但是在有催化剂条件下,生成的条件降低,纳米线容易形成. 直流电弧等离子法制备纳米线实验装置原理图与图 6.11.1 基本相同.

2. 直流电弧等离子体法制备纳米线的方法

一个完整的纳米线制备过程分为五个阶段：抽真空、充气、制备、钝化和收集．制备纳米线的工艺条件包括：电弧参数、工作气体、催化剂选择及混合气体中各种气体的比例和流速．

3. 纳米线的结构、形貌表征和机理分析

纳米线的结构可用 X 射线衍射仪等仪器分析；形貌可用扫描电子显微镜或透射电子显微镜等仪器分析．

6.13 机械合金化法制备纳米粒子研究

[研究背景]

机械合金化(Mechanical Alloying,简写 MA)技术是 1970 年由美国 INCO 公司的 Benjamin 首先发展起来的一种制备合金粉末的新技术．用 MA 法可以制备常规条件下很难合成的具有独特性能的新型合金材料，并且具有成本低、产量大、工艺简单及周期短等特点，符合现代高新技术的基础研究和发展的思路．它可以使材料远离平衡状态，从而可获得其他技术难以获得的特殊组织和结构，扩大了材料的性能范围，且材料的组织和结构可控；突破了熔铸法和快速凝固技术的局限，拓宽了合金成分范围，诱发固态相变，制备准晶、非晶态材料，从而避开了准晶、非晶形成时对熔体冷速和形核条件的苛刻要求．MA 技术还制备出了一系列纳米晶材料和过饱和固溶体等亚稳态材料．MA 技术已应用于开发研制非晶、纳米晶和过饱和固溶体等各种亚稳非平衡材料、弥散强化材料、磁性材料、高温材料、超导材料、复合材料、轻金属高比强材料和贮氢材料等．近年来对 MA 过程的研究表明，MA 过程还可诱发在常温下难以进行的固-固(S-S)、固-液(S-L)和固-气(S-G)多相化学反应，并且利用这些反应制备出性能优异的结构材料和功能材料．目前许多国家都在 MA 领域开展大量的基础理论及实用化研究．

机械合金化(MA)的最大优点是：

(1) 合成的材料性能范围宽；

(2) 合成的合金成分范围宽；

(3) 材料的组织和结构可调；

(4) 可以由液相或气相反应制备．其不足之处主要是经过长时间的球磨易引入杂质和粉末中产生的大量新鲜表面和纳米级精细结构使得球磨物质的活性高易被氧化，不易制备高纯度的材料．

[研究内容]

(1) 机械合金化法制备纳米粒子原理；

(2) 机械合金化法制备纳米粒子的过程和制备工艺；

（3）研究制备的纳米粒子的结构和形貌.

[实验要求]

（1）根据实验室的高能球磨制备纳米粒子装置，设计一种纳米粒子制备工艺；
（2）对制备的纳米粒子结构和形貌进行表征；
（3）总结本实验研究结论，有何特点或创新点；
（4）完成一篇符合规范要求的实验研究论文或实验研究报告.

[实验原理、方法提示]

1. 机械合金化法制备纳米粒子原理

机械合金化法制备纳米粒子实验装置的原理示意图如图6.13.1所示.高能球磨机主要靠高速运动的研磨介质（不锈钢球，玛瑙球，WC球，刚玉球.聚氨脂球等）与待磨材料碰撞与摩擦将回转机械能传递给金属粉末，依靠球磨机的转动或振动使球磨过程中球与球、球与球磨壁之间产生碰撞、挤压，使得粉末被强烈地撞击、研磨和搅拌，发生反复地断裂、焊合、塑性变形，使新鲜未反应的表面不断地被暴露出来，并使粉末组织结构不断的细化，粉末在机械力作用下，各组分原子相互扩散，形成非平衡态或发生化学反应.MA属于强制反应，在球磨过程中从外界引入高能量密度的机械强制作用，粉末颗粒中引入大量的应变、缺陷以及纳米级的微结构，使粉末具有很高的晶格畸变能和表面能，成为扩散和反应的驱动力，在新鲜细小的微结构表面发生扩散和固态反应，从而使得MA过程的热力学和动力学不同于普通的固态反应过程，能够制备出用常规液相或气相法难以合成的新型合金.

图6.13.1 高能球磨机原理示意图

2. 机械合金化法制备纳米粒子方法

机械合金化法制备纳米粒子过程分为四个阶段：选研磨介质和确定球料比、抽真空和充气、研磨、钝化和收集.

研磨介质可选 ϕ 12mm、ϕ 10mm、ϕ 8mm 三种不锈钢球,三种不锈钢球的质量比为 5∶3∶2,球料重量比为 6∶1,磨料粒度在几十微米.

3. 纳米粒子的结构和形貌表征

纳米粒子的结构可用 X 射线衍射仪等仪器分析;形貌可用扫描电子显微镜或透射电子显微镜等仪器分析.

6.14　用 X 射线衍射法定性分析复合纳米粉体相组成研究

[研究背景]

随着新技术对材料要求的不断提高,单组分材料的性能要满足特殊严酷条件下的应用显得越来越困难. 近年来,为了满足高技术发展对材料性能的要求,各种复合材料日益受到重视. 复合材料是由两种或两种以上化学性质或组织结构不同的材料组合而成. 利用各组分优势多重叠加,使材料性能有所突破.

纳米材料由于其结构的特殊性,从而产生一系列的新效应,导致材料性能的重大改进,出现材料在微米晶粒尺寸时所不具备的性能,从而决定了纳米材料研究在材料研究中的重要地位. 复合纳米粉体是制备纳米级复合材料的基础材料,因此复合纳米粉体的相组成是复合纳米粉体制备研究中的重要内容之一.

[研究内容]

定性分析出实验室给定复合纳米粉体的相组成.

[实验要求]

(1) 根据实验室的 X 射线衍射仪装置,设计出定性分析复合纳米粉体相组成的实验步骤;

(2) 定性分析出实验室给定复合纳米粉体的相组成;

(3) 总结本实验研究结论,有何特点或创新点;

(4) 完成一篇符合规范要求的实验研究论文或实验研究报告.

[实验原理、方法提示]

1. X 射线衍射分析原理

每一种结晶物质都有各自独特的化学组成和晶体结构. 没有任何两种物质,它们的晶胞大小、质点种类及其在晶胞中的排列方式是完全一致的. 因此,当 X 射线被晶体衍射时,每一种结晶物质都有自己独特的衍射花样,它们的特征可以用各个衍射晶面间距 d 和衍射线的相对强度 I/I_0 来表征. 其中晶面间距 d 与晶胞的形状和大小有关,相对强度则与质点的种类及其在晶胞中的位置有关. 所以任何一种结晶物质的衍射数据 d 和 I/I_0

是其晶体结构的必然反映,因而可以根据它们来鉴别结晶物质的物相.

2. 物相定性分析方法(采用三强线法)

(1) 从前反射区 $20°\sim90°$ 中选取强度最大的三根线,并使其 d 值按强度递减的次序排列.

(2) 在数字索引中找到对应的 d_1(最强线的面间距)组.

(3) 按次强线的面间距 d_2 找到接近的几列.

(4) 检查这几列数据中的第三个 d 值是否与待测样的数据对应,再查看第四至第八强线数据并进行对照,最后从中找出最可能的物相及其卡片号.

(5) 从档案中抽出卡片,将实验所得 d 及 I/I_1 跟卡片上的数据详细对照,如果完全符合,则第一相的鉴定即告完成.

如果待测样的数据与标准数据不符,则须重新排列组合并重复(2)～(5)的检索手续.因为样品为多相物质,所以当找出第一物相之后,可将其线条剔出,并将留下线条的强度重新归一化,再按过程(1)～(5)进行检索,直到全部分析完毕.

6.15 硅油基高黏度磁性液体制备研究

[研究背景]

磁性液体(Magnetic Liquid),又称磁性流体(Magnetic Fluids)、铁磁性流体(Ferromagnetic Fluids)、磁性胶体(Magnetic Colloids).是一种对磁场敏感、可流动的液体磁性功能材料,具有与普通磁性材料及液体材料所不同的特性.它是由纳米级的磁性颗粒(Fe_3O_4、γ-Fe_2O_3、Fe、Co、Ni、Fe-Co-Ni 合金、α-Fe_3N 及 γ-Fe_4N 等),通过界面活性剂(羧基、胺基、羟基、醛基、硫基等)高度地分散、悬浮在载液(水、矿物油、酯类、有机硅油、氟醚油及水银等)中,形成稳定的胶体体系.

磁性液体最初是 1965 年美国宇航局为了解决太空服头盔转动密封的技术难题而率先研制成功的,并且美国将宇航用的喷气燃料制成磁性液体,通过永磁加以控制,克服了失重状态下燃料不能正常工作的问题.宇航员进入太空所穿宇航服的一个关键部位—颈部,必须用磁性液体密封.颈部是宇航帽与宇航服连接之处,既要让宇航员的头部能够自由转动,又要密封度高.如果密封不够,宇航服里的氧气泄漏,宇航员生命受到威胁.这个连接部位,若用固体物质显然太硬,而一般液体物质密度不够,唯有磁性液体符合要求.

磁性液体密封因为具有良好的密封性、几乎为零的泄漏率、密封的寿命长、密封的可靠性高及无污染等许多独特的优点,因此研究磁性液体的制备具有非常重要的现实意义.磁性液体的应用已扩展到机械、电子、能源、化工、冶金、船舶、航天、遥测、仪表、印刷、环保、卫生、医疗等诸多领域.

目前磁性液体的制备方法有:机械粉碎法、热分解法、解胶法、水溶液吸附有机相分散法、真空蒸镀法、气相液相反应法、阴离子交换树脂法、氧化沉淀法、蒸发冷凝法等.

[研究内容]

(1) 磁性纳米粒子的制备；
(2) 硅油基高黏度磁性液体的制备工艺；
(3) 硅油基高黏度磁性液体的性能表征.

[实验要求]

(1) 根据实验室的纳米粒子制备装置,设计磁性纳米粒子制备工艺；
(2) 设计硅油基高黏度磁性液体的配方和制备工艺；
(3) 对制备的硅油基高黏度磁性液体的性能进行表征；
(4) 总结本实验研究结论,有何特点或创新点；
(5) 完成一篇符合规范要求的实验研究论文或实验研究报告.

[实验原理、方法提示]

1. 直流电弧等离子体法制备纳米粒子原理和方法

直流电弧等离子体法制备纳米粒子原理和方法见实验 6.11.

2. 磁性液体的组成

磁性液体由三种成分组成,即磁性纳米粒子(表 6.15.1)、以及包覆在纳米粒子表面的表面活性剂(也称界面活性剂或分散剂)(表 6.15.2)、基液或载液(表 6.15.3).

表 6.15.1　磁性纳米粒子

磁性液体名称	所含的磁性纳米粒子
铁氧体磁性液体	Fe_3O_4、γ-Fe_2O_3
金属磁性液体	Fe、Co、Ni、Fe-Co-Ni 合金
氮化铁磁性液体(金属间化合物)	α-Fe_3N 及 γ-Fe_4N
稀土铁磁流体	稀土磁性纳米粒子

表 6.15.2　适用的表面活性剂

基液名称	适用的表面活性剂
水	油酸、亚油酸、亚麻酸以及它们的衍生物、盐类及皂类
酯及二酯	油酸、亚油酸、亚麻酸、磷酸二酯及其他的非离子界面活性剂
碳氢基	油酸、亚油酸、亚麻酸、磷酸二酯及其他的非离子界面活性剂
氟碳基	氟醚酸、氟醚黄酸以及它们的衍生物、全氟聚异丙醚
硅油基	硅烷偶联剂、羧基聚二甲基硅氧烷、羟基聚二甲基硅氧烷、胺基聚苯基甲基硅氧烷
聚苯基醚	苯氧基十二烷酸、磷苯氧基甲酸

表 6.15.3　磁性液体中适用的载液

载液种类	所制磁性液体的特点及用途
水	pH 值可在较宽范围内改变、价格低廉,适用于医疗、磁性分离、显示及磁带
脂及二脂	蒸气压较低,适用于真空及高速密封,润滑性好的磁性液体,特别适用于摩擦低的装置及阻尼装置,其他如用于扬声器及步进马达等
硅酸盐脂类	耐寒性好,适用于低温场合
碳氢化合物	黏度低,适用于高速密封,不同碳氢基载液的磁性液体可相互混合
氟碳化合物	具有不易燃、宽温,不溶于其他液体,适合于在活泼环境,如含有臭氧,氯气等环境中使用
聚苯基醚	蒸气压低,黏度低,适用于高真空和强辐射场合
水银	可作钴、铁-钴颗粒的载液,饱和磁化强度高,导热性好

3. 硅油基高黏度磁性液体的配方和制备工艺

硅油基高黏度磁性液体的组成为:磁性纳米粒子,硅油,硅脂,油酸＋煤油.

硅油基高黏度磁性液体的制备工艺:

(1) 按设计的配方比例称取金属磁性纳米粒子、硅油和硅脂;

(2) 配制适量的油酸和煤油(油酸和煤油的质量比为 1∶2)的混合液;

(3) 把金属磁性纳米粒子放入烧杯,倒入配好的油酸和煤油的混合液,搅拌后用超声波震荡 15 分钟;

(4) 将烧杯加热到 200℃,在该温度下保持 30 分钟后,自然冷却到室温;用磁铁挤出多余的油酸和煤油的混合液,并倒掉;

(5) 将烧杯放入烘箱,首先加热到 200℃并恒温 60 分钟,然后再降温到 150℃并恒温 60 分钟,之后再降温到 100℃并恒温 60 分钟,然后自然冷却到室温;

(6) 把经过包覆的金属磁性纳米粒子和称好的硅油和硅脂放入搅拌容器中,搅拌 5～6 小时,即制备出硅油基磁性液体.

本制备方法与粉碎法、阴离子交换树脂法、氢还原法、火花电蚀法、紫外线分解法、热分解法、真空蒸发法、电着法和共沉淀法等不同.上述的制备方法很难制备高黏度磁性液体.

4. 硅油基高黏度磁性液体的性能表征

硅油基高黏度磁性液体的黏度用黏度计测量;磁性用震动样品磁强计测量.

6.16　纳米粉导电浆料的制备研究

[研究背景]

导电浆料是电子工业的重要原料,是集电子、化工、冶金三位一体的高技术产品.目前的导电浆料中导电相的尺寸大体是微米或亚微米,这些浆料已不能满足低温烧结和多层布线的要求,因此导电浆料中导电相纳米化的研究越来越引起人们的重视.随着纳米金属粉制备技术的不断发展,电阻更低、厚度更薄以及分辨率更高的厚膜导电浆料将为厚膜集成电路发展带来质的飞跃. 目前研究较多的主要有纳米银粉代替超细银粉、纳米金粉代替超细金粉、纳米铂粉代替超细铂粉等. 贵金属导电浆料的特点是经烧结后有很好的导电性,工艺简单,可在空气中烧结,工艺敏感性差,重复性好且烧结膜性能稳定. 但随着贵金属价格的不断上长,贱金属纳米导电浆料的研究越来越具有现实意义. 贱金属导电浆料有很多优点,如电阻低、抗焊熔性好、无离子迁移和价格便宜等;但缺点是对工艺要求高,老化性能不如贵金属好. 国内外已有人对 Cu 粉导电浆料进行了研究,所用的 Cu 粉粒度一般是 $1\sim10\mu m$ 数量级. 如果能用纳米级贱金属导电浆料成功代替贵金属导电浆料,将产生巨大的经济效益. 为了使贱金属导电浆料能成功代替贵金属导电浆料并在实际中应用,很有必要研究贱金属导电浆料配方、烧结工艺等因素对导电性能的影响.

[研究内容]

(1) 用直流电弧等离子体法制备 Cu 纳米粒子工艺;
(2) Cu 纳米粉导电浆料的配方和制备工艺;
(3) Cu 纳米粉导电浆料性能表征.

[实验要求]

(1) 根据实验室的纳米粒子制备装置,设计 Cu 纳米粒子制备过程,给出制备工艺;
(2) 设计 Cu 纳米粉导电浆料的配方和制备工艺;
(3) 对制备的 Cu 纳米粉导电浆料的性能进行表征;
(4) 总结本实验研究结论,有何特点或创新点;
(5) 完成一篇符合规范要求的实验研究论文或实验研究报告.

[实验原理、方法提示]

1. 直流电弧等离子体法制备纳米粒子原理和方法

直流电弧等离子体法制备纳米粒子原理和方法见实验 6.11.

2. Cu 纳米粉导电浆料的配方和制备工艺

Cu 纳米粉导电浆料的成分为:Cu 纳米粉体,松油醇,乙基纤维素,无水乙醇.
Cu 纳米粉导电浆料采用超声—研磨分散法制备. 超声—研磨分散法是用黏稠液或树脂为溶剂得到固体颗粒胶体分散系的常用方法. 按设定的质量百分比分别称取 Cu 纳米粉体,松油醇,乙基纤维素,无水乙醇. 首先把松油醇、无水乙醇充分混合后,加入乙基纤维素,在水浴(水的温度 80℃左右)中使乙基纤维素完全溶解,充分搅拌后用超声波震荡 15分钟,再加入 Cu 纳米粉体,然后充分研磨得到浆状溶胶.

3. Cu 纳米粉导电膜样品的制备方法

目前多采用匀胶技术或提拉工艺在基片上成膜. 匀胶技术所用的基片通常是硅片,它被放到一个转子上,而溶液被滴到转子的中心处,这种膜的厚度可以达 50~500nm. 提拉工艺首先把基片放到装有溶液的容器中,在液体与基片的接触面形成一个弯形液面,当把基片从溶液中拉出时,基片上形成一个连续的膜,用提拉法获得 50～500nm 的薄膜是容易的,要获得厚膜可以反复提拉,但这种膜干燥时易发生脱皮和开裂.

可用 300 目不锈钢丝网将导电浆料涂敷于 96% Al_2O_3 基片(6mm×18.5mm,厚度约 635μm)上,风干后进行真空烧结以形成导电膜. 在 1.33Pa 的真空条件下,将基片由室温缓慢加热至烧结峰值温度 180～200℃,保持 60～70min,然后在真空条件下自然冷却至室温后停止抽真空.

4. Cu 纳米粉导电浆料的性能表征

用 Cu 纳米粉导电浆料制备的 Cu 纳米粉导电膜样品的电阻率可采用四端电阻法测量.

6.17　纳米吸波材料的制备研究

[研究背景]

电磁波吸收材料的研究是军事隐身技术领域中前沿的课题之一,其目的是最大限度地减少或消除雷达、红外等目标的探测特征,另外,随着计算机和电子通信技术的快速发展,电磁波污染严重破坏了良好的生态环境,威胁着人们的健康,因此吸波材料研究和应用无论是在军事还是在民用都有深远意义. 现代科学技术的飞速发展,给吸波材料提出了频段宽、吸收强、密度小、耐高温和良好的力学性能等很多要求,传统的吸波材料很难满足这些要求. 纳米技术作为当今科学的前沿技术,用于隐身技术与隐身材料的研究中之后,可以制得性能优良的吸波材料,很有发展前途. 纳米隐身材料的研究正在成为研制新型吸波材料的热点.

[研究内容]

(1) 纳米吸波材料制备方法;
(2) 研究直流电弧法制备抗氧化能力强的吸波材料的制备过程和制备工艺;
(3) 研究制备的纳米吸波材料的结构和形貌.

[实验要求]

(1) 根据实验室的纳米粉体制备装置,设计抗氧化能力强、强吸收吸波材料制备过程,给出一种纳米吸波材料的制备工艺;
(2) 对吸波材料的结构和形貌进行表征;
(3) 总结本实验研究结论,有何特点或创新点;
(4) 完成一篇符合规范要求的实验研究论文或实验研究报告.

[实验原理、方法提示]

研究宽频、强吸收吸收剂,实现"薄、轻、宽、强"、耐腐蚀、耐高温等高效吸收材料的主要的途径是多元复合.通过多元复合,调整电磁参数,使之满足阻抗匹配和强吸收特性.但是由于 Snoek 极限,吸波材料存在吸收频率极限,为了提高微波吸收频率,需将材料细化到粒度小于趋肤深度以下.纳米复合吸波材料兼有纳米材料的小尺寸和复合材料的综合优势,因此成为吸波材料研究和发展的重点方向.

目前根据研究问题的侧重点不同,制备方法有多种.本实验研究用直流电弧等离子体法制备纳米吸波材料.近年来磁性纳米胶囊在微波吸收技术领域的研究受到了非常广泛的关注,由于它集合了壳/核结构所带来的特性和纳米尺寸变化所引起的效应,其力、热、光、电、磁等物理特性发生质变.纳米胶囊尺寸小,远小于雷达发射的电磁波的波长,因此纳米胶囊的透过率比常规材料大很多,大大减少了电磁波的反射率.壳核颗粒产生协同效应,一方面提高金属纳米材料的抗氧化能力,同时通过调整电磁参数,又能降低金属纳米颗粒表面的介电常数,提高磁导率,实现微波吸收剂"薄、轻、宽、强"的严格要求.因此,核壳结构纳米胶囊是实现金属纳米粒子高吸收性能一个重要途径.

本研究制备碳包覆过渡金属及合金纳米胶囊吸波材料,其方法是在含有甲烷气体的气氛中,用直流电弧等离子体法蒸发过渡金属及合金,形成碳包覆过渡金属及合金纳米胶囊.

附　录

附表 1　国际制基本单位

物理量	量纲	单位	
		名　称	国际符号
长度	L	米	m
质量	M	千克	kg
时间	T	秒	s
电流	I	安[培]	A
热力学温度	Θ	开[尔文]	K
发光强度	J	坎[德拉]	cd
物质的量	N	摩[尔]	mol

附表 2　国际制辅助单位

物理量	单位	
	名　称	国际符号
平面角	弧度	rad
立体角	球面度	sr

附表 3　单位词冠

因　数	词　冠		代　号	
			中文	国际
倍数	10^{18}	艾[可萨] (exa)	艾	E
	10^{15}	拍[它] (peta)	拍	P
	10^{12}	太[拉] (tera)	太	T
	10^{9}	吉[咖] (giga)	吉	G
	10^{6}	兆 (mega)	兆	M
	10^{3}	千 (kilo)	千	k
	10^{2}	百 (hecto)	百	h
	10^{1}	十 (deca)	十	da
分数	10^{-1}	分 (deci)	分	d
	10^{-2}	厘 (centi)	厘	c
	10^{-3}	毫 (milli)	毫	m
	10^{-6}	微 (micro)	微	μ
	10^{-9}	纳[诺] (nano)	纳	n
	10^{-12}	皮[可] (pico)	皮	p
	10^{-15}	飞[母托] (femto)	飞	f
	10^{-18}	阿[托] (atto)	阿	a

附表4　具有专门名称的国际制导出单位

物理量	国际制单位				
	名　称	代　号		用导出单位表示	用国际基本单位表示
		中文	国际		
频率	赫[兹]	赫	Hz		s^{-1}
力	牛[顿]	牛	N		$kg \cdot m/s^2$
压力、应力	帕[斯卡]	帕	Pa	N/m^2	$kg/(m \cdot s^2)$
功、能、热	焦[耳]	焦	J	$N \cdot m$	$kg \cdot m^2/s^2$
功率、辐[射]通量	瓦[特]	瓦	W	J/s	$kg \cdot m^2/s^3$
电量、电荷	库[仑]	库	C		$s \cdot A$
电势[位]差、电动势	伏[特]	伏	V	W/A	$kg \cdot m^2/(A \cdot s^3)$
电容	法[拉]	法	F	C/V	$A^2 \cdot s^4/(kg \cdot m^2)$
电阻	欧[姆]	欧	Ω	V/A	$kg \cdot m^2/(A^2 \cdot s^3)$
电导	西[门子]	西	S	A/V	$A^2 \cdot s^3/(kg \cdot m^2)$
磁通[量]	韦[伯]	韦	Wb	$V \cdot s$	$kg \cdot m^2/(A \cdot s^2)$
磁感应强度	特[斯拉]	特	T	Wb/m^2	$kg/(A \cdot s^2)$
电感	亨[利]	亨	H	Wb/A	$kg \cdot m^2/(A^2 \cdot s^2)$
光通量	流[明]	流	lm		$cd \cdot sr$
光照度	勒[克斯]	勒	lx	lx/m^2	$cd \cdot sr/m^2$
[放射性]活度	贝可[勒尔]	贝可	Bq		s^{-1}
吸收剂量	戈[瑞]	戈	Gy	J/kg	m^2/s^2
剂量当量	希[沃特]	希	Sv	J/kg	m^2/s^2

附表5　固定温度点

名　称	平衡态	T_{90}/K	$t_{90}/℃$
平衡氢三相点	平衡氢固、液、汽三相之间的平衡	13.8033	
平衡氢17K点	当压力为25/76atm时，平衡氢液气两相之间的平衡	17.0357	
平衡氢沸点	当压力为1atm时，液气两相之间的平衡	20.27	
氖三相点	氖固、液、汽三相之间的平衡	24.5561	
氧三相点	氧三相点	54.3584	
氩三相点	氩三相点	83.8058	
汞三相点	汞三相点	234.3156	
水三相点	水三相点	273.16	0.10
镓熔点	当压力为1个标准大气压时镓的熔解点	302.9146	29.7646
铟凝固点	铟固、液两相之间的平衡	429.7485	156.5985
锡凝固点	锡固、液两相之间的平衡	505.078	231.928
锌凝固点	锌固、液两相之间的平衡	692.677	419.527
铝凝固点	铝固、液两相之间的平衡	933.473	660.323
银凝固点	银固、液两相之间的平衡	1234.93	961.78
金凝固点	金固、液两相之间的平衡	1337.33	1064.18
铜凝固点	铜固、液两相之间的平衡	1357.77	1084.62

注：1atm=101325Pa.

附表 6 一些材料在常温下的若干物理性能

材料名称	密度(20℃) $\rho/(10^3 kg/m^3)$	杨氏弹性模量 $E/(10^9 Pa)$	比热容 $c/[J/(kg \cdot C)]$	电阻率(20℃) $\rho/(10^{-9} \Omega \cdot m)$	电阻温度系数 $\alpha/(10^{-3}/℃)$
金	19.32	77	128	23	4.0
钨	19.30	407	142	53	5.1
汞(液)	13.546		140	958	1.0
铅	11.34	16	128	208	4.2
银	10.49	79	237	16	4.3
铜	8.93	129	385	17	4.33
黄铜	8.2~8.8	91~130	370~380	65~80	1.0~4.0
康铜	8.88	162	409	490	−0.04~+0.01
镍	8.85	214	440	70	6.2
铁	7.86	212	480	98	6.2
钢	7.8~8.7	200~240	450~500	100~540	~6
铬	7.40	245	460	131	
铝	2.70	70	895	28	4.2
硬铝	2.79	70~75	~880	33.5	4.1
玻璃	2.2~2.4	71~80	585~920		
尼龙	1.1	3.5	$(1.1~2.0)\times10^3$		
橡胶	0.9~1.4		$(1.1~2.0)\times10^3$		

附表 7 一些金属对铂的温差电动势

热端 100℃,冷端 0℃

金属(或合金)	温差电动势/mV	连续使用温度/℃	短时使用最高温度/℃
铜(导线)	+0.75	350	500
康铜(60%Cu+40%Ni)	−3.0	600	800
康铜(56%Cu+44%Ni)	−4.0	600	800
银	+0.72	600	700
铁	+1.87	600	800
镍	−1.5	1000	1100
80%Ni+20%Cr	+2.5	1000	1100
90%Ni+10%Cr	+2.71	1000	1250
95%Ni+5%(Al,Si,Mn)	−1.38	1000	1250
90%Pt+10%Ir	+1.3	1000	1200
90%Pt+10%Rh	+0.64	1300	1600
钨	+0.79	2000	2500

附表8　常用光源的主要谱线波长

发光物质	波长/nm	颜色	发光物质	波长/nm	颜色	发光物质	波长/nm	颜色
氢	656.28(Hα)	红		589.592(D₁)	黄	镉	643.847	红
	486.13(Hβ)	蓝绿	钠	588.995(D₂)	黄	氦氖激光	632.8	红
	434.05(Hγ)	蓝紫		567.58	绿		3.39×10³	红外
	410.17(Hδ)	紫		579.066	黄₁		1.15×10³	红外
	397.01(Hξ)	紫外		576.960	黄₂	氦镉激光	441.6	蓝
	388.90(Hζ)	紫外		546.073	绿		325.0	紫外
氪	605.780(真空)	橙	汞	435.834	蓝紫	CO_2 激光	10.6×10³	红外
氦	587.56(D₃)	黄		404.656	紫	氩离子	514.53	绿
氖	640.23	红		366.33	紫外	激光	487.99	蓝绿
	614.31	橙		365.01	紫外	红宝石激光	693.4	红
	585.25	黄		253.65	紫外	钕激光	1.06×10³	红外

附表9　常用的物理常数表

名　称	符　号	数　值	单位符号
真空中的光速	c	2.99792458×10^8	m/s
基本电荷	e	$1.6021892 \times 10^{-19}$	C
电子的静止质量	m_e	9.109534×10^{-31}	kg
中子质量	m_n	1.674920×10^{-27}	kg
质子质量	m_p	1.672614×10^{-27}	kg
原子质量单位	u	$1.6605655 \times 10^{-27}$	kg
普朗克常量	h	6.626196×10^{-34} 或 4.136×10^{-15}	J・s eV・s
阿伏伽德罗常量	N_A	6.022045×10^{23}	mol⁻¹
普适气体常量	R	8.31441	J/(mol・K)
玻尔兹曼常量	k	$1.3180662 \times 10^{-23}$ 或 8.617×10^{-15}	J/K eV/K
万有引力常数	G	6.6731×10^{-11}	N・m²/kg²
里德伯常量	R_∞ R_H	1.097373177×10^7 1.09677576×10^7	m⁻¹
电子荷质比	e/m_e	1.7588047×10^{11}	C・kg
电子经典半径	r_e	$2.8179380 \times 10^{-15}$	m
电子静止能量	$m_e c^2$	0.5110	MeV
原子质量单位的等价能量	Mc^2	9315	MeV
电子的康普顿波长	$\lambda = h/Mc$	$2.4263096 \times 10^{-12}$	m
电子磁矩	$\mu = E\pi/2M$	9.284832×10^{-24}	J・m²/W_b

名　称	符　号	数　值	单位符号
玻尔半径	$r = 4\pi\varepsilon_0 h^2/me^2$	5.2917715×10^{-11}	m
标准大气压	p_0	1.01325×10^5	Pa
水的三相点温度	T_0	273.15	K
标准状态下声音在空气中的速度	v	331.46	m/s
标准状态下干燥空气密度	$\rho_{空气}$	1.293	kg/m³
标准状态下水银密度	$\rho_{水银}$	13595.04	kg/m³
标准状态下理想气体的摩尔体积	V_m	22.41383×10^{-3}	m³/mol
真空介电常量（电容率）	ε_0	$8.854187818\times10^{-12}$	F/m
真空的磁导率	μ_0	$12.566370614\times10^{-7}$	H/m